YUNIZHITU DIFANG GONGCHENG YINGYONG
YANJIU YU SHIJIAN

淤泥质土堤防工程应用
研究与实践

杨 涛 赵新铭 著

河海大学出版社
HOHAI UNIVERSITY PRESS
·南京·

内容提要

本书依托青弋江分洪道等淤泥质土工程,运用工程调研、理论分析和试验等方法,阐述了淤泥质土工程特性、性质强化方法、淤泥质土的变形规律、淤泥质土筑堤施工关键工艺和设计理论等方面内容。

本书主要内容包括:我国淤泥质土的分布、基本工程特性及其在各类工程中的应用和存在的问题;淤泥质土的基本物理力学性质和强化方法;淤泥质土堤防工程应用设计导则及相关设计方法;利用河道疏浚土料填筑堤防的施工技术、施工工艺和质量保证措施;常用软土沉降计算方法及沉降值的影响因素;堤防稳定离散元颗粒流数值模拟方法和复合硬壳层对堤防边坡稳定性的影响等。

本书适用于堤防工程设计、施工技术人员和高等院校相关专业师生参考。

图书在版编目(C I P)数据

淤泥质土堤防工程应用研究与实践 / 杨涛,赵新铭著. -- 南京：
河海大学出版社,2021.9
ISBN 978-7-5630-6361-1

Ⅰ．①淤… Ⅱ．①杨… ②赵… Ⅲ．①淤泥质－堤防－研
究 Ⅳ．①TV871

中国版本图书馆 CIP 数据核字(2021)第 005170 号

书　　名	淤泥质土堤防工程应用研究与实践	
书　　号	ISBN 978-7-5630-6361-1	
责任编辑	毛积孝	
特约编辑	董　涛	
特约校对	董　瑞	
封面设计	张育智　　吴晨迪	
出版发行	河海大学出版社	
地　　址	南京市西康路 1 号(邮编:210098)	
电　　话	(025)83786678(总编室)　(025)83787745(营销部)	
网　　址	http://www.hhup.com	
排　　版	南京布克文化发展有限公司	
印　　刷	广东虎彩云印刷有限公司	
开　　本	787 毫米×1 092 毫米　1/16	
印　　张	16.25	
字　　数	328 千字	
版　　次	2021 年 9 月第 1 版	
印　　次	2021 年 9 月第 1 次印刷	
定　　价	88.00 元	

淤泥质土在我国的滨海与河滩地区普遍存在,尤其在辽东湾、渤海湾、黄河三角洲、莱州湾、海州湾、江苏沿海、长江三角洲、浙闽港湾及珠江三角洲等地广为分布。社会的快速发展造成对土地资源的需求日益增大,水利水电工程、道路工程等建设项目迅速增加,在淤泥质土地基上修筑堤坝,以及利用淤泥质土修建堤坝等水利水电工程成为今后资源利用的必然趋势。实现淤泥质土的资源化合理有效利用,对缓解我国近年来日益严重的疏浚淤泥处置问题和沿海城市建设用地紧缺的现状有重要意义。

在高速公路和市政道路的新建、扩建工程及河道、湖泊疏浚工程中,都会产生大量的难以直接利用的淤泥。我国每年废弃的淤泥达到 $1 \times 10^8 \ m^3$ 以上。受高含水率、高液限、高压缩性、高黏粒含量、排水性差、低强度、渗透系数小、变形持续时间长等特点的制约,淤泥质土在工程应用方面存在着很多安全隐患。国内外相关基础研究严重滞后于工程建设,目前尚无成熟理论和技术标准来支撑和规范淤泥质土筑堤坝的设计和施工。固化淤泥作为回填材料存在较为严重的收缩和开裂现象,对工程的强度、抗渗和稳定性等都会造成不利影响。淤泥质材料筑堤及其固化处理方法也多套用原状淤泥的性质和工程经验,具有很大的盲目性,估算沉降量和固结度与实际相差甚远。很多淤泥质土工程在建设和运行过程中出现病险和破坏,造成了巨大的社会影响和经济损失,也严重制约了淤泥质土在工程建设中的应用。

本书结合中国电建集团科技项目"淤泥质土堤坝工程关键技术研究",依托芜湖青弋江分洪道等典型淤泥质土工程,综合运用工程调研、数据分析和试验等方法,系统开展了水利、建筑、交通、港口及围海造田等行业中淤泥质土在工程中的应用情况及存在的问题调研,探讨了淤泥质土工程应用的远景和趋势。针对青弋江分洪道工程建设中面临的征地限制、筑堤材料料源不足以及河道疏浚淤泥质土能否安全用于筑堤等重大问题,结合国内外淤泥质土工程应用的研究成果,针对淤泥质土用于堤防工程的可行性和关键技术问题,在室内外试验研究的基础上,在淤泥质土工程特性及性质强化方法、典型淤泥质土的长期变形规律、淤泥质土筑堤坝施工关键工艺和设计理论等方面开展了系统研究。

本书共分 7 章。其中第 1 章介绍了我国淤泥质土的分布、基本工程特性及在各类工程中的应用和存在问题;第 2 章介绍了淤泥质土的基本物理力学性质和强化方法;第 3 章结合青弋江分洪道工程,利用淤泥质土作为堤防内外平台的填筑材料,介绍了淤泥质土堤防设计导则及相关设计方法;第 4 章结合青弋江分洪道工程施工现场实际,总结了利用河道疏浚土料填筑堤防的施工技术、施工工艺和质量保证措施;第 5 章利用多种软土沉降计算方法对青弋江分洪道工程堤防沉降进行了计算,并与现场实测结果进行了对比分析;第 6 章以芜湖青弋江地区软土为研究对象,通过室内流变试验和理论分析,建立了符合该地区的软土流变本构模型,采用有限元分析软件进行数值模拟并分析了不同参数对沉降值的影响;第 7 章根据土工试验数据标定了堤防填筑材料的颗粒流细观参数,建立了堤防离散元颗粒流数值模型,利用强度折减法分析了边坡的安全系数。同时,根据施工过程中分层填筑的特点,探讨了复合硬壳层对堤防边坡结构稳定性的影响。

本书主要由杨涛、赵新铭、肖建章、杨洁撰写。中国电建市政建设集团有限公司王操、宋业恒、温建明、王清华、何利超、陆旭旭、罗涛、李国栋、杨洪娜、张秀莲,中国水利水电科学研究院魏迎奇、蔡红、孙黎明,南京航空航天大学刘浩、谭峰、高昳菲、姜波、王倩文、阚成、曾子丽,长江勘测规划设计研究有限责任公司刘国强、常宗记、刘琨、陈俊、黄永、张浮平等参与了部分内容的撰写。赵新铭负责全书的统稿、杨涛负责全书主审工作。

本书研究工作得到中国电力建设股份有限公司科技项目(DJ-ZDXM-2015-12)的资助,在此表示感谢。

受作者水平、能力等因素的限制,书中不免存在缺点、错误,敬请读者批评指正。

编著者
2021 年 8 月

CONTENTS **目　录**

第 1 章 | 绪论

1.1 引言

淤泥质土在我国的滨海与河流滩地普遍存在,尤其在辽东湾、渤海湾、黄河三角洲、莱州湾、海州湾、江苏沿海、长江三角洲、浙闽港湾及珠江三角洲等地广为分布。社会的快速发展造成对土地资源的需求日益增大,水利水电工程、道路工程等建设项目迅速增加,在淤泥质土地基上修筑堤坝,以及利用淤泥质土修建堤坝等,此类型的水利水电工程成为今后资源利用的必然趋势,实现淤泥质土的资源化及其合理有效利用,对缓解我国近年来日益严重的淤泥疏浚处置问题和沿海城市建设用地紧缺的现状有重要意义。

淤泥质土具有含水率高、压缩性高、强度低、工程性质极差的工程特点,长期以来以抛填废弃为主。随着我国经济的快速发展,水利、建筑、交通、港口及围海造田工程等涉及淤泥质土的工程建设项目日益增加,为保证河道畅通和湖泊蓄洪,大规模的河道、湖泊等疏浚工程及港口建设过程中都会产生大量疏浚淤泥。

据有关部门统计(王宏伟,2017),珠江三角洲地带每年疏浚的淤泥达 $8\,000\times10^4$ m^3(刘敏,2016);广州市河道淤泥年均清出量有 100×10^4 m^3;武汉市东湖通道工程淤泥总处理量达 82.5×10^4 m^3;江苏太湖生态清淤工程 5 年共清理淤泥 $3\,541\times10^4$ m^3;在云南昆明地区,有"高原明珠"之称的滇池进行的大规模疏浚工作,至今已从滇池及周边河流中疏浚出 1.0×10^7 m^3 的淤泥,预计还有 8×10^7 至 1.2×10^9 m^3 的淤泥待疏浚(桂跃,2014);浙江省河湖库塘淤泥总量达 3.50×10^9 m^3,其中河网地区河湖库塘的淤泥总量则达 3×10^9 m^3(王燕,2017);我国台湾地区每年产生的地基基础工程淤泥约 $50\times10^4\sim120\times10^4$ m^3(蔡志达,2010),而我国疏浚泥的倾倒已由 1996 年的 $2\,578\times10^4$ m^3 上升到 2007 年的 2×10^9 m^3,平均每年增速约为 20%(王浩斌,2014)。由于不能直接应用于堤坝和道路工程的填筑,淤泥质土往往难以作为直接利用的特殊土而作废弃处理,大量淤泥需征用大量耕地来堆放和存储,不仅污染环境,也浪费了宝贵的耕地资源。

《国家中长期科学与技术发展规划纲要(2006—2020 年)》中,针对我国矿产资源严重紧缺、资源综合利用率低的现状,提出了要积极开发利用非传统资源、提高新型资源利用技术的研究开发能力。同时强调废弃物减量化、资源化利用与安全处置也是规划纲要的重点领域及优先主题之一。

对于淤泥质土的利用,国内外相关基础研究严重滞后于工程建设,目前尚无成熟理论和技术标准来支撑和规范淤泥质土筑堤坝的设计和施工,受高含水率、高液限、高压缩性、高黏粒含量、排水性差、低强度、渗透系数小、变形持续时间长等特点的制约,淤泥质土在堤坝工程应用方面存在着很多安全隐患。固化淤泥作为回填材料存在较为严重的收缩和开裂现象,对工程的强度、抗渗和稳定性等都会造成不利影响,淤泥质材料筑堤及其固化处理设计也多套用原状淤泥的性质和工程经验,具有很大的盲目性,估算沉降量和固结度与实际相差甚远。很多淤泥质土工程在建设和运行过程中出现了病险和破坏,造成了巨大的社会影响和经济损失,也严重制约了淤泥质土在工程建设中的应用。

在总结淤泥质土成因、沉积特征和分布情况的基础上,本章对比分析了淤泥质土的主要工程性质,对我国水利、建筑、交通、港口及围海造田等行业中淤泥质土的工程应用情况及存在问题进行了系统的调研和分析,探讨了社会和经济发展对淤泥质土分布广泛区域的土地利用需求和预期,为废弃淤泥质土在堤坝工程中的资源化利用积累研究经验。

1.2 淤泥质土的定义、成因、分布及基本工程特性

1.2.1 淤泥质土定义

淤泥和淤泥质土是在静水或非常缓慢的流水环境中沉积,经过生物化学作用逐渐沉积下来形成的一种特殊类型的黏性土,伴有微生物作用,多为未固结的软弱细粒或极细粒土,属近代新近沉积物(王保田,2015)。其中,天然含水量大于液限,天然孔隙比大于 1.0 小于 1.5 的亚黏土、黏土称淤泥质土。天然含水量大于液限,天然孔隙比大于或等于 1.5 的亚黏土、黏土称为淤泥。包括淤泥、淤泥质土、泥炭、泥炭质土,也称为软土(《岩土工程勘察规范》(GB 50021—2001);魏汝龙,1987;邹维,2002)。

1.2.2 淤泥质土成因

淤泥形成过程中,沉积环境受周围的地形、地貌、气候、植被、水动力等因素的影响和控制,特别是水动力强弱是一个不可忽视的主要因素。其多沉积于沟谷开阔地段、山间洼地、支沟与主沟交汇地段、冲沟与河流汇合地段、河流两侧山洼地段、河流弯曲地段、河漫滩地段等,水体表现为排水不畅或呈停滞状态,水流的搬运能力消失或逐渐减弱。

水文地质条件也有重要影响。此种淤泥主要形成于泉水出露处,特别是潜水溢出或泉水出露处,水草发育,长期浸水呈饱和状态。故在潜水位较浅的黄土及亚黏土地区,也有淤泥质土分布。

古地理环境如古河道、古沼泽、古梁道等地段,地表特征如水体泛滥平原和滨海平原的低洼地带,排泄条件不良,地表易于积水,出现湿地、沼泽等积水地形,喜水植物(如芦、蒲等草)发育,水草生长茂盛,水体较浅,气候温暖,有一定的生物残骸碎屑及微细悬移质颗粒残留,也导致了淤泥质土形成和分布。

此外,受人类活动影响的如掩埋的粪池、牲畜棚圈、工厂及生活污水废池等地段,由于渗流作用,在其周围也可有淤泥质土分布。

1.2.3 淤泥质土分布

淤泥质土在静水或水流缓慢的沉积环境下需要沉积的时间较长,沉积厚度一般不大,分布范围也较小,性能也不稳定。其岩性不均一,矿物成分较复杂,有时含有砂与泥沙夹层,产状厚度变化大。内陆地区多为湖泊相沉积,沉积厚度一般在10.0 m左右;干旱和半干旱地区的淤泥质土多在河漫滩,古河道,正填塞的湖、塘、沟、谷等河道泛滥地区分布,多为河流相沉积,沉积规模也较小,沉积厚度一般小于3.0 m,无明显层理,多呈不规则的带状或透镜体状分布,间与砂与泥炭互层,通常含大量有机质,湿时土质松软、均匀。

我国海岸线约有四分之一地段属于淤泥海岸,每年还因吹填与疏浚产生大片的淤泥地基(邵杰,2016),软土在我国分布广泛,特别是辽东湾、渤海湾、黄河三角洲、莱州湾、海州湾、江苏沿海、长江三角洲、浙闽港湾及珠江三角洲等地(毛丹红,2012)。内陆地区主要位于湖相沉积区的边缘地带及煤系地层分布区的山间洼地等,如我国东部拥江近海的安徽省,坐拥淮河、长江、新安江三大流域,形成淮北、江淮、江南多元的地域特征,淤泥分布区域较广(邱体军,2016)。

根据《软土地区工程地质勘查规范》软土分布附录图,我国软土地区主要集中在渤海湾、长江三角洲、浙闽沿海、珠江三角洲等区域,以及武汉、昆明等沿河城市(表1.1),软土以淤泥和淤泥质黏土为典型代表。

表 1.1　我国部分地区各种成因软土的工程特性

地区	研究区域	分布面积	特点	备注
珠江三角洲地区 (张长生,2005)	佛山市	1 631.69 km²	三角洲前缘,软土分布面积最广,软土厚度较小	海相为主,海冲击相次之,局部为河流相或湖沼相;软土分布面积 6 555 km²,珠江三角洲地区软土分布在水平方向上,自三角洲后缘至前缘厚度增大,层次增多。珠江三角洲前缘的佛山市软土分布面积最大,珠海市、中山市、广州市软土厚度普遍大于 10 m。
	江门市	1 490.5 km²	—	
	广州市	1 402.46 km²	软土厚度普遍大于 10 m,最深可达 40 余 m	
	中山市	1 123.41 km²	软土厚度普遍大于 10 m,最深可达 40 余 m	
	珠海市	812.7 km²	软土厚度普遍大于 10 m,最深可达 40 余 m	
	其他(东莞市、肇庆市、深圳市)	1 224.41 km²	—	
江苏 (阎长虹,2015 赵学民,2001 侯树刚,2003 王煜霞,2002)	连云港市	—	埋深 12~17 m,最大埋深可达 30 m	海相沉积作用
	南京市	—	埋深较浅,厚度约 3~30 m	新近沉积漫滩相软土
	苏州市吴江区	—	厚度可达 30 m	湖沼相软土
	金鸡湖	8.4 km²	淤积主要集中在河流出入湖泊的口门附近以及现行河道和古河道内	湖沼相淤泥
辽宁 (张新华,2008)	沈大高速公路	22 km公路段	0~12 m厚淤泥	滨海相沉积
	丹庄高速公路	64 km公路段	厚度 1.3~6.7 m	河漫滩沉积
	丹海高速公路	11 km公路段	软土厚度 1~11.8 m	第四纪海陆交互相沉积
	长兴岛疏港高速公路	16 km公路段	厚度 0.9~13.5 m	第四纪海陆交互相沉积

续表

地区	研究区域	分布面积	特点	备注
浙江 (郑轶轶,2013) (杜军,2015)	宁波市	—	—	海相沉积
	萧山北部平原	—	软土主要为淤泥质黏土和淤泥质粉质黏土,厚度1.8～35.3 m	海相沉积
福建 (任君梅,2010)	泉州湾	—	厚度2～25 m	河相沉积 自湾内向湾外厚度逐渐变小
汕头市 (张贤奎,2001)	榕江河口区	牛田洋两岸	分单层和双层结构,厚5.43～24.85 m	海陆交互相沉积 汕头市海积平原几乎都存在软土层,且自南向北厚度增大,由单层变双层至三层结构。
	韩江三角洲区	—	裸露型、埋藏型,单层、双层、多层结构,厚度1～30 m	
	濠江广澳区	—	裸露型、单层结构为主,厚2～4 m	
	练江河口区	—	裸露型,单层结构,厚1.0～15 m	
上海地区 (周学明,2005)	崇明	—	埋深12 m左右,软土厚度10～20 m	滨海沼泽相堆积类型
	横沙	—		
	长兴	—		
	其他	—	埋深4～8 m	
长江三角洲地区 (范成新,2000)	太湖	全湖有69.8%面积为污染淤泥所覆盖,约1 632.9 km²	厚度最大达5 m以上,底泥总蓄积量19.15亿 m³	淤泥分布湖西部较湖东部分布区域大,且泥层较厚;湖心区底泥分布少且薄,近80%的底泥分布在2 m厚度以内
天津市 (陆澄,2013)	新港海域	—	海域表层分布淤泥、淤泥质土,厚度可达14 m	海积软土层
武汉市 (徐惠芬,1997)	汉口	—	不连续性和不均匀性。由于地壳升降的变迁,湖面缩小,遗留众多小湖泊低洼地。第四纪晚更新世以来,一、二级阶地中,普遍隐含着1～2层淤泥质软土。	—
	白沙洲			
	汉阳鹦鹉洲			
	其他(武昌青山、徐家棚)			
渤海湾 (牛作民,1986)	辽东湾	整个渤海湾海底为淤泥质土覆盖	淤泥质土海岸,平均厚度为8 m	海相沉积
	莱州湾			—

地区	研究区域	分布面积	特点	备注
琼州海峡 (孔令伟,2002)	海口海域南港港池	—	—	海相沉积

1.2.4 基本工程特性

淤泥、淤泥质土一般分布于滨海、湖沼、谷地、河滩沉积,主要由天然含水量大、压缩性高、承载能力低的淤泥沉积物及少量腐殖质所组成,基本工程性质主要表现为天然含水率高、孔隙比大、渗透性小、压缩性高、抗剪强度低、具有一定流变性和触变性、承载力低、不均匀性强等特点(朱伟,2005;赵多建,2010;金裕民,2014;王旭东,2016;严正春,2016;王浩然,2017)。

天然含水率高:一般为35%~80%,甚至达180%以上。

孔隙比大:淤泥质土表面带负电荷的黏土矿物与周围介质中的水分子和阳离子相互吸引形成水膜,在不同的地质环境中形成各种絮状结构,孔隙比大于1.0,常在1.0~2.0之间。

渗透性小:黏粒含量高,渗透性很弱,渗透系数一般为$10^{-8}\sim10^{-6}$ cm/s,当土中有机质含量较大时,还会产生气泡,堵塞排水通道并进一步降低渗透性。张明(2013)选取深圳前湾吹填淤泥,利用 GDS 固结仪对含水量大于100%的吹填淤泥进行渗透试验,在6~400 kPa 固结压力作用下,吹填淤泥的渗透系数降低1~2个数量级,随着固结压力的增加呈明显非线性减小。固结压力较小($\leqslant$50 kPa)时,各试样的渗透系数差异较大,随着固结压力增加,差异性逐渐减小,其值都趋于10^{-8} cm/s。

压缩性高:孔隙比大导致了压缩性高,微生物作用产生的气体使土层压缩性进一步增大,在自重和外荷载作用下长期得不到固结。压缩系数一般为0.5~2.0 MPa^{-1},最大可达4.5 MPa^{-1}。相同条件下,压缩性随液限增大而增大,淤泥液限一般较淤泥质土大,淤泥压缩性较淤泥质土大。

抗剪强度低:天然含水率高和天然孔隙比大导致抗剪强度低,抗剪强度受加荷速度及排水条件的影响明显(任君梅,2010;张长生,2013;蒋明镜,2017)。

流变性:荷载作用下淤泥质土承受剪应力作用产生缓慢的剪切变形,导致抗剪强度衰减,主固结沉降完成后还可产生可观的次固结沉降,淤泥质土的长期强度小于瞬时强度,因流变而产生的沉降持续时间可达几十年。

触变性:淤泥质土是一种结构性沉积物,在未破坏时,具有固态特性,经扰动或破坏即变为稀释流动状态,强度明显下降,当淤泥质土中亲水矿物较多时,结构性更强,触变性更加显著。

承载力低:不排水强度 $c_u=10\sim20$ MPa,$f_a=100$ kPa;标准贯入击数 N 一般小于 4 击,承载力较低,淤泥强度与初始含水量呈反比增长(王哲,2013;任君梅,2010;张丽华,2013)。

不均匀性强:淤泥质土由高分散性细微颗粒组成,局部以粉粒为主,水平分布上有差异,竖向具有明显分选性,容易产生差异沉降。

1.3 淤泥质土在水利工程中的应用及存在问题

筑堤坝工程中,主要考虑填筑土样的强度、变形和渗透性能够满足堤防筑堤的要求,探讨作为土方材料进行使用的可能,进而实现淤泥的资源化利用,可解决大量淤泥质土难以处理的难题。从现有资料来看,筑堤坝工程中淤泥质土的应用实例较少,主要有安徽青弋江分洪道工程、广州乌洲涌堤防工程、五里湖筑堤工程及连云港徐圩港区西护岸段等。

1.3.1 筑坝工程应用

安徽青弋江分洪道工程位于安徽省芜湖市青弋江、漳河中下游水网地区,是水阳江、青弋江、漳河流域重要的防洪骨干工程,以防洪为主,兼顾除涝及航运。工程上游坐落在南陵盆地上,沟湖密布,河流纵横;下游为长江冲积平原,地势平坦,地面高程一般在 6~8 m,局部高于 8 m,为河漫滩-盆地地貌。分洪道工程全长约 47.28 km,防洪标准为 20~40 年一遇,设计分洪量上段十甲任—三埠管 2 500 m³/s,下段三埠管—澛港 3 600 m³/s。建筑物工程包括新建和改(扩)建沿线泵站、涵闸、斗门建筑物 53 座,青弋江干流节制闸枢纽工程 1 座。工程河道疏挖 2 692 万 m³,土方填筑 2 557 万 m³,抛石护岸 11 万 m³,预制块护坡 12.7 km,草皮护坡 276.5 万 m²;钢筋混凝土 16.1 万 m³,水泥土搅拌桩 30.8 万 m。分洪道河道开挖料主要为淤泥质土,该类土天然呈软-流塑状,灰-深灰色、中-高压缩性、高灵敏性,土质级别为Ⅱ级。利用河道开挖料筑堤施工中,受该类土高含水率、高液限、高压缩性、高黏粒含量、高灵敏性、排水性差、低强度、渗透系数小、变形持续时间长等特点的制约,淤泥质土往往作为难以直接利用的特殊土而作废弃处理,淤泥质土地基上工程建设也相对较少,容易造成严重的环境危害和资源浪费。

青弋江分洪道工程利用河道疏挖淤泥质土,通过优化堤身断面,制定淤泥质土利用方案、堤身断面优化方案和淤泥质土堤身稳定方案。在平原圩区内筑堤施工重在施工机械选择、开挖土料分类及筑堤的施工组织。具体措施为:平原圩区内河道表层 0.8~1.5 m 主要为粉质壤土,下层全部为淤泥质土,其地基承载力基本容许值较低,尤其是淤泥质土仅能达到 70 kPa,要保证在其上正常开挖运输作业,必须采用载重量小且有较大功率自卸车(约 5~8 t)并且通过在河道开挖区域运输道路上铺筑钢板才能保证。针对远距离料场调土,考虑经济性,采用大载重量汽车(20~25 t)。针对地基承载力要求和小型自卸车生产配套,开挖设备一般采用履带式挖掘机(斗容 1~1.5 m³)。根据堤防填筑施工规范及相关设计要求,三级堤防压实度指标为 90%,经过碾压试验确定堤身摊铺及填筑碾压设备采用中型推土机,能保证压实度要求,且在碾压的同时具有凿毛效果,能保证上下层面的良好结合。

开挖河道表层 0.8~1.5 m 为粉质壤土,下层全部为淤泥质土,开挖方式分层立采(粉质壤土填筑主堤身、淤泥质土筑堤防内外平台或弃运)。开挖前对现有河道分段封堵、抽排明水,并在开挖区布置纵横排水沟,其中横向排水沟每隔 30~50 m 布置一道,积水及渗水抽排后,在开挖区至填筑工作区之间铺设钢板路,分层分条逐段依次完成开挖。

淤泥质土主要用于堤身范围内、外平台填筑。堤防的堤身、内平台及外平台的划分按以下原则确定:堤身指堤顶内外侧 1:3 边坡至地面之间的堤防;内平台指堤身往堤内侧(背水侧)部分的堤防;外平台指堤身往堤外侧(迎水侧)部分的堤防。

内平台填筑采用开挖淤泥质土料沿已填筑堤身倾倒,由于其低强度特点,淤泥质土无法一次性运输至指定填筑位置,使用挖机层配带钢板倒运铺满填筑区域,经表面固结后采用大功率推土机整平并碾压,然后进行下一层填筑,整体填筑完成后通过在设计高程上另加载 50~80 cm 厚土层,以加速下部土体固结,以达到设计压实度要求。外平台采用推土机推送河道开挖料进行布料、整平并碾压。如图 1.1 所示。

图 1.1 青弋江分洪道工程堤身及内外平台划分示意图

淤泥质土开挖主要工艺原理为通过初步降排水,加快软土固结增加地基承载力,再通过面层铺设钢板增加机械设备自重的受力面积,减少单位面积上地基承受荷载,从而保证开挖正常进行。淤泥质土填筑主要工艺原理为施工过程中通过铺设钢板等减少土体承重荷载,从而达到土体铺设、整平及初步碾压目的。然后通过在设计高程上另加 50~80 cm 厚土层,1~2 年加载后,将下部土体内饱和孔隙水逐步排出,达到土体固结目的。堤身填筑主要分三阶段进行施工,第一阶段主要为堤基清理及填塘完成后,利用拆除老圩埂填筑至与内平台顶高程齐平;第二阶段为利用河道开挖,可利用粉质壤土进行相应段堤身填筑;第三阶段为从取土场外调可利用土填筑至设计高程。堤身采用满足规范要求的粉质壤土进行填筑,首先进行测量放样,确定主堤身填筑范围;然后利用反铲挖掘机取土,自卸车运输,推土机进行整平碾压。堤防填筑分层厚度为 30～40 cm,118 kW 推土机每层碾压 4～6 遍(根据土料含水率不同可适当调整),确保压实度最终达到设计要求。

内平台填筑土料主要为原河道或滩地开挖淤泥质土料。填筑时先采用黏性粉质壤土填筑主堤身至平台高程,然后采用自卸车运输河道开挖的淤泥质土料至主堤身,沿堤身内侧坡面倾倒,使用挖机层配带钢板倒运 2～3 次铺满填筑区域,经晾晒表面固结后,采用大功率推土机整平并碾压(施工过程中暂不作压实度等指标检测),完成后进行下一层填筑,分层厚度为 50～80 cm,整体填筑完成后通过在设计高程上另加载 50～80 cm 厚土层,以加速下部土体固结。填筑完成 3～6 个月后,按设计断面要求进行二次平整、碾压,并最终经 1～2 年加载沉降,以使土体固结达到设计压实度要求。

外平台填筑土料主要为老堤堤基淤泥质土、河道内滩地土料。填筑时先采用黏性土填筑主堤身至平台高程,然后采用推土机推送老堤基下淤泥质土至外平台填筑部位,边推送边碾压;剩余不足土料利用铲运机,从河道开挖区滩地运送至外平台填筑部位,边推送土料边碾压;每层厚约 50 cm,完成后进行下一层填筑,直至填筑高程;填筑完成后一般需 1～3 个月后进行表层碾压、平整。堤防工程主要采用草皮护坡和预制混凝土六棱块护坡进行防护。防护施工前需对堤防进行修坡,将挖掘机斗齿前焊接一块厚约 20 mm 的钢板作为"刮板",长度同挖掘机斗宽,宽度约为 15 cm,前缘与斗齿齐平,测量放样高程,人工拉线,由有经验的挖掘机操作人员按拉线进行修坡,确保坡比控制满足规范要求的同时,满足外观质量需求。

坡面修整完成后,依据设计需求进行堤身防护。草皮防护采用人工播撒草籽方式实施草皮防护,播种时掺适量细沙与种子混拌均匀,并分为两份,其中一份沿堤轴线纵向方向进行播撒;另一份沿堤轴线横向方向进行播撒,以 200 m 为一播段进行。预制混凝土六棱块护坡防护,坡面再次进行精修,采用人工拉线修整,坡面土料不足部分人工填筑并洒水夯实,确保达到铺设要求。坡面精修完成后,实施脚槽开挖与混凝土浇筑,之后进行坡面碎石垫层、预制块铺筑实施,最后进行混凝土现浇封顶。预制块砌筑时依照测量放样桩纵向拉线控制坡比,横向拉线控制平整度,使护坡平整度达到设计要求。

淤泥质土开挖与筑堤施工工法广泛应用于青弋江分洪道工程马元至三埠管段共计约 26 km 堤防建设中,该工法初步实验段于 2012 年 11 月开始于南陵渡桥至三埠管段约 3 km 河道开挖及堤防建设中,2013 年 12 月委托安徽省水利科学研究院对该堤防工程进行了稳定性分析。2014 年 1 月—2015 年 5 月,该工法开始广泛应用于马元至南陵渡桥段共计约 23 km 河道开挖与堤防填筑中,工程共计开挖淤泥质土方 405 万 m^3,利用淤泥质土填筑内外平台共计约 196 万 m^3。工程通过淤泥质土利用,分洪道工程减少征用土地约 15 000 亩[①],有效解决了填筑土料需求和工程环保,减少了弃渣量,节约了大量土地,降低了工程成本,经济和社会效益显著(中国水电十三局芜湖建设有限公司,2015&2016)。

广州南沙地区乌洲涌堤防建设中进行了淤泥固化筑堤试验,南沙汽车基地乌洲涌整治工程中选择 30 m 的堤防作为淤泥固化试验段,论证淤泥固化在南沙水利建设中的可行性。采用无锡聚慧高科技有限公司研制的固化处理机械进行淤泥固化处理,处理能力约 60 m^3/h。固化土配方试验委托河海大学土工实验室进行,选定配方为每立方米淤泥掺水泥 60 kg,粉煤灰 60 kg,催化剂 1.2 kg。如图 1.2 及表 1.2 所示。

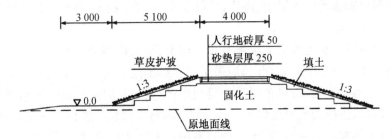

图 1.2　广州南沙地区乌洲涌试验堤剖面(单位:mm)(朱丽娟,2008)

表 1.2　广州南沙地区乌洲涌河道淤泥物理力学指标(朱丽娟,2008)

含水量 W/%	湿密度 ρ_0/ (g·cm^{-3})	干密度 ρ_d/ (g·cm^{-3})	土粒比重 G_S	孔隙比 e_0	液限 ω_L/%	塑限 ω_P/%	塑性指数 I_P	液性指数 I_L	直接快剪指标 c/kPa	摩擦角 Φ/(°)
75.7	1.57	0.89	2.72	2.039	59.0	32.0	27.0	1.62	1.30	10.3

在水分不蒸发的情况下,淤泥经固化处理后,含水量有所降低,黏聚力也呈现缓慢增长之势,与抗压强度增长规律一致。28 d 龄期的凝聚力相比原状淤泥有较大幅度的提高,而内摩擦角的变化相对较小。固化土的渗透系数比原状淤泥有所减小,固化土与地基之间未见形成渗透薄弱界面。经过碾压的固化土,其干密度、湿密度、无侧限抗压强度、抗剪强度、抗渗性能、静力触探比贯入阻力、地基承载力等均比未碾压的固化土有所提高。未经覆盖的固化土表面由于干缩易产生裂缝从而影响使用,填筑完成后应及时进行黏土覆盖,黏土上可以绿化。固化土生产、填筑的成本能够控制在 40 元/m^3 以下,相对于南沙地区 40 元/m^3(松方)的外购土方

---

① 1 亩≈666.7 m^2

价,优势较为明显,有一定的经济效益(朱丽娟,2008)。

五里湖位于太湖北部,面积约 5.6 km,平均水深约 1.95 m。张春雷(2007)结合无锡五里湖疏浚泥的处理问题,利用国产大型淤泥固化处理专用设备和复合型淤泥固化材料,对疏浚出的底泥进行了固化处理和筑堤试验。

试验场地位于五里湖疏浚泥两个堆场之一的长广溪堆场,选择在板桥村堆场边的空地进行试验。固化淤泥筑堤的平面布置沿长度方向分成三段,材料配比为每米淤泥中分别加入 50 kg、100 kg、150 kg 复合型淤泥固化材料。试验中用挖掘机挖开原堆场围堰取泥,淤泥经过 2 年的沉淀,仍然具有流动性。挖开后用挖掘机抓斗将淤泥就地调匀,人工捡出其中的树枝石块等杂物,随即投入淤泥固化处理机进行固化处理。该处理机可以定量地将淤泥和固化材料加入双轴搅拌器中进行混合搅拌,处理效率达 60 m/h。固化材料采用复合型淤泥固化材料,该材料以水泥为主要成分,辅以工业废料粉煤灰和石膏,按一定配比混合均匀而成,在处理效果和经济性上优于水泥。材料的组成为:水泥 15%～25%、粉煤灰 45%～83.5%、石膏 1.5%～7.5%。

通过对堤体现场取样,测定了填筑土样的强度、变形和渗透性,结果表明,采用淤泥固化处理设备固化的淤泥强度、变形和渗透系数能够满足堤防筑堤的要求,可以作为土方材料进行使用,实现了疏浚泥的资源化利用,解决了大量疏浚泥难以处理的难题,证明了国产淤泥固化设备在处理淤泥问题上具有技术可行性。

在连云港徐圩港区西护岸西段,选取总长度为 60 m、宽 30 m 的围堤为试验段,采用当地弃土资源——埒子口外航道疏浚土(细粉砂混泥)作为充填材料,通过现场试验原位模拟土工织物充填泥袋替代砂石料筑堤过程。根据场地实际情况及试验目的要求,将总长 60 m 的试验段均分为 4 段,每段长 15 m,模拟航道疏浚土(细粉砂混泥)与吹填砂两种充填材料之间不同的泥沙互层结构筑堤方案。

土工织物充填泥袋筑堤现场试验研究施工期共计 36 d,完成试验段总长 60 m、共 4 个试验断面,每个试验断面 8 层充填袋体,施工填筑厚度及高程达到设计要求。根据实测及统计结果,充填料密度以 1.96×10^3 kg/m^3 计,各试验断面加载总荷载量 49～61 kPa。其承载力或强度增长情况能够满足施工进度要求,现场试验期间保持了较快的充填施工速度。结果表明采用航道疏浚土为充填材料,利用当地弃土资源作为堤身土工织物充填袋填筑材料筑堤是可行的,安全稳定性及施工效率能够满足施工技术要求。

1.3.2　坝基工程应用

水利工程建设中经常遇到淤泥软基的情况,四川仁宗海水库大坝坝高 50 m,淤泥质壤土厚度 18 m,采用振冲碎石桩加固坝基,为淤泥质土较高筑坝工程实例。

由于淤泥软基强度极低,压缩性大,渗透性小,承载力低,加荷载后易变形且不均匀,触变性及流变性大,达不到水工建筑物地基设计要求,往往需要处理。当淤泥层厚度在 4 m 以内时,可以采用挖出淤泥层,换填砂壤土、粗砂、水泥土、矿渣等进行地基处理(林辉,2014)。换土法施工工艺简单,所需材料丰富,施工时间短,效果较为明显。

江西省九江市城防堤八里湖堤始建于 1967 年,全长 3.52 km。2004 年为提高本工程堤基承载力,减少基础沉降量,对桩号 1+100～2+500 堤段地基软黏土进行塑料带排水固结处理(吴智军,2012)。通过处理及前后堤基土物理力学指标的检测数据分析,特别是经过工程运行的检验,塑料带排水法是一种实用可行的软基处理方案。见表 1.3 所示。

表 1.3　江西省九江市城防堤八里湖段处理前后淤泥质土力学参数对比(吴智军,2012)

土体类型	土体名称	密度	含水量 $\omega/\%$	密度/$(g \cdot cm^{-1})$			液性指数 I_L	孔隙比 e	压缩指标		抗剪强度(总应力)		抗剪强度(有效应力)	
				天然密度 r	饱和密度 r_{sa}	干密度 r_d			压缩系数 $a_{1-2}/$MPa	压缩模量 $E_s/$MPa	凝聚力 $C/$kPa	内摩擦角 $\Phi/(°)$	凝聚力 $C/$kPa	内摩擦角 $\Phi/(°)$
处理前堤基土	淤泥质粉质黏土	2.71	42.8	1.81	1.83	1.28	0.39	1.1	0.6	3.5	15	3.9	12	5
处理后堤基土	含淤泥质粉质黏土	2.73	37.8	1.82	1.84	1.32	0.55	1.07	0.6	3.8	29	5.5	27	7

宁波大榭招商国际集装箱港区所在地大榭岛地处宁波市北仑区东北部,金塘水道的东口段,陆域形成总面积约 130 万 m^2。工程围堤总长度 2 939 m,围滩形成陆域面积 112.7 万 m^2。正堤堤顶前沿线落在 -3～-2 m 等深线之间,距码头后沿线 105 m,围堤采用抛石斜坡堤结构,基础采用通长砂袋,地基采用塑料排水板排水固结处理。地质条件较差,泥面下约 20 m 范围内为淤泥、淤泥质土粉质黏土,再往下为淤泥质黏土、黏土。采用软土地基上常用的施打塑料排水板加固的方法进行地基处理。排水板间距 1.0～1.2 m,正方形布置,采用 C 型排水板,长度根据需加固软土层厚度确定,西区围堤板长 20～25 m,东区围堤板长 25～30 m,具体见表 1.4。

温州浅滩 30 m 范围内的滨海相沉积淤泥软土是地基稳定和沉降的主要控制层,整个工程的堤坝均坐落在这样的软土地基上,工程采用铺设塑料排水板＋堆载预压的地基处理方法来加速地基排水固结(吴雪婷,2013)。

表 1.4　宁波大榭招商国际集装箱港区围堤地基参数(余竞,2017)

| 土层名称 | 天然密度/ (t·m^{-3}) | 含水率 W/% | 孔隙比 e | 固结快剪 | | | 十字板 |
				内摩擦角 φ/(°)	黏聚力 c/kPa	黏聚力 c_u/kPa	稳定系数 St
1$_{-1}$淤泥	1.72	50.7	1.41	7.8	14	9.9	2.68
1$_{-2}$淤泥质粉质黏土	1.74	44.9	1.28	9	16	16.8	2.58

温州乐清湾港区北区沿海堤坝工程附属工程高崇闸,其临时围堰全长 115.6 m,闸外水位设计高潮位 3.60 m,闸内水位最高防洪水位 3.61 m,常水位 2.54 m,围堰顶高程 4.50 m。水闸外海侧临时围堰基础为大厚度沉积淤泥层,厚度约 16.3 m。工程采用了土工模袋砂土筑堰方案。在淤泥地基中打设塑料排水板,施工时,排水板打设深度以不能向下施打为底。土工模袋砂土是用高压水枪造浆,将砂土用泥浆泵通过输砂软管以砂浆形式充填入模袋,砂土在模袋中排水固结后形成较为密实的填筑体,经层层叠袋后形成围堰。合理选择模袋形式,使每层袋体充填在一个潮差内完成。土体的强度由于模袋的加筋和包裹作用增强,具有土体变形较小等特点(曹俊伟,2013)。

福州港可门作业区 4$^\#$、5$^\#$ 泊位围堤爆破挤淤工程位于福建省福州市连江县境内罗源湾的南岸,面海背山,南面为山区,西面为可门火力发电厂,紧邻拟建工程西围堤为门前屿、圆屿、长屿三个岛屿,背面和东面均为罗源湾海域。北围堤为海侧围堤,东西围堤为接岸围堤。西围堤、北围堤以及与北围堤相连的部分为东围堤,采用爆破挤淤进行软基处理。爆破挤淤填石方量约为 2 885 583 m^3。围堤采用斜坡堤的结构型式,勘察报告指出其中普遍分布厚 9.85～30.8 m 的淤泥,它具有高压缩性、中-高灵敏性,工程性质极差,不能作为拟建围堤的基础持力层,其下部主要分布的粉质黏土,工程性质较好,是良好的持力层(陶挺,2012)。深厚淤泥中采用爆炸挤淤法,爆炸作用对围堤堤身的影响范围有限,基本处于 40 m 范围之内;且随着爆源距离的增大,围堤的沉降量变小。

西吉县马莲川水库曾在大坝迎水面淤泥层上加高土坝获得成功,水库坝长 1 km,从库内淤泥层上加高培厚坝体,加高后的坝顶比原坝顶高 6 m,加坝后经过多年运行考验(包括 1975 年又加高 3 m 在内),证明效果是良好的(张钧铭,1989)。

陡河水库位于河北省唐山市区东北 15 km 处,大坝为均质土坝,最大坝高 25 m,坝线全长 7 364 m,左坝头与奥陶纪石灰岩相接,横跨第四纪土层,包括山坡堆积河槽漫滩、一级台地以及二级台地。坝基淤泥质土抗剪强度小、灵敏度高,具有流动性、压缩性极高特点,物理力学性质变化很大。采用水库软土坝基填筑土坝,不挖掉淤泥,对软土坝基段采取预压施工方法。这种施工方法充分利用了软土地基具备的性能,不仅节约经费,而且保证施工质量。陡河水库土坝的填筑,在国

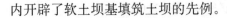

内开辟了软土坝基填筑土坝的先例。

1.3.3 存在问题

1. 由于软土地基自身性质的影响,有含水量高、耐压性能差、流动性强等特点,这类特殊的结构性质加大了水利工程施工的难度,致使成本上升。

2. 软土地基处理的方法一直是水利工程建设的重难点,水利工程软土地基具有承载力低、常年流水侵蚀、变形大、抗滑稳定差等缺点。

3. 在厚度较大的淤泥软基上筑堤,传统抛石堤有稳定性差、沉降变形大、经济性差等缺点。

4. 软土地基上土堤填筑失稳的破坏模式主要表现为堤基软土的深层破坏,堤基软土的不排水抗剪强度通常都呈现既随土层又随深度变化的特征(雷国辉,2018)。

1.4 淤泥质土在建筑工程中的应用及存在问题

原位淤泥的含水率高、孔隙比大、强度低,加荷后的变形量大(闫怀瑞,2015),建筑物地基不良土层,必须进行加固处理,否则易发生基坑边坡失稳、坑底隆起、突泥突水和支护结构失效等工程地质问题,诱发基坑周围地面沉陷、不均匀沉降及相邻建筑物开裂、破坏等不良效应,须经处理才能满足建筑物基础沉降和整体稳定的要求。

1.4.1 工程应用

唐山曹妃甸工业区采用吹砂造地技术形成陆地,区域局部海底表层分布有 0.7~2.8 m 厚的淤泥层,其下及表层分布有粉土层和粉砂层,表层分布有厚度不等的粉细砂或淤泥及淤泥质土,根据淤泥的特点调整固化剂配方,海滩表面淤泥在北京中永基 PM 有机液体固化剂掺加 0.2%、42.5 水泥掺加 5%。淤泥中有机物含量 7%~16%,原淤泥含水量 88%~108%,测试时含水量 46%~50%,天然密度 1.57~1.64 g/cm³,饱和度 0.81~0.89,孔隙比 1.37~1.56,液限 66%,塑性指数 28,无侧限抗压强度 0.3~0.6 MPa,黏聚力 60~99.5 kPa,压缩系数为 1.1~1.9 MPa^{-1}(刘凯,2014)。

江苏滨海电厂位于江苏省盐城市滨海滩涂,场地地势低洼,淤泥质粉质黏土夹粉土:灰黄、黄褐色,软塑-流塑,夹粉土、粉砂薄层,层理清晰,呈千层饼状,层厚约 1.7~5.4 m。基础采用旋挖钻孔灌注桩,设计桩径 800 mm,有效桩长 63 m,桩端进入持力层粉细砂层。经现场反复试验,通过增加孔口泥浆缓存池,调整泥浆性能参数,改进钻具和钻进工艺参数等措施保证了施工质量(李友东,2016)。

广东省东莞市某污水处理厂厂房地基土层中(刘小勇,2016),海陆交互沉积层: 灰黑色、饱和、流塑,含粉细砂粒,海陆交互沉积成因,层厚 4.00～13.50 m,含水率 $W=58.8\%$,饱和水条件下,沉井下沉过程中存在突沉、涌土、沉速过快和超沉、位移 及倾斜过大等现象。采用水泥粉喷桩的沉井下沉施工方法,沉井外侧的两排水泥粉 喷桩能有效挡水,保证帷幕内土体稳定;通过分节、分部位凿除粉喷桩桩头来调节支 撑力,水泥粉喷桩形成的复合地基能作为沉井的稳定地基,保证沉井正常使用。

深圳地铁 11 号线 11304-2 标位于深圳宝安机场扩建区内,处于滨海滩涂地 貌,连续墙施工穿越的地层自上而下依次为填土,机场扩建人工吹填的淤泥,含有 机质砂,黏土,中砂,可塑状砂质黏性土,硬塑状砂质黏性土,全、强风化片麻状混合 花岗岩。淤泥层最大厚度为 14 m,含水率 90.8% 以上,标贯击数平均只有 1.6 击, 无地基承载力,流塑性强,无自稳能力。对地表 3 m 范围进行淤泥换填后,场地内 挖 3 m 深、宽 1 m 的坑。通过对比最终采用 SP-5 型单轴深层水泥搅拌桩辅助地下 连续墙成槽。水泥搅拌桩水泥掺量 75 kg/m,搅拌与喷浆为 4 搅 4 喷,水灰比为 0.5/0.55。选择硫酸钙作为早强剂,掺量为水泥用量的 2.5%。将工期紧的地段 水泥更换为 P.O 42.5R 水泥,提高早期强度(文延庆,2014)。

天津新港海域表层广泛分布厚约 14 m,呈软塑到流塑状态的海积软土层,主 要为淤泥和淤泥质土,三线桥梁工程大部分位于现状海挡以外的淤泥滩涂中。由 于淤泥层厚度较大,采用换填法对现浇桥梁支架下部地基进行处理,支撑系统下部 地基土层结构相对复杂。采用山皮石对淤泥质土层进行换填处理,山皮石厚度 2.5 m,基本将第一层软土全部换除,在山皮石层上铺设 2 层灰土,每层厚度均为 0.25 m。在山皮石下依然存在承载力仅为 70 kPa 的软土层(魏宗玉,2014)。

合肥中日美术馆建设场地位于南淝河河漫滩上,地基土为疏浚河道堆填的厚 层淤泥质新填土,地貌上属于南淝河河漫滩的临河洼地,以河道清淤的淤泥质粉质 黏土、粉土为主,并夹有粉煤灰,呈软塑或稍密状态。施工中桩径为 200 mm,桩长 6 m,穿过填土层,桩体下部 0.5 m 位于地下水位以下,采用碎石夯填处理。设计置 换率为 14.5%,桩距为 0.5 m,呈正三角形布置,施工采用 SH-30 型工程钻机造孔, 120 kg 重锤夯实"三七灰土"配料,然后分层填夯灰土。结果表明灰土桩处理后的复 合地基桩周土的地基承载力提高 50% 以上。该场地淤泥力学性质指标见表 1.5。

海南海口市美和小区位于海口市美兰区和邦路与振兴路交汇处北侧,基坑长 约 100 m,宽约 65 m,最小开挖深度为 6.1 m。淤泥质黏土分布全场地,深灰色,流 塑-软塑状,以粉质黏土为主,含有机质、少量粉细砂、贝壳碎片,微具泥臭味;厚度 4.60～10.40 m,平均厚度 7.84 m。采用排桩+钢花管支护体系,排桩为钻孔灌注桩, 桩径 800 mm,桩间距 1 000 mm。基坑开挖阶段,基坑围护结构的水平位移变化较为 明显,地下室底板浇筑后,基坑围护结构的水平位移变化已趋于稳定(薛翔,2014)。

表 1.5　安徽合肥中日美术馆建设场地淤泥力学性质指标(刘秋燕,2010)

土层名称	$W/\%$	$\gamma/(kN \cdot m^{-3})$	e	I_P	I_L	P_S/MPa	$N_{10}/击$	f_{ak}/kPa	E_S/MPa
杂填土 A	18.0	19.0				0.91	10	80	3.5
素填土 B	22.9	18.6	0.84	17.2	0.79	0.70	12	70	3.0
粉质黏土	26.1	19.8	0.75	10.9	0.87	1.42		150	7.0
粉土	18.3	20.5	0.58	9.8	0.60	>6.10		200	9.0

　　青岛市黄岛区某工程采用真空预压技术加固新吹填的超软土,地基沉降量很大,对表层土采用掺加生石灰进行拌合碾压来处理,对加固后十字板剪切强度偏低的表层土,采用钛灰拌合的方法进行处理可大幅提高地基承载力,减小后期沉降(刘爱民,2017)。该工程土层物理力学性质见表1.6。

表 1.6　青岛市黄岛区土层物理力学性质(刘爱民,2017)

土名	含水率/%	重度/ $(kN \cdot m^{-3})$	干重度/ $(kN \cdot m^{-3})$	孔隙比	压缩系数 $/MPa^{-1}$	压缩模量 $/MPa$	十字板剪切 强度/kPa	厚度/m
流泥	114	1.41	0.71	3.245	—	—	2	2.0~2.3
淤泥	80.4	1.53	0.85	2.196	—	—	5	1.0
淤泥质粉质黏土和粉质黏土	39.2	1.82	1.31	1.07	0.51	4.21	9	3.0~4.8
淤泥	80.3	1.55	0.86	2.208	1.55	2.07	7	1.0
淤泥质粉质黏土和粉质黏土	36.7	1.84	1.35	1.03	0.64	3.26	20	2.0~5.0

　　甘肃某汽车服务公司综合办公楼位于甘肃省兰州市城关区雁滩乡,属于黄河古河道,始建于 2000 年。该建筑物为七层框架结构,筏板基础,地基为振动沉管碎石桩复合地基。淤泥质土分布于整个场地,厚度变化较大,层厚 1.50~4.60 m,黑色,有臭味。饱和,软塑-流塑状,夹杂少量的卵石、漂石。采用振动沉管碎石桩进行地基处理,基础形式为钢筋混凝土筏板基础。加固处理后地基土承载力标准值≥160 kPa,满足设计要求(周建民,2003)。

1.4.2　存在问题

　　1. 旋挖钻孔灌注桩施工过程中,由于护筒埋设长度短,钻进时对此部位的粉土扰动大钻孔上部的扩径(坍孔)发生在护筒底口以下。旋挖钻机的钻杆较粗,反复上提、下放钻杆的施工工艺特点使钻孔内的泥浆面反复波动,钻杆全部提出与钻杆全部放入孔内的泥浆面波动幅度达 2~4 m,护筒底部以下的粉土层在护壁泥浆压力反复变动下容易出现坍塌(李友东,2016)。

　　2. 软土地区承台底土位于浅层地下水位以下的疏桩复合桩基的承台土抗力

计算,目前尚不应采用桩基规范提供的承台效应系数,宜应用各地工程实践所积累的数据(张正浩,2017)。

1.5 淤泥质土在交通工程中的应用及存在问题

交通工程中的路基地质条件较为复杂,软土路基在长三角、珠三角以及东南沿海等发达城市都有广泛分布(阴可等,2017),由于地基软弱,巨大的路堤荷载会引起地基的显著变形甚至失稳破坏(叶观宝,2017)。

1.5.1 工程应用

江苏省淮盐高速公路淮安段软基地质条件差,软土最大含水量超过100%,软土最大深度超过20 m,设计CFG桩桩径0.50 m,三角形布置,桩长17 m左右,进入下卧层约1 m,顶部铺设40～50 cm厚的砂石作为褥垫层,减少基础底面应力集中,采用振动沉管法施工(王大明,2006),是CFG桩在江苏省高速公路地基处理中的第一次应用。

表 1.7　淤泥及吹填砂物理参数(李战国,2012)

指标	天然含水量/%	密度/(g·cm⁻³)	天然密度/(g·cm⁻³)	最小干密度/(g·cm⁻³)	最大干密度/(g·cm⁻³)	相对密度	孔隙比	液限 W_L/%	塑限 W_P/%
吹填砂	5.94	2.69		1.34	1.63	0.70	0.65～1.02		
淤泥	64.4		1.31				1.54	42	12.3

曹妃甸滨海大道填筑路基的吹填砂和滨海大道两侧淤泥进行了固化沿海地区淤泥和吹填砂混合物代替山皮石的相关试验,试验所用淤泥及吹填砂物理参数见表1.7,结果表明当淤泥和吹填砂以40%和60%的质量比例混合固化泥沙混合物时,固化土各项性能均较好,现场测试的强度及弯沉值等指标均满足公路路基设计要求;固化泥沙混合物可代替山皮石作为路(地)基填料,可节约成本40.5%,固化土7 d无侧限抗压强度见表1.8。

表 1.8　曹妃甸滨海大道填筑路基 7 d 无侧限抗压试验结果(李战国,2012)

m(泥)∶m(砂)	100∶0	80∶20	60∶40	40∶60	20∶80	0∶100
7 d无侧限抗压强度/MPa	0.38	0.45	0.65	1.12	0.17	0.31

广东揭(阳)—普(宁)高速公路地处粤东沿海丘陵平原,穿越榕江、练江三角洲平原及其间的丘陵谷地,地基土层主要为全新世和晚更新世沉积物,厚度较大,有软土分布的路段长度近23 km。泥炭质土含水量最大达222%,有机质含量高达44%。腐木、淤泥混合土地基经过袋装砂井处理后,卸载回弹特征鲜明,回弹性指

标λ大于不含腐木的软基。对含腐木的软土,λ值随腐木含量增加而加大。适宜深度、布置型式的袋装砂井与适宜数量、时间的超载预压组合,是处理腐木、淤泥混合土地基合理、有效的方法。

浙江嘉绍高速公路路线长 43.2615 km,沿线软土路段地表分布软塑-可塑状粉质黏土,其下分布海相流塑-软塑状淤泥质粉质黏土、粉质黏土等,软土属高-中压缩性土,压缩量大,排水固结缓慢,地基稳定性差,对嘉绍高速公路海宁和王店两处地基土取样,结果表明:加载阶段及再加载阶段 $Es-P$ 关系近似为线性变化,卸载阶段的回弹模量随压力成二次曲线变化规律,卸载的回弹模量随压力的变化速率较加载及再加载时模量随压力的变化率大。同时,在加载阶段,各试样在 100 kPa 和 200 kPa 下固结系数随压力变化不一,当超过一定的前期屈服压力后,固结系数随应力水平增加而减小(郭天惠,2017)。

厦深铁路漯河 DK333-DK336 段,为滨海冲积平原,下部软土层深厚,从 2009 年 10 月开始地基处理工作,至 2010 年 8 月路堤填筑完成。为探讨不同地基加固方式下地基的沉降特性,在 3 个不同试验段分别采用管桩加固砂层及淤泥层、旋喷桩仅加固下部淤泥层、强夯法仅加固上部砂层的 3 种地基处理方法进行加固。认为旋喷桩虽仅加固了下卧淤泥层,但由于利用路基堆载对上覆砂层进行了预压,对控制地基工后沉降能达到与管桩加固全部土层相近的效果,加固效率最高,经济效益最好。详见表 1.9 所示。

济南至广州国家高速公路平远(赣粤界)至兴宁段全长 99.544 km,沿线软土主要分布于冲积平原区、河流谷地及山间洼地,主要由第四系沼泽相淤泥质粉质黏土及淤泥组成,其中平原区软土呈片状分布,山间洼地(或鱼塘塘底)软土呈点状或带状随机分布。全线主线软土分布共 144 路段,累计长度为 16.6 km。软土的厚度一般为 0.4~5.95 m。

表 1.9 厦深铁路漯河试验段地基处理方法及测试内容(曾长贤,2014)

试验段	填土高度/m	淤泥层位置/m	处理方法	检测断面	测试内容
1	6.13	−13~−27	管桩加固	DK333+640	分层沉降、水平位移、土压力计
2	6.61	−17~−27	旋喷桩加固	DK336+800	分层沉降、水平位移
3	4.12	−21~−27	强夯加固	DK336+960	分层沉降、水平位移

平兴高速公路软土的形成,主要是由于当地的泥灰岩、页岩、泥岩的风化产物和有机物质,经水流搬运沉积于原始地形低洼处,长期泡水软化的结果,以坡洪积、湖积、冲积三种为主。徐光波(2017)对比分析后认为平兴山区软土的物理指标参数中,含水率与孔隙比、含水率与液性指数、天然密度与孔隙比、液限与塑限、液限与塑性指数具有一定的相关性,其余物理指标之间并无明显的相关性。力学性质

指标中,压缩系数与压缩模量存在良好的幂数关系,其相关系数为 0.941 1,其他力学性质指标之间无明显的相关性。具体指标详见表 1.10。

表 1.10　平兴高速软土主要物理力学性质指标统计表(徐光波,2017)

项目名称	含水率 $\omega/\%$	孔隙比 e	饱和度 $S_r/\%$	液限 $\omega_L/\%$	塑限 $\omega_P/\%$	塑性指数 I_P	液性指数 I_L	压缩系数 $\alpha_{V1\text{-}2}/$ MPa^{-1}	压缩模量 $E_{S1\text{-}2}/$ MPa	黏聚力 $c/$kPa	内摩擦角 $\varphi/(°)$	渗透系数 $K/$(cm/s)
最大值	35.8	1.0	77.0	29.4	17.5	8.0	1.0	0.5	0.5	2.0	1.1	2.41E-08
最小值	98.3	3.1	100.0	75.7	52.2	26.2	4.9	6.1	4.5	31.0	27.2	2.10E-05
平均值	54.1	1.5	94.1	43.5	28.6	15.0	1.7	1.1	2.6	10.0	7.4	2.48E-06
样本数	64	64	64	64	64	64	64	64	64	40	40	26
变异系数	0.31	0.30	0.06	0.22	0.26	0.27	0.46	0.71	0.30	0.63	0.76	2.17

广州轨道线工程南延段蕉门至冲尾段淤泥质土层沿轨道线连续分布,平均 8.33 m,呈灰褐、深灰、灰黑色,机质含量最大值 4.16%,最小值 1.90%,属无机土。具海绵状和孔隙状结构,流塑,少数软塑状态。浅部及中部土芯一般不能成土柱状,流塑,较深部位土体固结度稍好,属高压缩性欠固结软土,土的渗透性差,其物理力学参数见表 1.11(徐芙蓉,2012)。

表 1.11　广州轨道线工程南延段蕉门至冲尾段主要物理力学性质指标(徐芙蓉,2012)

统计项目	天然状态性质指标			固结指标		剪切指标				三轴指标				溶透系数/ (10^{-8} cm/s)	
						直接快剪		固结快剪		UU		CU			
	含水率 $\omega_0/\%$	天然密度 $\rho_0/$ (g/cm³)	孔隙比 e_0	压缩系数 $a_{1\text{-}2}/$ (MPa^{-1})	压缩指数 C_C	黏聚力 $c/$kPa	内摩擦角 $\varphi/(°)$	黏聚力 $c/$kPa	内摩擦角 $\varphi/(°)$	总应力法		总应力法			
										$c/$kPa	$\varphi/(°)$	$c/$kPa	$\varphi/(°)$	K_V	K_H
统计数	43	43	43	41	22	7	5	9	10	13	20	17	22	11	11
最大值	84.0	1.64	2.303	3.502	0.968	7.0	5.7	11.0	19.3	9.0	2.7	11.0	16.6	22.0	63.0
最小值	54.5	1.46	1.515	1.046	0.383	1.0	2.3	3.0	11.1	2.0	0.1	3.0	6.5	4.0	4.0
平均值	73.2	1.54	1.997	1.998	0.653	3.4	3.7	7.0	14.5	4.5	1.2	6.1	12.5	8.0	13.8
标准差	8.0	0.05	0.209	0.552	0.152	2.5	1.4	3.2	2.7	2.7	0.7	2.5	2.7	5.1	16.9
变异系数	0.109	0.031	0.105	0.277	0.233	0.731	0.385	0.457	0.196	0.587	0.575	0.408	0.218	0.632	1.224
标准值	75.24	1.52	2.052	1.849	0.596	1.6	—	5.0	12.8	3.2	0.9	5.0	11.5	5.2	4.5

黑龙江国道 G111 富裕—讷河段 A1 标段,位于嫩江、乌裕尔河、讷莫尔河冲积平原,路段设计采用袋装砂井配合土工格栅处理软土地基,袋装砂井直径 10 cm,等边三角形布置,间距为 1.0 m,处理的软土厚度 6 m 以内。排水垫层采用透水性较好的天然砂砾,设计排水砂垫层厚度为 1.5 m,土的粒径以粗颗粒为主,含泥量小于 1%,路堤采用分级填筑的方式(李洪峰,2018)。由于中央分隔带处有砂性土的

透镜体,加速了软土地基的排水固结。

丽江至香格里拉铁路工程中泥炭土呈灰黑色,流塑-软塑状,多呈两层分布,上层夹于软塑状粉质黏土间,厚度为 5～8 m,下层夹于细圆砾土间,厚度为 2～4 m。少数路段厚度较小,一般在 0～2 m,呈鸡窝状分布。室内试验表明,泥炭土孔隙率较高,具有较好的富水能力,抗剪强度较低,路堑边坡表现出流滑性,即使低矮的路堑开挖形成不高的临空面,也会引起边坡变形(柴春阳,2017)。

湖南怀化至新晃高速公路全长第 17 标位于新晃兴隆镇胜利村境内,主要地层为淤泥,淤泥以下为卵石层;夹淤泥地质,自地表以下 2.5～3.8 m 为黏土,中间层为淤泥(层厚 1.5～3.5 m),淤泥呈流塑状,渗水较大,淤泥层以下为卵石层,施工中在路基填筑范围内采用碎石桩处理,对构造物基础采用换填浆砌片石的处理方法。

沪苏浙高速公路江苏段软土现场钻孔取样得到的压缩曲线和屈服应力的分析表明,长三角地区的软土具有一定的结构性特点,公路路基工程建设应对浅层软土采用堆载预压、化学改良、桩基础等技术进行处置,软土的压缩变形形状应考虑土体结构性的影响,在设计方法中也应当考虑结构性的影响(沈珠江,1998)。

上海市地铁 2# 线西延伸工程威宁路站位于天山路北侧,地层厚度及分布自上而下依次为人工填土、褐黄色黏土、灰色淤泥质粉质黏土等。在含水淤泥质地层中,管幕预支护和掌子面深孔注浆加固后,采用短开挖、强支护、勤量测、快封闭的综合浅埋暗挖施工技术,可实现洞内施工安全和隧道施工地面沉降的控制要求。

连云港连云新城金海大道沿线深度范围内分布有海相淤泥质软土,抗剪强度很低。在路堤荷载作用下,容易产生沉降过大或者导致地基失稳。如果采用预压法进行地基处理,导致工期过长,无法满足工程进度要求,采用深层搅拌法对软土地基进行处理(林其乐,2014),深层搅拌法能有效提高地基承载能力,控制地基的沉降和侧向变形。上部荷载向桩体集中,有效减少了土体上所承担荷载量。深层搅拌法在海相淤泥质软土中成桩效果较好;在相同水泥掺量条件下,干喷法的承载力及变形控制效果均优于湿喷法,处理高含水量的海相淤泥质软土时,采用干喷工法更加经济有效。详见表 1.12。

表 1.12 连云港连云新城金海大道土层试验结果(林其乐,2014)

土层序号	层名	深度/m	含水率 ω/%	孔隙比 e_0	黏聚力 c/kPa	内摩擦角 φ/(°)	压缩模量 $E_{s0.1-0.2}$/MPa
1	杂填土	0～2.3	28.3	0.945	18.7	13.1	2.2
2	淤泥质黏土	2.3～14.1	37.9	1.243	8.7	4.9	3.4
3	黏土	14.1～19.2	33.4	0.987	17.4	15.3	4.5
4	粉质黏土	19.2～24.8	31.5	0.954	16.4	22.7	4.6

浙江三门湾大桥宁海段线路长为 19.874 km。桥墩间距为 40 m，布置在堤身范围，由于海堤沉降大，对桥梁施工和运行存在一定程度的干扰和影响，特别是对桥墩桩基础存在横向变形影响，交叉段采用特殊结构和基础处理。交叉段海堤基础先采用固化剂（水泥）搅拌桩满堂布置，然后在密排灌注桩成孔区的水泥土强度接近 50% 的设计强度时，再进行钻孔灌注桩施工，桩端深入黏土持力层（黄朝煊，2017）。

深圳市宝安区裕安路场地地质条件差，淤泥层遍布，淤泥饱水、流塑、强度低、压缩性高，含有机质，层厚 8.5～14.7 m。采用真空预压法加固淤泥层，软基平均淤泥厚度达到 10 m 以上，地基施加相当于 80 kPa 荷载的真空压力，90 d 后地基表面沉降量可达到 1 m 以上，地基平均固结度超过 90%（樊耀星，2006）。详见表 1.13。

表 1.13　深圳市宝安区裕安路软基真空预压法加固物理力学指标（樊耀星，2006）

处理时间	统计项目	含水量 $\omega/\%$	天然密度 $\rho_0/$ $(\mathrm{g \cdot cm^{-3}})$	孔隙比 e_0	土粒密度 $/$ $(\mathrm{g \cdot cm^{-3}})$	塑性指数 I_P	液性指数 I_L	压缩指数 $a_{1-2}/$ $(\mathrm{MPa^{-1}})$	压缩模量 E_s $/\mathrm{MPa}$	摩擦角 $\varphi/(°)$	黏聚力 c/kPa
处理前	统计件数	80	80	80	80	80	80	80	80	43	47
	最小值	358	1.4	0.94	2.63	8.7	1.12	0.58	0.58	0.7	6.3
	最大值	111.2	1.88	3.09	2.71	24.9	3.93	1.47	3.48	2.5	21
	平均值	69.9	1.58	1.92	2.69	17.2	2.37	1.78	1.81	1.4	11
处理后	统计件数	27	27	27	27	27	27	27	27	12	12
	最小值	33.5	1.54	0.96	2.68	13	0.32	0.59	1.51	0.8	10.9
	最大值	74	1.83	2.01	2.72	30.7	2.83	1.99	3.3	2.1	20
	平均值	57.17	1.64	1.59	2.7	16.37	1.69	1.23	2.16	1.43	13.93
增长率/%		−18.2	3.80	−17	0.37	−48.3	−28.7	−30.9	19.3	2.14	26.64

1.5.2　存在问题

1. 淤泥质土交通工程中应用 CFG 桩存在的主要问题是淤泥地层钻进速度不能随机器自由进尺，一般宜控制在 6 m/min 左右。进尺过快容易造成斜孔；淤泥质地层拔管速度应适当快些，控制在 4 m/min 左右；遇到个别区域淤泥地层有软塑转变成流塑时，建议施工顺序采用由两侧向中间施工（吕德君，2014）。CFG 桩应用于加固深厚软土时，若软土层埋深较浅时，建议对桩端进行加强设计，可在桩端一定深度范围配置适当数量的钢筋以增强抗剪能力（李三明，2017）。

2. 目前对软土路基沉降计算过程中，均未考虑压力和不同超载量的作用，影响计算结果的准确性（郭天惠，2017）。如何确定合理的加固措施有待进一步研究。

3. 冷冻法取样对于腐木含量较高的腐木软土效果较好,对于腐木含量较低的情况不宜使用(李国维,2006)。

4. 有机质的结构特征使泥炭土具有较大的水容量、塑性和低渗透性,并具有酸性,这些因素阻碍了水泥土的加固作用,导致水泥加固土的效果较差。现场试桩表明,旋喷桩、水泥搅拌桩及 CFG 桩成桩效果较差,承载力无法满足要求,地基加固宜采用预制桩。

5. 软土地基桥梁施工中偏移量较大,发生发展的可预见性较差,原因复杂(邱体军,2016)。如何确定较为合理的超载高度和施工填筑速率给工程带来直接的经济效益,目前的施工进度控制标准是否完全适用,均有待进一步探讨(王良民,2011)。

6. 软土具有高含水量和低强度的特性,作为路基常会出现路面开裂、不均匀沉降等现象,影响道路的正常运营(骆俊晖,2018)。

7. 对于满堂搅拌桩的处理,根据本工程经验,淤泥固化后将发生一定膨胀,在水平方向变形受到限制后,将发生竖向膨胀(黄朝煊,2017)。

8. 沿海地带存在潮汐影响及较为普遍的降雨问题,即潮汐和降雨对路基固结变形的影响程度在设计时应当考虑(王良民,2011)。

1.6 淤泥质土在港口工程中的应用及存在问题

淤泥质海岸是我国大陆海岸的重要组成部分,长度超过 4 000 km,约占大陆海岸的 22%。淤泥质海岸主要由极细的泥沙颗粒组成。在淤泥质海岸建港时,深水航道和泊位都是在范围浅滩上开挖而成的。近年来,在沪、浙、闽、粤等地吹填造地、码头堆场、物流园工程日益增多,但是由于设于沿海、沿江、沿湖岸边的这类工程的接近地表的地层埋藏着大于 10 m 甚至大于 30 m 的深厚淤泥软土,工程施工难度大(张小龙,2012)。

1.6.1 工程应用

连云港地区分布有大面积淤泥和淤泥质土为主的海相软土,软土厚度变化大,最大达 24 m,具有高含水量、高孔隙比、高压缩性、低强度、弱透水性、变形量大、工程地质条件极差等特点(王煜霞,2002;蔡国军,2007)。

矿石接卸码头位于后云台山北麓,码头地基以下淤泥厚度约 21.0 m,处于流塑状态,淤泥和软黏土的物理力学性质极差,采用堆载预压处理(蒋艳芳,2014)。具体施工工艺为先吹填疏浚土,经 2~3 个月晾晒后高程为 6.0 m,加固区先铺设 2 层荆笆,其后铺设 0.5 m 山皮土作工作垫层,然后铺设 1.0 m 中粗砂垫层,插打 C

型塑料排水板至−24.5～−19.7 m,进而进行大面积回填料石。当沉降稳定后再在场地上堆载开山石(总共 4.5 m,分两次堆载,第一次堆载 2.5 m,第二次堆载 2.0 m),堆载预压 11～18 个月后卸土至陆域设计高程,再碾压整平后施工面层结构。结果表明堆载预压法加固吹填淤泥地基效果显著。经堆载预压处理后,土体物理力学性质和十字板剪切强度得到了很明显的改善和提高,地基承载力特征值能够满足设计要求。

　　广州南沙港位于珠江口伶仃洋喇叭湾,龙穴岛内东南侧,土质为第四纪河相和海相交错沉积软土层,地质条件很差,地表以下均分布有淤泥层,地下水位高,通过研究夯击能和动力工序对有效加固深度和加固效果的影响,动静力排水固结法可以应用于淤泥地基的加固处理中。改变夯击能对加固深度有明显的影响,当夯击能增大到 4 200 kN·m 时,有效加固深度可以达到 13.5 m。见表 1.14 所示。

表 1.14　广州南沙港土层物理力学性质指标(张丽娟,2012)

土层名称	土层描述	土层厚/m	天然含水率 ω/%	密度 ρ/(g·cm^{-3})	孔隙比 e	黏聚力 c/kPa	内摩擦角 φ/(°)	压缩系数 a_{1-2}/(MPa^{-1})
人工填土	分布不均匀,含泥量大,天然含水率高,流塑状态	0.0～5.1	—	—	—	—	—	—
淤泥		1.5～14.3	51.7～109.0	1.58	1.600～3.090	10.2	9.4	2.336
粉质黏土	冲洪积成因,可塑状态,地基承载力150 kPa	0.5～11.4	29.0	1.87	0.740	21.0	20.4	0.378
砂质黏性土	残积成因,灰白色,硬塑	0.2～11.1	21.4	2.05	0.609	30.2	31.4	0.167
全风化花岗岩	灰白色,褐红色,岩芯呈坚硬土柱状,遇水易崩解	0.5～7.8	16.6	2.01	0.548	36.5	34.7	0.121

　　广州港南沙港区粮食及通用码头工程软基处理试验区加固面积为 22 500 m²,地下水位离地表 0.5 m。场地自上而下可分为淤泥混砂为主的近期人工回填土,平均厚度为 2.0 m;淤泥或淤泥质黏土,层平均厚度为 6.0 m;混砂层,平均厚度为 2.0 m;淤泥或淤泥质黏土,平均厚度为 5.0 m;中粗或中细砂层,平均厚度为 2.0 m;分布不均匀的粉质黏土、黏土、砂层及硬黏土混合层。井点降水联合强夯的软基处理降低地下水位,提高深部地基土的有效应力,工艺简单,造价低廉,维护简便,与传统排水固结法相比优势突出。见表 1.15 所示。

表 1.15　广州南沙港土层物理力学性质指标(刘嘉,2009)

土层名称	状态	深度/m	含水率 ω/%	饱和度 S_r/%	孔隙比 e	液限 ω_L/%	塑限 ω_P/%	塑性指数 I_P	液性指数 I_L	黏聚力 c/kPa	摩擦角 φ/(°)
淤泥	流塑	2.0~2.2	60.2	100.0	1.609	48.2	32.1	16.1	1.75	3.4	0.1
淤泥质粉质黏土	流塑	4.0~4.2	40.5	100.0	1.033	31.7	21.1	10.6	1.83	4.3	24.0
淤泥质黏土	流塑	5.9~6.1	51.4	100.0	1.367	44.3	28.5	15.8	1.45	9.6	6.6
淤泥	流塑	8.4~8.6	60.6	96.2	1.713	47.9	30.3	15.6	1.73	2.5	6.3
淤泥	流塑	11.3~11.5	58.7	100.0	1.585	44.9	29.8	15.1	1.92	2.3	11.1
黏土	可塑	15.9~18.7	30.0	84.6	0.964	33.3	18.6	14.7	0.78	27.9	8.4

　　珠海市高栏港加固处理工程位于珠海市高栏港南水作业区南、北港池间大突堤的西部。陆域形成采用吹填港池、航道疏浚淤泥,吹填后标高约 4.500 m。软土层主要为新吹填淤泥及下卧原状淤泥质土。提出单排单管、陆上预绑管、排水主管定位、人工单侧插板等方案,确保浅表层加固,总结提出一套适用于珠三角地区的浅表层超软土加固技术。见表 1.16 所示。

表 1.16　珠海市高栏港加固处理工程土层物理力学性质指标(唐建亚,2014)

土层名称	天然含水率/%	天然重度/(kN·m⁻³)	孔隙比 e	固结快剪指标		压缩指数 C_c	压缩模量 $E_{s(0.1~0.2)}$/MPa	标准贯入击数/击
				黏聚力/kPa	内摩擦角/(°)			
①₁淤泥	63.0	15.9	1.8	10.7	13.4	0.8	1.7	—
①₂淤泥质黏土	50.3	16.8	1.4	13.7	15.8	0.4	2.2	<1.0
②₁黏土	31.1	19.0	0.9	31.4	16.6	—	7.0	10.8
③₁淤泥质黏土	45.7	17.3	1.3	13.9	13.2	0.5	3.4	5.9
③₂黏土	42.8	17.6	1.2	20.2	13.5	0.4	4.5	6.4
③₃黏土	33.6	18.6	0.9	31.0	13.5	0.4	6.9	15.2
③₄黏土	45.9	17.3	1.3	21.5	13.5	0.6	4.3	8.8

1.6.2　存在问题

　　1. 港口吹填土是通过水力吹填而形成的一种沉积土,一般具有不均匀性、高含水率、高压缩性、低渗透性和固结效果差等特点,吹填土地基的承载力往往较低,需要进行相应的地基处理(蒋艳芳,2014)。

　　2. 由于动静力排水固结法的应用时间较短,用该法加固软土地基很大程度上仍停留在积累经验阶段,其理论尚不够完善,尤其关于其有效加固深度问题的研究更是少见报道。

1.7 淤泥质土在围海造田工程中的应用及存在问题

近海水利、港口以及围海造地等沿海围垦工程中,海堤的深厚软土层地基处理极为关键。软土地基上筑堤,地基沉降时间长,变形过程也较复杂,堤身有个极限高度的问题。堤身填筑到一定高度后,由于硬壳层被破坏,堤下地基土体内应力重新分布,不均匀沉降趋势增强,直至地基土发生塑性变形,塑性区内产生塑性流动,加大了沉降的不均匀性。由于近海软土深厚,地基承载力低,围堰形成难度大。

1.7.1 围海造田工程中的应用

惠安下坑海堤软土地基填土过程中,沉降量随时间逐渐增大,软基沉降与填土进程密切相关;软基总沉降量与填土高度成强相关,填土高度越大,总沉降量越大;主要沉降发生深度与软土层深度基本一致;伴随填土荷载增大,超孔压逐渐增大,填土结束后超孔压持续增长近 1 个月,主要由填土上机械施工引起;填土结束后,软基不排水抗剪强度提高 21%～37%(张小泉,2017),淤泥及砂层,全场地分布,灰色-深灰色,流塑-软塑,含砂和贝壳,根据含砂量可分为淤泥、淤泥混砂、淤泥夹薄层粉砂和砂混淤泥,填土荷载预压与塑料排水板联合作用后,软基的不排水抗剪强度提高的幅度在 21%～37% 之间。

蚂蚁岛造船基地海堤工程位于舟山市蚂蚁岛西侧海涂(刘永强,2013),海堤工程由一条弧形堤组成,堤线总长约 1 904 m,堤顶高程 5.5～5.9 m。堤基土层主要为海-冲海相沉积的软土和黏性土,近岸山体堤段及冲刷深坑底部揭露较厚残坡积碎石土层。其中软土主要为海积淤泥、淤泥质粉质黏土及淤泥质黏土,厚度为 22.5～26.8 m。淤泥、淤泥质粉质黏土及淤泥质黏土室内平均水平渗透系数为 1.4×10^{-5} cm/s、7.1×10^{-5} cm/s、1.3×10^{-5} cm/s,为相对不透水层。淤泥质土中由于普遍夹薄层粉土及粉细砂,爆破挤淤实施了国内首例 10 m 的大进尺,表明水下淤泥质软地基爆炸定向滑移处理法专利技术在舟山市蚂蚁岛造船厂围堤工程中取得了预期的工程效果。

深港西部通道工程设计堤顶宽度为 18.0 m,堤底宽 22.0 m,两侧坡比为 1∶1。根据工程地质勘查报告,海堤处的淤泥为欠固结状态,处于流塑状,天然含水量平均值为 91%,淤泥厚为 7～15.0 m,持力层主要为黏土和砾砂层。土层物理力学性质指标见表 1.17(邓志勇,2004),施工中采用爆炸定向滑移法挤淤修筑海堤,能够比较彻底地置换淤泥,夯实堆石体,形成符合设计要求的各部位尺寸及深度,快速完成地基处理,竣工后海堤稳定。

表 1.17　深圳市南山区海堤工程各土层主要物理力学性质指标(邓志勇,2004)

指标	土层			
	淤泥	淤泥质土	淤泥质细砂	黏土
天然重度/kN·m^{-3}	14.8	17.4	18.8	19.2
压缩模量/MPa	1.6	2.2	6.8	6.11
黏聚力 c/kPa	5.29	10.73		43.45
内摩擦角/(°)	2.54			9.16
渗透系数/10^{-7} cm·s^{-1}	3.23	5.93		19.86
含水量/%	91	48	20.2	29.2
孔隙比 e	2.46	1.27	0.91	0.85

上海国际航运中心洋山深水港港区是目前中国乃至世界最大的集装箱港区之一,港区主要为开山形成与围海造地形成,总吹填造地面积就达到 560.5 万 m^2(叶军,2012)。西Ⅲ区的淤泥区含水量高、地基承载力低,存有大面积表面积水,I_0灰黄色淤泥层天然含水率平均达 70.4%,而天然密度平均仅为 1.58 g/cm^3,渗透系数垂向 2.27×10^{-6} cm/s,水平向 5.33×10^{-6} cm/s,通过在深厚淤泥区表层进行竹篱笆、土工布、干砂的铺设,形成了具有一定承载力的持力层。

连云港徐圩港区淤泥质土质条件差,地基处理难度大,给斜坡堤施工和安全带来不利。初步设计阶段,设计单位提出采用多点铺开施工,少用开山石料的"塑料排水板＋砂被＋抛石混合式斜坡堤"结构方案,即首先在海底淤泥层表面插设塑料排水板、铺设砂被,随后在砂被层表面分级抛石建设斜坡堤,最后在斜坡堤表面建设油气管廊基础。堤身为分步施工,加载期约为 3～4 个月。见图 1.3 所示。

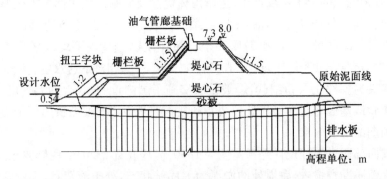

图 1.3　连云港徐圩港区斜坡堤断面示意图(占鑫杰,2017)

堤顶宽 4.5 m,堤内外侧标高 2.5～2.0 m 处设置镇压平台,平台宽度 15 m;内坡坡度为 1:1.5,外坡上坡坡度为 1:1.5,下坡坡度为 1:2。地基采用排水板和砂被袋处理,砂被袋体采用机织布加筋充填袋,塑料排水板间距两侧 1.2 m。中间

1 m，按正方形布置。排水板插设深度穿透软土层，板头露出砂被不小于 0.20 m（占鑫杰，2017）。数值分析结果显示淤泥层地基沉降变形随着斜坡堤堤身荷载分级施加呈现出明显的分段特征。当淤泥地基涂抹区渗透系数减小，涂抹半径增大时，斜坡堤地基固结沉降速率变缓。见表 1.18 所示。

表 1.18　连云港徐圩港区斜坡堤土层主要物理力学性质指标

土层编号	土层	高程/m	含水率 ω/%	孔隙比 e	重度 γ_{sat}/(kN·m^{-3})	渗透系数 k/(cm·s^{-1})	有效内摩擦角 φ'/(°)	压缩指数 C_c
1	淤泥	−2.5～−13.5	62.4	1.6	16.5	1×10^{-7}	12	0.48
2	黏土-1	−13.5～−18.5	26.0	0.715	19.7	6.7×10^{-6}	25	0.13
3	黏土-2	−18.5～−21.5	26.0	0.715	19.8	1.7×10^{-6}	25	0.116
4	粉土	−21.5～−24.5	23.0	0.633	19.6	3×10^{-4}	30	0.086
5	黏土-3	−24.5～−28.5	24.5	0.756	18.5	8.7×10^{-6}	25	0.146

浙江舟山围海造地工程采用抛石斜坡堤结构，地基处理采用排水固结（排水砂被＋排水板）联合加筋（加筋砂被），堤身铺设 1～2 层加筋砂被，−1 m 以下采用船抛块石，以上采用陆抛开山石。淤泥质土层厚度约 20～30 m，含水率 31.1%～56.4%（彭维雄，2017）。实践表明围堤边坡的稳定与施工技术有直接的影响，采用合理的施工工艺，加强施工监测，结合地基实际的排水固结效果来控制围堤加载速率，实现围堤边坡稳定可控。

浙江沿海某大型围垦工程，涂面高程−4.0 m，计算堤顶高程为 7.4～7.8 m，堤线总长约 37 km，采用塑料排水板插板法或爆炸挤淤法对地基进行处理。地基处理的方法主要有钢筋砼薄壁筒桩法、塑料排水板法、碎石桩法和爆炸挤淤法等（祝卫东，2013）。比选认为深厚软土地基的处理，采用塑料排水板法、碎石桩法等技术非常成熟的型式进行基础选型，具有较好的可靠性。见表 1.19 所示。

表 1.19　浙江沿海某大型围垦工程粉砂、粉土夹淤泥层颗粒分析及标准贯入试验统计表

土层代号	土层名称	统计类型	颗粒分析/mm					标准贯入试验击数/击
			2～0.5	0.5～0.25	0.25～0.075	0.075～0.005	<0.005	
Ⅲsi$_s$	粉砂、粉土夹淤泥	有效样本个数	15	15	15	15	15	7
		最大值/%	1.20	19.00	95.30	35.50	33.40	3
		最小值/%	0.00	0.00	40.80	2.90	1.80	1
		平均值/%	0.08	2.93	59.28	18.05	19.65	1.6

福州可门火电厂位于福建省福州市连江坑园镇颜岐村，护岸堤位于电厂西北侧浅海滩涂上，护岸堤堤基为深厚淤泥软基，采用爆破挤压、扰动淤泥，促使抛填石

料滑向爆坑,经不断沉降及挤压淤泥,实现"泥-石"置换的软基处理方法。护岸堤所处海面表层下 29～37 m 深度范围内均为饱和、流塑状软土、黏土及砂,地基土性质差,属低强度、低渗透性、高压缩性、高灵敏度的深厚软弱地基。堤型采用斜坡式结构,堤顶高程 7.0 m,宽 8.0 m,顶部设混凝土防浪墙,墙顶高程 9.5 m,护岸堤内侧场地高程为 7.3 m。护岸堤断面主要由爆填堤心石组成,临海侧边坡 1:1.5,内侧边坡 1:1。

上海临港重装备产业区芦潮港西侧滩涂圈围工程地处杭州湾北岸,围堤顺堤长 3.5 km,圈围造地约 3 km²。圈围大堤设计采用了粉细砂管袋排水垫层结合塑料排水带的地基处理方法。通过为期一年促淤形成的层淤泥质土层平均淤积厚度达 3.50 m,二期围堤地基上部淤泥总厚度最大达到 12 m。尤其是表层淤泥质土,含水率高,压缩性大,十字板强度值小于 5 kPa,承载力极低。实践表明工程最大沉降速率实测最大值 29 mm/d 淤泥地基上利用粉细砂充填土工管袋作为排水垫层是可行的。见表 1.20 所示。

表 1.20　上海芦潮港西侧滩涂圈围工程促淤形成淤泥物理力学性质对比

土层	含水率 $\omega/\%$	孔隙比 e	液限 $\omega_L/\%$	塑性指数 I_P	压缩模量 E_s/MPa	黏聚力 c'/kPa	内摩擦角 $\varphi'/(°)$	渗透系数/(cm/s) 垂直 K_h	水平 K_v
①₂淤泥质土(促淤)	50	1.36	36	16	1.01	1	19	$4.6×10^{-7}$	$3.2×10^{-7}$
①₃淤泥质粉质黏土	28	0.80	30	12	5.3	2	29	$1.1×10^{-6}$	$7.0×10^{-7}$
②₃砂质粉土	28	0.78			10.5	1	30	$6.1×10^{-4}$	$1.0×10^{-7}$
④淤泥质黏土	44	1.23	42	20	2.7	12	14	$5.0×10^{-7}$	$5.0×10^{-7}$

1.7.2　存在问题

1. 采用 8～10 m 大进尺爆破挤淤的施工法,抛填过程中的沉降较大,会对自卸汽车的倒车行驶安全有影响(刘永强,2013)。

2. 斜坡堤筑堤过程中排水板施工为海上作业,施工扰动比陆域大,应考虑排水板施工扰动作用对斜坡堤地基固结特性影响规律的研究(占鑫杰,2017)。

3. 堤塘工程刚性护面结构(混凝土灌砌块石挡墙、格梁、堤顶路面等)施工通常应在堤身完成后,且沉降变形达到基本稳定后方可实施。当堤身沉降速率小于 8 mm/月,可认为沉降变形已基本稳定。实际工程建设过程中,往往因为施工进度等要求,沉降变形未能达到基本稳定情况下就实施刚性护面结构,应将监测资料推测工后 10 a 该部位的总沉降量扣除已发生的沉降量,其差值作为施工时预留沉降量的控制值(毛丹红,2012)。

1.8　我国社会和经济发展中对淤泥质土分布广泛区域的土地利用需求及预期

随着人口的持续增长及社会经济发展水平的不断提升,我国因土地资源匮乏造成的各种矛盾不断凸显,妥善处理工业发展和城镇化与土地资源大量空间需求间的关系,关系到我国经济社会可持续发展全局。土地是人类主要社会经济活动的空间载体,沿海开发上升为国家战略后,航道疏浚,港口、船闸、围海造田等涉及淤泥质土的工程建设进一步增加(严正春,2016),深入研究我国社会和经济发展中对淤泥质土分布广泛区域的土地利用需求成为社会快速发展的必然,对促进区域经济社会的可持续发展有重要的现实意义。

1.8.1　土地利用现状及需求

20 世纪后期以来社会经济的持续快速发展,工业化、城市化进程的加快,以及国家区域发展与生态保护战略的实施,对中国土地利用空间格局变化产生了显著的影响。

淤泥质土广泛分布于东部临海和内陆江河区域,涉及淤泥质土地利用方面主要表现在区划单元及其界限出现变化,随着我国社会和经济的快速发展,近海工程迅猛拓展,位于沿海的区划边界受到城市化区域挤压收缩明显,一方面,各种航道的疏浚和拓宽等工程不可避免地产生大量的疏浚弃土,大多属于高含水率和低渗透性的流塑态海泥,力学性质差,直接利用价值不高,弃置问题为高度发展的沿海城市带来了巨大的环境压力和经济代价。另一方面,沿海城市经济建设的飞速发展对土地的需求量日益迫切,为了解决人多地少的情况,很多城市开始大规模围海垦地,砂石材料等填土资源日益短缺(章荣军,2016);新建涉及淤泥工程往往需要在自然环境更为不利的区域进行,工程条件恶劣,东南沿海城镇扩张明显,福建广东沿海边界相应扩展,沿海人口密集城市面临着日益严峻的资源矛盾。20 世纪 80年代末到 2010 年中国土地利用变化具有明显的分年代类型变化特征和区域差异,两个 10 年中,建设用地增加 5.52×10^6 hm²,主要在地形平坦、经济较发达、人口稠密的黄淮海平原、长江三角洲、珠江三角洲和四川盆地等地区,约有 3.18×10^6 hm²耕地被占用。2000 年前建设用地增加 1.76×10^6 hm²,2000 年后建设用地加速扩张,增加 3.76×10^6 hm²,后 10 年增速为前 10 年的 2.14 倍(刘纪远,2014)。

1.8.1.1　自然因素

高程、坡度、坡度变率、地面起伏度等地形因子是影响水热条件和人类活动的重要因子。滩涂是指江滩、河滩、湖滩、海滩、潮滩及其滩涂沼泽等在内的土地类型。海岸滩涂是滩涂的一种主要类型，是海岸带生态系统的重要组成部分。海滩、潮滩是海岸滩涂的主要组成部分，海滩指砂质海岸的潮间带浅滩；潮滩指淤泥质海岸潮间带浅滩，是高潮位与低潮位之间的泥滩。滩涂不仅是一种重要的土地资源和空间资源，而且本身也蕴藏着各种矿产、生物、风能及其他海洋资源，如何有序地、可持续地开发利用滩涂资源已成为全世界关注的共同课题。

海岸带是指海水运动对于海岸作用的最上限界及邻近陆地、潮间带及海水运动对潮下带岸坡冲淤变化影响的范围，一般自海岸线向陆地延伸 10 km、向海洋扩展到 10～15 m 等深线的宽阔带状范围。基本上包括了沿海城市和主要港口，国际上 LOICZ 将海岸带定义为向陆地 200 m 高程的陆地区域和向海 200 m 水深的陆架区域。《关于特别是作为水禽栖息地的国际重要湿地公约》中的湿地包括天然或人工、长久或暂时性的沼泽地，泥炭地或水域地带，静止或流动的淡水、半咸水、咸水水体，包括低潮时水深不超过 6 m 的水域；同时，还包括邻接湿地的河湖沿岸、沿海区域以及位于湿地范围内的岛屿或低潮时水深不超过 6 m 的海水水体。其中，海岸湿地的范围包括沿海岸线分布的低潮时水深不超过 6 m 的滨海浅水区和受海洋影响的陆域过饱和低地，海陆双重作用，河流、海岸地貌、波浪、潮汐和海水盐度等都对海岸湿地的形成和发育有着重要的影响。

海岸滩涂湿地是受陆地、海洋和人类活动共同作用的具有典型生态边缘效应的系统，也是生态环境相对脆弱的地带。海岸滩涂是指处于浅海与内陆之间的过渡带，涨潮时淹没，落潮时露出，一般指大潮高潮面至理论最低低潮面之间的潮间带。广义的海岸滩涂资源还应该包括潮上带、潮下带中可供开发利用的部分。

随着沿海经济的快速发展，城市的快速扩张，我国沿海地区人多地少的矛盾日益突出，如何缓解用地紧张局势、开辟新的经济增长空间已成为沿海各地区关注的重点。而作为海岸带重要组成部分的海岸滩涂则成为沿海地区扩展发展空间的重要的后备土地资源。

我国海岸滩涂资源十分丰富，且滩涂资源的 95% 分布在大陆岸线的潮间带内，总面积达 353.87 万 hm²，并且在泥沙来源丰富的海岸带仍在不断淤长。海岸滩涂面积按海区划分从北向南逐渐减少，渤海沿岸占 31.3%，黄海沿岸占 26.8%，东海沿岸占 25.6%，南海沿岸占 16.3%。

按行政省区划分（杨宏忠，2012），江苏省滩涂面积最大，达 65.80 万 hm²，占全国的 1/4 以上；山东省次之，约 33.97 万 hm²；浙江省为 28.85 万 hm²；辽宁、福建、广东省各为 20 万 hm²；河北省、广西壮族自治区各为 7 万 hm²；上海市、天津市和海南省各有数万 hm²。江苏省海岸滩涂湿地面积为 156 万 hm²。其中，潮上带湿地面积约为 10 万 hm²；潮间带湿地 26 万 hm²；平均低潮位以下约 6 m 的浅海区湿地面积约 120 万 hm²。

淤泥质岸线是指由于人类的围垦活动导致大量的淤泥质岸滩被开发利用出来,形成了农田或养殖池等,其周围已筑起了人工围垦的堤坝,但是由于水沙动力作用,随着时间的推移,人工围垦的堤坝外围又形成了新的淤泥质海岸,且生态功能与自然淤泥质海岸相差无几,这类人工围垦堤坝外围多有已成熟淤泥质岸滩发育的海岸。

南方地区水网密布,河流众多,每年在河流、湖泊中都会由于水体中黏土矿物和有机质等的沉淀而产生淤泥。大量的淤泥常年累月地聚积下来,导致河道堵塞,通行能力逐渐减小,湖泊面积也越来越小,蓄水能力下降之类的问题使得自然生态环境遭到威胁。而且在海洋、航道以及湖泊的建设、清淤过程中都要产生大量的疏浚泥。洪涝等地质灾害比较频繁,洪水中含有比一般水体更多的土颗粒,当洪水退去,这些土颗粒就会沉淀下来形成淤泥。如果河道长期疏于治理,导致大量的淤泥淤积在江河湖底,降低了江河湖库防洪、蓄洪、泄洪能力,同时,泥沙的淤积也降低了内陆航道的等级,污染湖泊河道的水质。

1.8.1.2 社会经济因素

人口的分布、增长与流动,城镇化建设和交通建设等社会经济因素影响土地利用结构和格局,海岸滩涂开发是人类开发活动中的一项重要的系统工程,是人类拓展生存空间和生产空间的一种重要手段。开发利用滩涂资源,或扩大耕地面积,增加粮食产量;或增加城市建设和工业用地。

生活生产中会产生大量的淤泥,称为市政淤泥,指城市建设与公共设施养护过程中产生的泥浆态废弃物,如建筑钻(井)作业中产生的泥浆,市政雨水管道清理中产生的污泥等。直接进入城市排水管系与河道,将因固相颗粒的沉积而严重影响城市的排水功能,并因其中污染物的释放而危害城市环境。

1.8.1.3 政策因素

我国每年开采砂石约为 151 亿 t,已引起了河床冲刷、水土流失和耕地资源减少,面临着对环境、生态的严重危害,政策因素反映了政府对土地资源配置的宏观调控,是土地利用变化地形梯度效应形成的推动力量。

不同工程中,如在公路的建设、修建河堤、建筑填方工程、海洋填海工程等中都需要大量的填方用土。一般通过开挖耕地、河床采砂、开山采石(土)等方法才能保证用土。其中,沿海地区是土建方量最大的地区,随着天然资源的减少和环保意识的增强,劳动力成本的提高和运输距离的延长,也使得长距离取土变得越来越不经济,工程取土越来越困难,已经逐渐成为一些大型工程项目建设开发的一个重要成本因素。

1.8.2 土地利用预期

河湖淤泥中含有大量有机质以及植物所需的营养成分,具有腐殖质胶体,能使土壤形成团粒结构并保持养分而成为有价值的生物资源,适用的土地有农田、林地、草地以及严重扰动、破坏的废弃地等。我国地域广阔,每年各城市河湖清淤产生大量淤泥废弃物,是世界上的淤泥资源大国,发展淤泥回收及综合利用大有可为(恽文荣,2015)。

1.8.2.1 用于农田

淤泥作为肥料可分为直接施用和间接施用,但采用淤泥做农业肥料对农作物的类型有较为严格的要求。由于淤泥含有较高含量的有机质、N、P、K及其他植物生长所需的微量元素,因此,许多国家把淤泥直接施用于土地中。我国淤泥多用于农田土壤。

由于淤泥直接施用的缺点,加之运输成本高,淤泥往往经过处理后再施用,处理技术主要有堆肥化、淤泥消化、加碱或氯气稳定等。堆肥化技术目前应用较为普遍,经处理后的淤泥既可增加效益,又可减少有害物质含量。

1.8.2.2 用于园林绿化

近些年来,因为淤泥重金属超标等安全因素,慢慢转变为应用于园林绿化,疏浚淤泥具有陆地土壤的基本理化性质,富含植物生长所需要的各种营养元素,能促进树木、草坪的生长,对于非食物链植物生长的园林绿地来说,不会威胁到人类健康,风险性更小也更易被公众接受。在发达国家,淤泥被作为土地利用的宝贵资源,英、美、澳等国的淤泥园林绿化利用率高达50%以上,如美国在公园草地和观赏林地中使用淤泥堆肥就相当普遍。近年来,上海、北京、天津、西安等地也进行了淤泥及淤泥堆肥应用于园林栽培的相关研究,发现淤泥能改善土壤理化性状、提高土壤肥力、促进园林植物生长,并以淤泥为材料进行栽培营养土的配比试验,其效果和一般复合肥相差无几。

淤泥用于农田和园林绿化还存在如大量使用影响植株生长、病原物较多不能完全灭活、存在重金属污染隐患以及氮磷过剩等问题。为防止施用河湖淤泥对城市环境造成威胁,需对淤泥进行适当的处理,控制淤泥中的污染物含量,科学合理地施用,只要达到一定的准入条件与技术要求,施用淤泥不仅不会对环境造成危害,而且有利于发挥园林植物的绿化效能,实现资源的可持续利用。

1.8.2.3 用于填方材料

在适宜条件下对淤泥进行预处理,使其适合于工程需求,然后进行回填施工,作为填方材料使用,是河道疏浚资源化利用的另一种方法。对于回填用淤泥主要有含水率、力学性能、环保性要求。对淤泥进行预处理的方法通常包括:物理方法

（干燥，脱水）、化学方法（固化处理）和热处理方法。从工程应用角度出发，以化学固化处理为主同时辅以物理固化是目前最为便捷、适用范围较广、造价较为理想的方法，与一般的土料相比，淤泥固化土具有不产生固结沉降、强度高、透水性小等优点，除可以免去碾压等地基处理外，有时还可达到普通砂土所达不到的工程效果。目前常用的固化材料中主要有水泥、石灰、石膏、粉煤灰等。张春雷等利用无锡五里湖疏浚淤泥进行固化处理和筑堤试验，试验表明，该淤泥能够满足堤防筑堤要求，可以作为土方材料使用。国外的淤泥固化技术已趋成熟，并在许多工程中得到了广泛应用，如日本名古屋的人工岛、印尼的高速公路建设工程和新加坡长基国际机场等工程建设都部分使用了经固化的疏浚淤泥作为填方材料。

1.8.2.4 用于建筑材料

我国国民经济体系中建筑行业是一大支柱产业，每年都会消耗大量的建筑材料，如砖瓦、水泥等，而生产这些建筑材料主要消耗的是黏土资源，使得农田减少、耕地被破坏。在国家近些年发出"禁实禁黏"通知后，许多砖瓦企业面临无土可挖的局面，亟需寻找新型替代原料。淤泥作为常见的固体废弃物，其来源组成与黏土有较大相似之处，利用河湖疏浚出来的大量淤泥，可以部分甚至全部替代黏土生产建材产品，逐步成为墙材尤其是新型墙材的重要发展方向，利用淤泥做建筑材料方式主要有制陶粒、制造砖瓦和水泥熟料等。

1.9 淤泥质土堤坝工程的远景和趋势

淤泥的开发利用，具有不可估量的社会和经济价值，既可以用来填吹造陆，扩大疆域面积，也可作为地基材料，满足建筑企业对原料的需求，又切实有效地节约和保护耕地资源，亦可用于生产肥料，减少化肥使用量，从而降低农业成本和化肥对环境的污染。特别是在全国耕地面积不断减少、土地资源相对紧缺、对建筑行业有一定的冲击力的同时，也促使建筑行业转而投向淤泥的开发再利用，将淤泥视为一种资源加以有效利用，在治理污染的同时变废为宝，造福人类（田洪圆，2013），加快淤泥资源化利用具有现实而深远的可持续发展意义。

1.9.1 淤泥质土堤坝工程远景

淤泥质土堤坝工程可实现填筑材料匮乏区待废弃淤泥质土的资源化利用，符合国家重点发展领域及优先发展主题，具有重大的战略意义和社会经济效益，将推动我国"淤泥质土堤坝工程"这一岩土工程新兴学科的建立，改变淤泥质土堤坝研究在水利水电工程整体科技发展中相对落后的局面，对现有规划的修编提供帮助，有效提升行业的科学技术水平，具有重要的科学意义和实用价值。

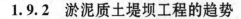
1.9.2 淤泥质土堤坝工程的趋势

面对沿海、沿江地区堤坝填筑材料匮乏而大量淤泥质土无法有效利用的工程实际,本书提出将淤泥质土作为筑坝材料的分类体系和质量控制标准;建立淤泥质土筑坝设计原则与方法;提出经济实用的淤泥质土筑坝技术,针对淤泥质土的力学特性和固化淤泥长期力学特性,与实践相结合,建立经济实用的淤泥质土筑坝工程设计方法,并在淤泥质土筑坝实际工程中得到应用。

第2章 淤泥质土特性及其强化方法

淤泥质土在我国的滨海与河流滩地区普遍存在,尤其在辽东湾、渤海湾、黄河三角洲、莱州湾、海州湾、黄河三角洲、江苏沿海、长江三角洲、浙闽港湾及珠江三角洲等地广为分布。社会的快速发展对土地资源的需求日益增大,水利水电工程、道路工程等建设项目迅速增加,在淤泥质土地基上修筑堤坝以及利用淤泥质土修建堤坝等水利水电工程成为今后资源利用的必然趋势,实现淤泥的资源化合理有效利用,对缓解我国近年来日益严重的疏浚淤泥处置和沿海城市建设用地的紧缺现象有重要意义。

2.1 基本物理力学性质

淤泥质土的工程特性与其形成条件和地质成因有重要关系,淤泥质土是在长期地质作用下,经历了数百万年甚至更久的地理、气候、沉积环境的的变化而生成的地质产物。

淤泥、淤泥质土主要由天然含水量大、压缩性高、承载能力低的淤泥沉积物及少量腐殖质所组成,黏粒和粉粒表面带负电荷的黏土矿物与周围介质中的水分子和阳离子相互吸引形成水膜,在不同的地质环境中形成各种絮状结构。我国不同区域的淤泥质土工程特性(赵维炳,施健勇,1996;邹维,2002)见表 2.1 和表 2.2,其强度变化直接决定于含水量和有效压力的变化,间接决定于总压力和孔隙压力的变化,具有天然含水量高、天然孔隙比大、压缩性高、抗剪强度低、固结系数小、固结时间长、灵敏度高、扰动性大、透水性差、土层层状分布复杂等特点。

表 2.1　不同地区淤泥的工程特性

地区	土层埋深 /m	天然密度 $\rho/$ $(g \cdot cm^{-1})$	含水率 $\omega/\%$	饱和度 s_t	孔隙比 e	塑限 $w_p/\%$	液限 $w_l/\%$	塑性指数 I_P	压缩系数 a_{1-2}	渗透系数 k	黏聚力 c/kPa	内摩擦角 $\varphi/(°)$
天津	7~14	1.82	34	95	0.97	19	34	17	0.51	1	3~14	2~7

续表

地区	土层埋深/m	天然密度 ρ/(g·cm⁻¹)	含水率 ω/%	饱和度 s_t	孔隙比 e	塑限 w_p/%	液限 w_l/%	塑性指数 I_P	压缩系数 a_{1-2}	渗透系数 k	黏聚力 c/kPa	内摩擦角 φ/(°)
塘沽	8~17	1.77	47	99	1.31	20	42	22	0.97	2	17	4
塘沽	17~24	1.81	39	96	1.07	19	34	17	0.65	2	17	4
上海	1.5~6	1.86	37	97	1.04	21	34	11	0.72	20	6	18
上海	6~7	1.76	50	98	1.37	23	43	20	1.24	6	5	15
南京	软黏土	1.67	45	99	1.51	20	36	16	1.4	—	—	4~10
杭州	3~9	1.45	47	97	1.44	22	41	19	0.3	—	2~18	14
杭州	9~19	1.79	35	96	1.56	18	33	15	0.97	—	6	14
宁波	2~12	1.58	50	98	1.02	22	39	17	0.78	0.7	6	1
宁波	12~28	1.59	48	98	1.05	21	36	15	0.4	70	10	1
舟山	2~14	1.88	35	99	1.13	19	37	18	0.67	3	10	—
舟山	17~32	1.98	35	97	1.03	20	34	14	0.56	—	—	—
温州	1~35	1.51	43	96	1.78	23	53	30	0.98	0.8	—	12
福州	3~19	1.78	67	95	1.92	25	54	29	1.1	5	5	—
福州	19~25	1.89	44	99	1.67	20	41	21	0.87	30	—	10~15
广州	0.5~10	1.67	56	98	1.22	27	46	19	0.88	0.3	1~15	—
贵州	软黏土	1.65	73	97	1.97	30	62	32	0.97	—	—	3~21
昆明	软黏土	1.89	56	96	1.34	30	54	24	0.65	—	15~22	12~17

表 2.2　典型淤泥质土的物理力学性质统计表

成因类型	天然含水率 ω/%	容重 γ/(g/cm³)	天然孔隙比 e	抗剪强度		压缩系数 a_{1-2}/MPa⁻¹	灵敏度 St
				内摩擦角 φ/(°)	黏聚力 c/MPa		
滨海相沉积	40~100	1.5~1.8	1.0~2.3	1.0~7.0	0.002~0.02	1.2~3.5	2~7
湖泊相沉积	30~60	1.5~1.9	0.8~1.8	0~10	0.005~0.03	0.8~3.0	
河滩相沉积	35~70	1.5~1.9	0.9~1.8	0~11	0.005~0.025	0.8~3.0	4~8
沼泽相沉积	40~120	1.4~1.9	0.52~1.5	0	0.005~0.019	>0.5	2~10

典型沿海地区淤泥工程特性(魏汝龙,1987)见表 2.3,可以看出,淤泥中矿物成分和沉积环境的不同会一定程度上致使淤泥的工程性质存在差异。

表 2.3　沿海地区典型淤泥类型及工程特性

类型	天然密度 ρ/($g \cdot cm^{-1}$)	含水率 ω/%	孔隙比 e	界限含水率/%		塑性指数 I_P	压缩指数 a_{1-2}	不排水强度 c_u	渗透系数 k	颗粒组成		
				塑限 W_P	液限 W_L					砂粒/%	粉粒/%	粘粒/%
淤泥	1.5～1.6	60～90	1.5	25～30	50～55	25～30	1.5～2.5	5～10	0.1	10	40	50
淤泥质黏土	1.7～1.75	45～50	1.3	20～25	40～45	20	1	10～3	1	5	55	40
淤泥质亚黏土	1.8～1.85	35～40	1.05	20	40	14	0.7	—	10	5	60	35
淤泥混砂	1.8～1.85	35～40	1～1.05	20	40	14	—	—	—	50	15	35

淤泥的物理、力学指标是其物理、力学性质的反映,而岩土体的物理力学性质之间常常是相互影响、互相关联的。可用相关系数来描述岩土体不同的物理、力学性质之间的相互影响和互相关联的程度。系统研究和分析物理力学指标的相关性,对选取更为合理的物理力学参数,在淤泥筑坝等相关工程实践中开展更为经济、可行的设计,确保工程施工和运营的经济性、安全可靠性,都具有极其重要的意义。

基于此,在总结淤泥质土成因、沉积特征和分布情况的基础上,本书系统收集整理了 105 个国内典型淤泥工程,涵盖了水利、建筑、交通、港口及围海造田等多种实际工程,系统统计分析了 322 组物理淤泥的物理力学试验数据,基于数理统计理论,对淤泥质土的主要物理和力学性质指标进行了深入分析,探讨和总结各指标的分布特征和规律,研究了各指标之间的相关关系,为淤泥质土在堤坝工程中的资源化利用积累研究经验。

2.1.1　粒组组成

淤泥质土中含有大量细粒土成分,包括粉粒与黏粒,对比不同成因的淤泥的颗分曲线(图 2.1)可以看出,淤泥颗粒直径分布多集中在 0.001～0.1 mm 之间,最大 1.0 mm,粒径大于 0.1 mm 颗粒的质量小于总质量的 20%,粒径普遍细小,淤泥粒度组成基本上是粉土或黏土。

尽管沉积类型不同,统计到的颗分曲线汇总图中并没有明显的分区分布,各类型的颗分曲线多有交叉。

2.1.2　含水率与密度

淤泥密度是淤泥质土体单位体积的质量,与淤泥中矿物颗粒成分、孔隙、含水量、矿物颗粒组成、组织结构和构造密切相关,综合反映了淤泥质土体的物质结构

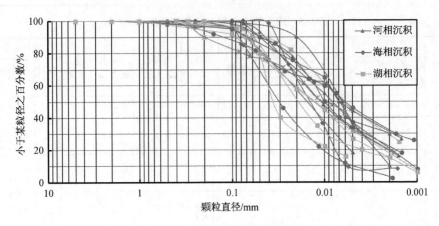

图 2.1　不同沉积淤泥的颗分曲线对比

特征。从图 2.2 和图 2.3 中可以看出,含水率分布多集中在 20%～100% 之间,最大达到 180%。表 2.4 为典型工程淤泥含水率指标统计分析表。

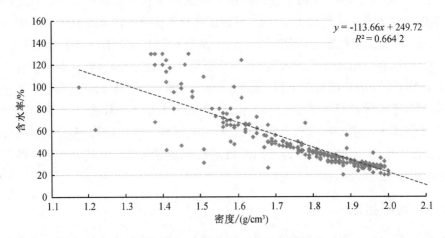

图 2.2　含水率与密度关系统计

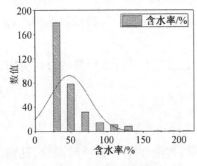

图 2.3　含水率分布直方图

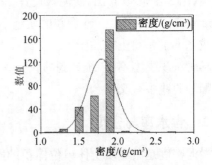

图 2.4　密度分布直方图

一般情况下，淤泥造岩矿物的密度相差不大，对比图 2.4 可以看出，淤泥的密度基本位于 $1.0 \sim 2.0$ g/cm³ 之间，随着含水率的降低，淤泥密度也成正比增加。

表 2.4　淤泥含水率指标统计分析

试验特征值	试验组数	最小值	最大值	平均值	标准差	变异系数
含水率/%	311	20.3	180	47.81	27.49	0.58
工程名称	—	青弋江	惠州大亚湾	—	—	—
密度/(g/cm³)	283	1.176	2	1.79	0.18	0.10
工程名称	—	秦淮河疏浚	青弋江	—	—	—

2.1.3　孔隙比

天然孔隙比是指天然状态下土体中的孔隙体积与土粒体积之比值，在淤泥的基本物理性质中，孔隙比直接影响着淤泥的密度和含水率，也是淤泥颗粒排列松密程度的重要表征。

从图 2.5 可以看出，淤泥质土的孔隙比位于 $0.6 \sim 6.0$ 之间，从表 2.5 可以看出，惠州荃州湾淤泥孔隙比最大，达到 5.93，最小为安徽青弋江工程，为 0.64。孔隙比 1.5 以下所占比例较高，对比图 2.5 可以看出，天然含水率与天然孔隙比成直线变化关系，孔隙比越小密度越大。对比图 2.6 可以看出，孔隙比小于 1.5 占大多数。

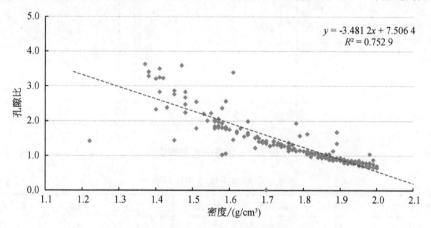

图 2.5　淤泥的孔隙比与密度的关系对比

表 2.5　淤泥孔隙比指标统计分析

试验特征值	试验组数	最小值	最大值	平均值	标准差	变异系数
孔隙比	290	0.64	5.93	1.27	0.68	0.53
工程名称	—	青弋江	惠州荃州湾	—	—	—

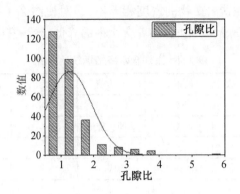

图 2.6　孔隙比分布直方图

2.1.4　比重

从表 2.6 可以看出,收集到的 152 组试验数据中,淤泥的比重最大值为 2.74,最小为 2.6,平均比重为 2.71。不同工程的淤泥中,有机质和泥炭的含量不同,比重也会有所差异。对比图 2.7 比重分布直方图可以看出,比重主要位于 2.72~2.75 之间。

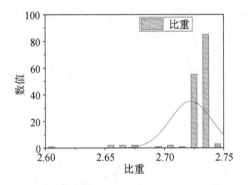

图 2.7　比重分布直方图

表 2.6　淤泥比重指标统计分析

试验特征值	试验组数	最小值	最大值	平均值	标准差	变异系数
比重	152	2.60	2.74	2.71	0.14	0.06
工程名称	—	秦淮河疏浚	岳城水库	—	—	—

2.1.5　液塑限

淤泥质土的含水量不同,可呈现出固态、半固态、可塑状态及流动等不同状态,淤泥界限含水量是用于区分黏性土固态、半固态、可塑态和流动态的界限含水量,液限和塑限是表征淤泥质土体稠度状态的两个指标,对土体力学性质有重要影响,应用界限含水率可以换算黏性土的相关指标。

淤泥质土的液塑限变化对不排水强度有显著影响,不排水强度随液限增大而减小,液限越大,不排水强度下降幅度越小;塑性指数主要表征淤泥塑性区间的大小,塑性指数越高,表明淤泥质土体中胶体黏粒含量越大,可能含有蒙脱石或其他高活性的胶体黏粒就越多,强度相对就越高;液性指数主要来判断淤泥质土体是否处于液态及其程度。

从图 2.8 中可以看出,塑性指数和液限之间存在良好的线性相关性,塑性指数基本随液限的增加而增加。从表 2.7 中可以看出,液限最小为 10.9%,最大为 75%,平均值为 42.95%,对比图 2.9 可以看出,液限 30%～40% 占的比例较大。从表 2.7 中可以看出,塑限最小为 0.87%,最大为 35.3%,平均为 23.69%,对比图 2.10 可以看出,20%～25% 的比例较大。

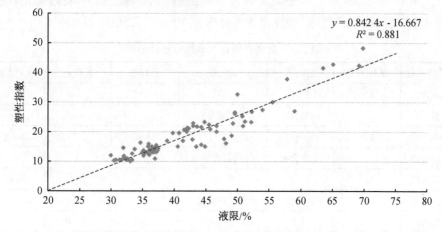

图 2.8　淤泥的液限与塑性指数的关系对比

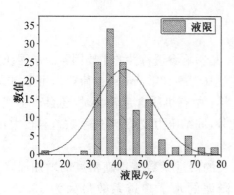

图 2.9　液限分布直方图

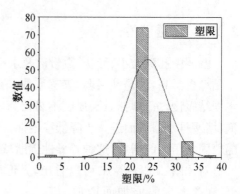

图 2.10　塑限分布直方图

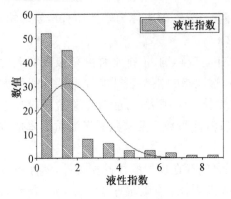
图 2.11　液性指数分布直方图

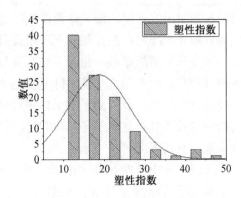
图 2.12　塑性指数分布直方图

从表 2.7 可以看出,塑性指数最大为 48.3,最小为 10.1,平均为 18.67;液性指数最大为 8.56,最小为 0.1,平均为 1.58。对比图 2.11 和图 2.12 可以看出,液性指数 0~2 之间的比例较高,塑性指数多分布在 10~20 之间。

表 2.7　淤泥界限含水率指标统计分析

试验特征值	试验组数	最小值	最大值	平均值	标准差	变异系数
液限/%	125	10.9	75	42.95	10.98	0.26
工程名称	—	安徽合肥	无锡五里湖	—	—	—
塑限/%	125	0.87	35.3	23.69	4.23	0.18
工程名称	—	安徽合肥	昆明云新饭店	—	—	—
塑性指数	100	10.1	48.3	18.67	7.60	0.41
工程名称	—	青弋江	湛江防波堤	—	—	—
液性指数	121	0.1	8.56	1.58	1.54	0.97
工程名称	—	青弋江	惠州荃州湾	—	—	—

2.1.6　渗透特性

淤泥中孔隙大小、形状、数量以及水头差是影响渗透特性的主要因素。淤泥质土黏粒含量高,渗透性很弱,渗透系数一般为 $10^{-8}\sim 10^{-6}$ cm/s,在荷载作用下,排水固结缓慢、沉降时间长、强度不易提高。当土中有机质含量较大时,还会产生气泡,堵塞排水通道而进一步降低渗透性。此外,固结压力较小,渗透系数差异较大,随着固结压力的增加,这种差异性逐渐减小。

对比图 2.13~2.16 可以看出,淤泥质土的渗透系数基本随密度的增加而降低,随含水率的增加而增加。表 2.8 中,淤泥的水平渗透系数最大为 13.2×10^{-7} cm/s,最小为 1.38×10^{-7} cm/s,平均为 5.09×10^{-7} cm/s;竖向渗透系数最大

为 11×10^{-7} cm/s,最小为 0.33×10^{-7} cm/s,平均为 0.87×10^{-7} cm/s。

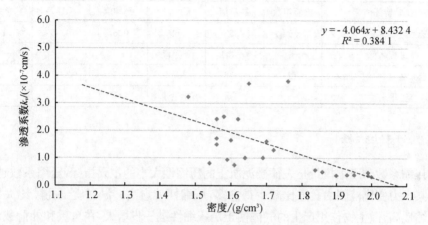

图 2.13 竖向渗透系数与密度关系统计

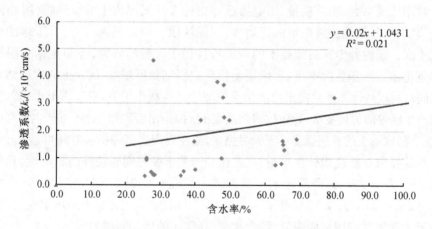

图 2.14 竖向渗透系数与含水率关系统计

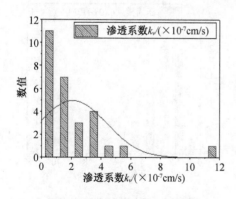

图 2.15 竖向渗透系数分布直方图

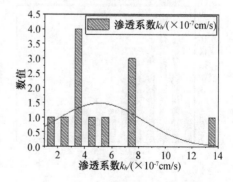

图 2.16 水平渗透系数分布直方图

表 2.8　淤泥渗透系数指标统计分析

试验特征值	试验组数	最小值	最大值	平均值	标准差	变异系数
k_v 渗透系数/($\times 10^{-7}$ cm/s)	29	0.33	11	0.87	0.46	1
工程名称	—	青弋江	上海芦潮港	—	—	—
k_h 渗透系数/($\times 10^{-7}$ cm/s)	12	1.38	13.2	5.09	3.11	0.61
工程名称	—	广州	福建泉州湾	—	—	—

2.1.7　固结特性

压缩系数与压缩模量是表征淤泥质土的压缩性大小的主要指标,压缩系数越大,表明某压力变化范围内孔隙比减少得愈多,压缩性就愈高。淤泥质土孔隙比大导致了压缩性高,微生物作用产生的气体使土层压缩性进一步增大,在自重和外荷载作用下长期得不到固结,压缩系数一般为 0.5 MPa^{-1}～2.0 MPa^{-1},最大可达 4.5 MPa^{-1}。

常用压缩系数、压缩模量、压缩指数等指标表征淤泥质土的变形特性,相同条件下,软弱土压缩性随液限增大而增大,淤泥液限一般较淤泥质土大,压缩性较淤泥质土大。国内外专家对软黏土的固结特性做了大量的研究,饱和土体主固结过程的理论由太沙基首次提出,布依斯曼发现次固结变形现象,认为土的次固结变形与时间对数成线性关系并提出次固结系数概念。荷载作用下,淤泥质土承受剪应力作用产生缓慢的剪切变形,导致抗剪强度衰减,主固结沉降完成后还可产生可观的次固结沉降,软弱土的长期强度小于瞬时强度,流变而产生沉降持续时间可达几十年。

压缩系数与物理指标含水量、孔隙比和天然重度之间有较好的相关性,具体见图 2.17～图 2.24。淤泥质土的压缩系数一般在 0.1 到 2.8 MPa^{-1}之间,最大为 2.76 MPa^{-1},最小为 0.109 MPa^{-1},平均为 0.9 MPa^{-1},大部分为高压缩性土,压缩系数基本随密度的增加而降低,随含水率、孔隙比的增加而增加。

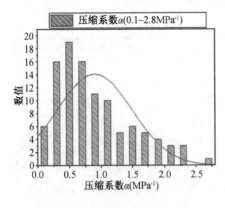

图 2.17　压缩系数分布直方图

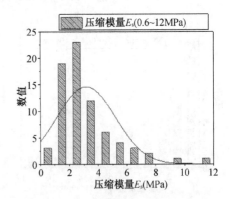

图 2.18　压缩模量分布直方图

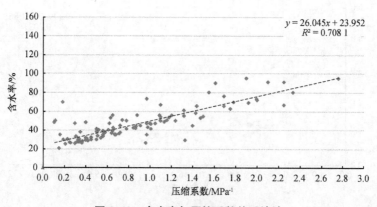

图 2.19　含水率与压缩系数关系统计

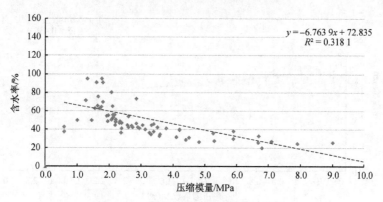

图 2.20　含水率与压缩模量关系统计

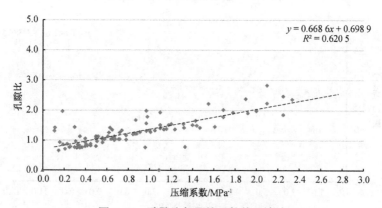

图 2.21　孔隙比与压缩系数关系统计

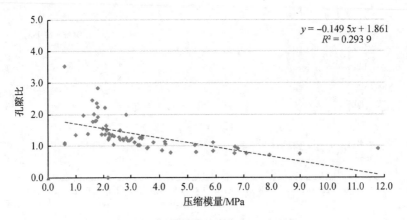

图 2.22　孔隙比与压缩模量关系统计

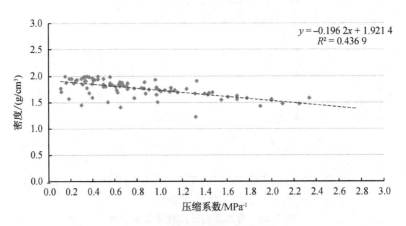

图 2.23　密度与压缩系数关系统计

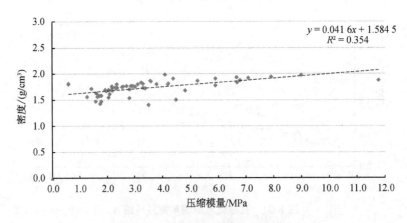

图 2.24　密度与压缩模量关系统计

　　压缩模量与含水率、孔隙比、密度的对应关系与压缩系数相反,基本随含水率、孔隙比的增大而减小,随密度的增加而增加,变化幅度位于 0.6 到 12 MPa 之间,最大为 11.77 MPa,最小为 0.6 MPa,平均为 3.16 MPa,具体见表 2.9。

表 2.9　淤泥固结指标统计

试验特征值	试验组数	最小值	最大值	平均值	标准差	变异系数
压缩系数/MPa^{-1}	105	0.109	2.76	0.90	0.59	0.66
工程名称	—	岳城水库	浙江三山	—	—	—
压缩模量/MPa	97	0.6	11.77	3.16	2.00	0.63
工程名称	—	九江八里湖	昆明豆腐营	—	—	—

2.1.8　强度特性

淤泥的强度特性对堤坝安全、经济和正常的使用有重要影响,由于淤泥天然含水率高、天然孔隙比大,其强度普遍偏低。

常用的淤泥强度测试试验方法主要有十字板剪切试验、三轴压缩试验、直剪试验、无侧限抗压试验等。试验结果与加载速率和固结条件密切相关,根据不同的测试手段和方法对强度特性进行了对比分析。

2.1.8.1　十字板剪切试验

淤泥抗剪强度原位试验中,最常用的是十字板剪切试验,无需钻孔获得原状土样,对土样扰动较小,排水条件和受力状态均与实际条件接近。图 2.23～图 2.26 为各项特性参数十字板剪切强度关系统计图。

对比图 2.25～图 2.28 可以看出,淤泥质土的十字板剪切强度基本随孔隙比和含水率的降低而增加,随密度和塑性指数的增大而增大。图 2.29 中十字板强度主要集中在 10～20 kPa 之间。表 2.10 中统计表明,淤泥的十字板强度最小值为 2 kPa,最大值为 26.38 kPa,平均为 13.68 kPa。

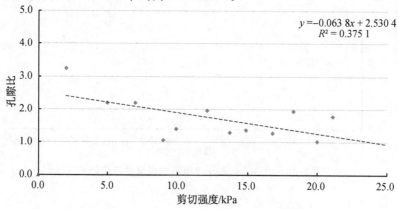

图 2.25　孔隙比与十字板剪切强度关系统计图

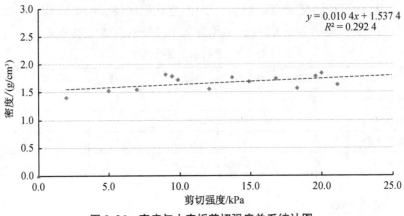

图 2.26　密度与十字板剪切强度关系统计图

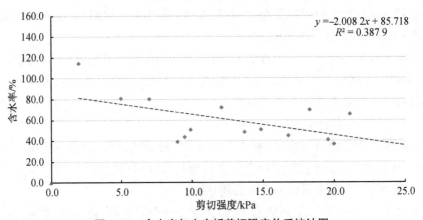

图 2.27　含水率与十字板剪切强度关系统计图

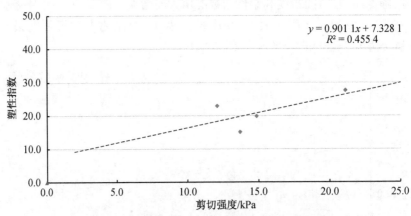

图 2.28　塑性指数与十字板剪切强度关系统计图

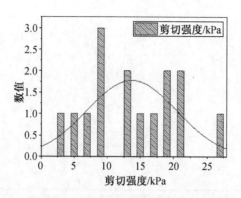

图 2.29　十字板剪切强度分布直方图

表 2.10　淤泥十字板剪切强度指标统计分析

试验特征值	试验组数	最小值	最大值	平均值	标准差	变异系数
十字板剪切强度/kPa	15	2	26.38	13.68	6.51	0.48
工程名称	—	青岛黄岛	浙江舟山	—	—	—

2.1.8.2　三轴压缩试验

三轴剪切试验也是获得淤泥质土力学特性的常见研究途径,三轴试验能严格控制试样的排水条件,可定量获得淤泥中有效应力的变化,与其他实验手段相比较,试样的应力状态相对更为明确和均匀。

根据排水条件不同,可分为不固结不排水剪(UU)、固结不排水剪(CU)和固结排水剪(CD)三类。图 2.30～图 2.40 为淤泥三轴 UU 试验数据统计对比,可以看出,黏聚力和内摩擦角均随孔隙比、含水率和塑性指数的增加而降低,随密度的增加而增加。表 2.11 中,UU 试验得到的黏聚力最大为 29 kPa,最小为 4.5 kPa,平均为 20.45 kPa。内摩擦角最大为 12.5°,最小为 1.2°,平均为 7.15°。

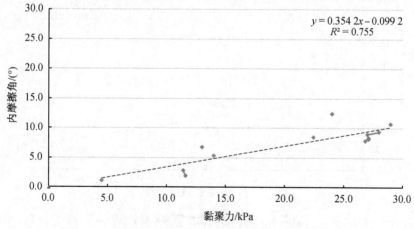

图 2.30　黏聚力与内摩擦角关系统计图

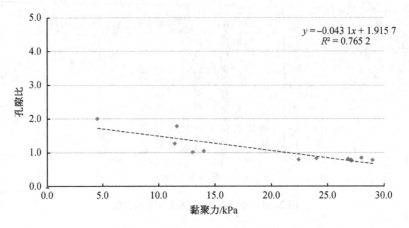

图 2.31　黏聚力与孔隙比关系统计图

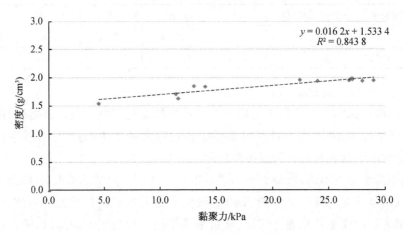

图 2.32　黏聚力与密度关系统计图

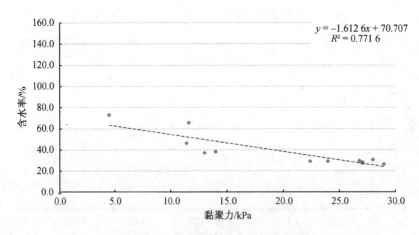

图 2.33　黏聚力与含水率关系统计图

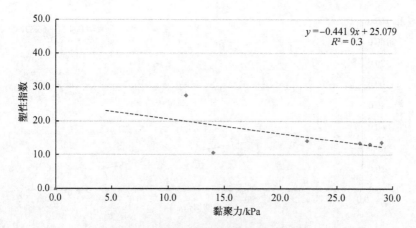

图 2.34　黏聚力与塑性指数关系统计图

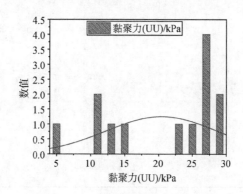

图 2.35　UU 试验黏聚力分布直方图

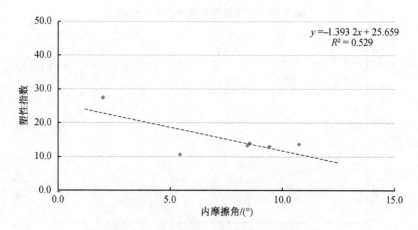

图 2.36　内摩擦角与塑性指数关系统计图

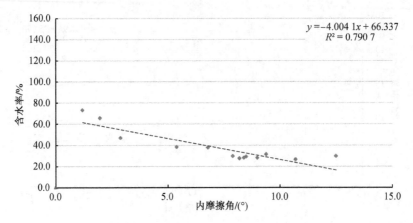

图 2.37　内摩擦角与含水率关系统计图

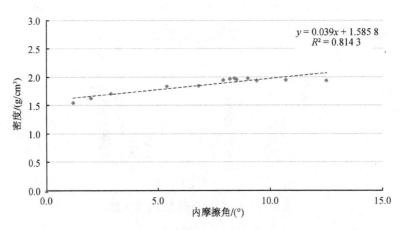

图 2.38　内摩擦角与密度关系统计图

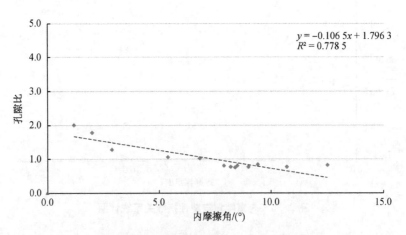

图 2.39　内摩擦角与孔隙比关系统计图

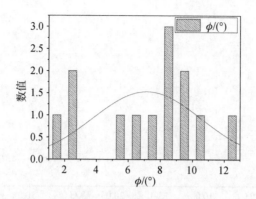

图 2.40 UU 试验内摩擦角分布直方图

1. 不固结不排水剪（UU）（见表 2.11 所示）

表 2.11 淤泥三轴 UU 强度指标统计分析表

试验特征值	试验组数	最小值	最大值	平均值	标准差	变异系数
内摩擦角/(°)	13	1.2	12.5	7.15	3.26	0.46
工程名称	—	广州蕉门	青弋江	—	—	—
黏聚力/kPa	13	4.5	29	20.45	7.99	0.39
工程名称	—	广州蕉门	青弋江	—	—	—

2. 固结不排水剪（CU）

图 2.41～图 2.51 为淤泥三轴 CU 试验数据统计对比，与 UU 试验结果类似，CU 试验得到的黏聚力和内摩擦角也基本随孔隙比、含水率的增加而降低，随密度的增加而增加。表 2.12 中，CU 试验得到的粘聚力最大为 38.2 kPa，最小为 1.7 kPa，平均为 15.14 kPa。内摩擦角最大为 22°，最小为 3.9°，平均为 13°。

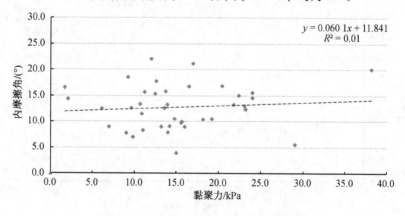

图 2.41 黏聚力与内摩擦角关系统计图

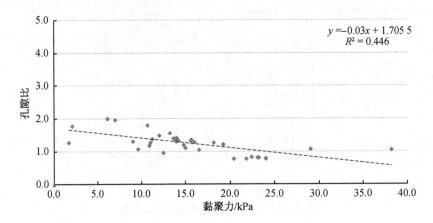

图 2.42　黏聚力与孔隙比关系统计图

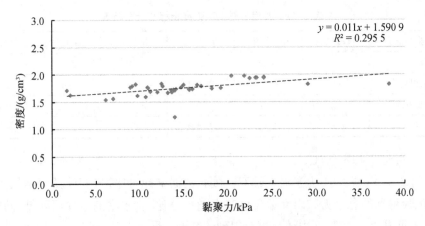

图 2.43　黏聚力与密度关系统计图

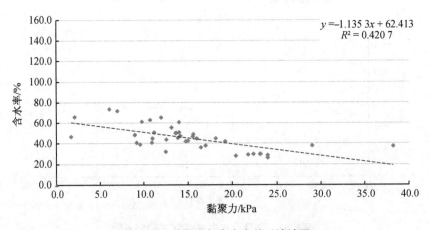

图 2.44　黏聚力与含水率关系统计图

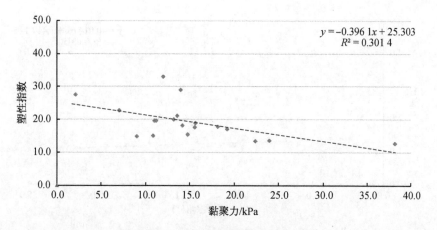

图 2.45　黏聚力与塑性指数关系统计图

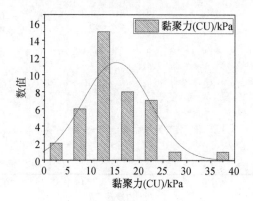

图 2.46　CU 试验黏聚力分布直方图

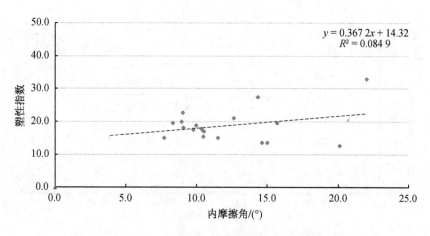

图 2.47　内摩擦角与塑性指数关系统计图

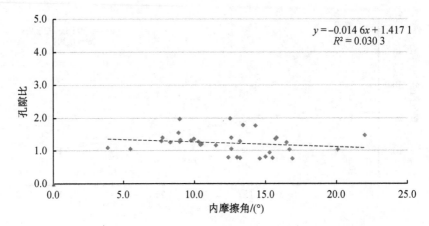

图 2.48　内摩擦角与孔隙比关系统计图

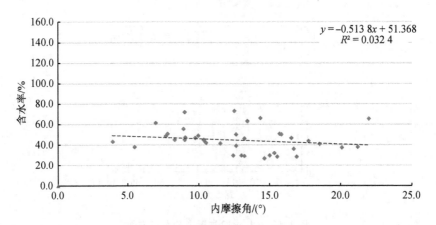

图 2.49　内摩擦角与含水率关系统计图

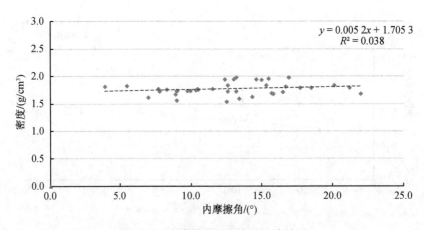

图 2.50　内摩擦角与密度关系统计图

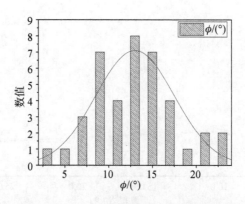

图 2.51　CU 试验内摩擦角 ϕ 分布直方图

表 2.12　CU 试验三轴强度指标统计分析表

试验特征值	试验组数	最小值	最大值	平均值	标准差	变异系数
内摩擦角/(°)	40	3.9	22	13	4.43	0.34
工程名称	—	江苏连云港	青弋江	—	—	—
黏聚力/kPa	40	1.7	38.2	15.14	6.9	0.46
工程名称	—	江西八里湖	武汉东湖	—	—	—

3. 固结排水剪(CD)

图 2.52～图 2.60 为淤泥三轴 CD 试验数据统计对比,与 UU、CU 试验结果类似,CD 试验得到的黏聚力和内摩擦角也基本随孔隙比、含水率增加而降低,随密度的增加而增加。表 2.13 中,CD 试验得到的黏聚力最大为 27 kPa,最小为 8.6 kPa,平均为 13.18 kPa。内摩擦角最大为 17.9°,最小为 5°,平均为 9.92°。

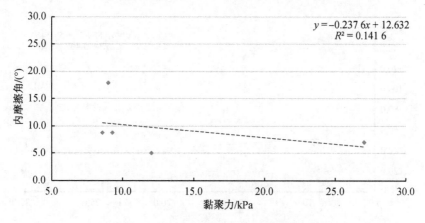

图 2.52　CD 试验黏聚力与内摩擦角关系统计图

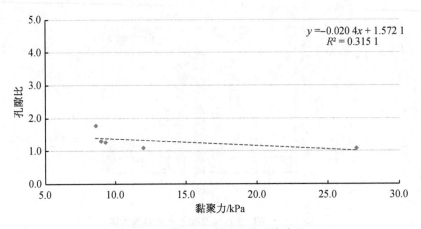

图 2.53　黏聚力与孔隙比关系统计图

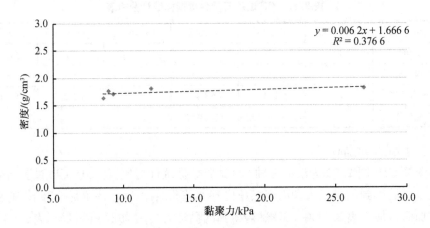

图 2.54　黏聚力与密度关系统计图

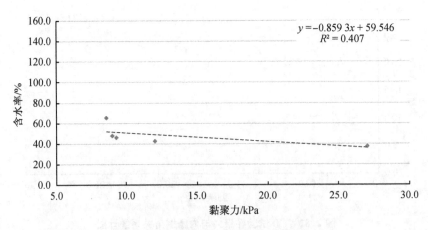

图 2.55　黏聚力与含水率关系统计图

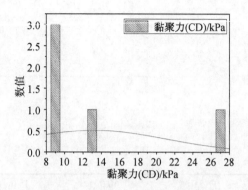

图 2.56　CD 试验黏聚力分布直方图

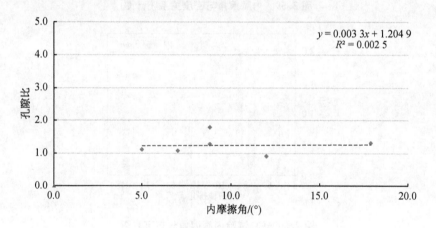

图 2.57　内摩擦角与孔隙比关系统计图

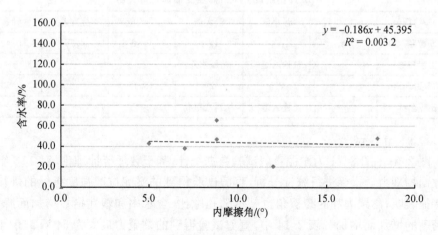

图 2.58　内摩擦角与含水率关系统计图

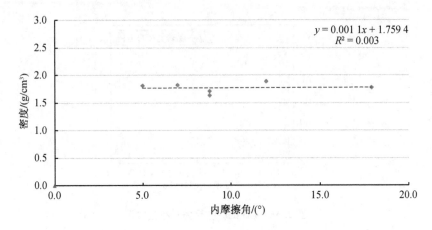

图 2.59　内摩擦角与密度关系统计图

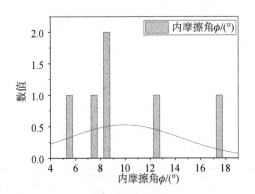

图 2.60　CD 试验内摩擦角分布直方图

表 2.13　淤泥 CD 三轴强度指标统计分析

试验特征值	试验组数	最小值	最大值	平均值	标准差	变异系数
内摩擦角/(°)	5	5	17.9	9.92	4.15	0.42
工程名称	—	江西八里湖	岳城水库	—	—	—
黏聚力/kPa	5	8.6	27	13.18	7.01	0.53
工程名称	—	连云港	江西八里湖	—	—	—

2.1.8.3　直剪试验

　　图 2.61～图 2.71 为淤泥直剪试验数据统计,基于数理统计理论,对 113 组试验数据物理力学指标进行统计分析,直剪试验得到的淤泥抗剪强度指标的规律分布特征表明,黏聚力和内摩擦角也基本随孔隙比、含水率和塑性指数增加而降低,随密度的增加而增加。表 2.14 中,直剪试验得到的黏聚力最大为 54 kPa,最小为 1 kPa,平均为 18.41 kPa。内摩擦角最大为 29°,最小为 0.1°,平均为 9.4°。

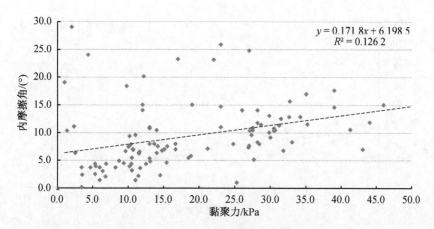

图 2.61　黏聚力与内摩擦角关系统计图

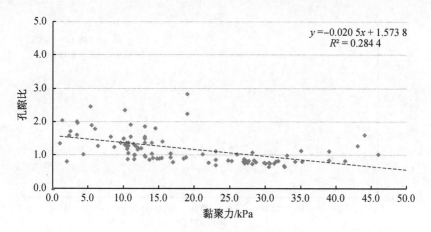

图 2.62　黏聚力与孔隙比关系统计图

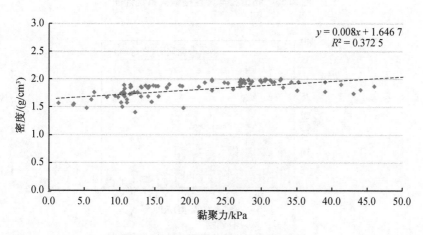

图 2.63　黏聚力与密度关系统计图

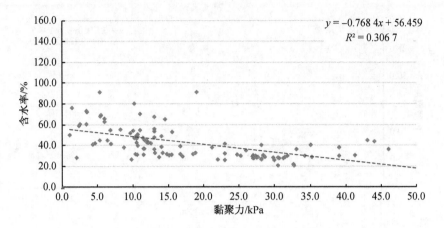

图 2.64　黏聚力与含水率关系统计图

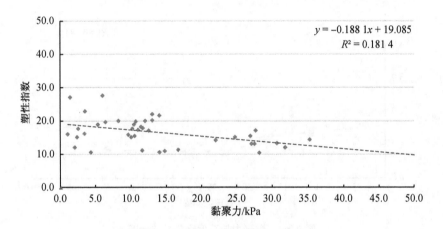

图 2.65　黏聚力与塑性指数关系统计图

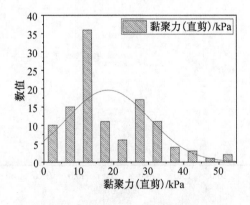

图 2.66　直剪试验黏聚力分布直方图

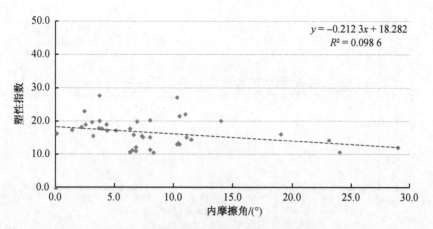

图 2.67　内摩擦角与塑性指数关系统计图

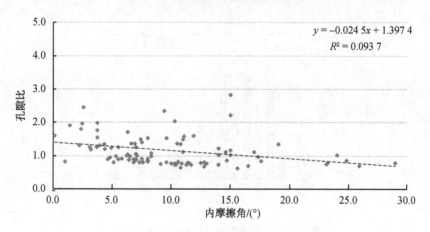

图 2.68　内摩擦角与孔隙比关系统计图

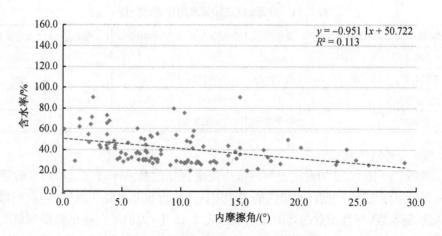

图 2.69　内摩擦角与含水率关系统计图

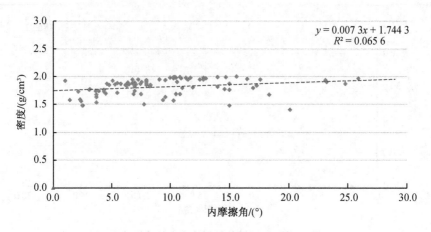

图 2.70　内摩擦角与密度关系统计图

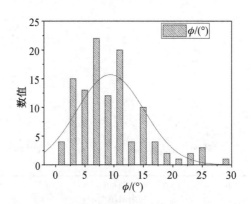

图 2.71　直剪试验内摩擦角 ϕ 分布直方图

表 2.14　淤泥 CD 三轴强度指标统计分析

试验特征值	试验组数	最小值	最大值	平均值	标准差	变异系数
内摩擦角/(°)	113	0.1	29	9.4	5.7	0.61
工程名称	—	广州南沙港	上海芦潮港	—	—	—
黏聚力/kPa	113	1	54	18.41	11.75	0.64
工程名称	—	上海芦潮港	云南省税务局	—	—	—

2.1.8.4　无侧限抗压试验

图 2.72～图 2.76 为淤泥无侧限抗压强度试验数据统计,共 5 组,对试验数据物理力学指标统计分析表明,淤泥的无侧限抗压强度也基本随孔隙比、含水率增加而降低,随密度、塑性指数的增加而增加。表 2.15 中,无侧限抗压试验得到最大抗压强度为 52.4 kPa,最小抗压强度为 10.84 kPa,平均抗压强度为 25.1 kPa。

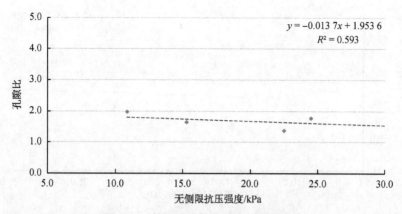

图 2.72　抗压强度与孔隙比关系统计图

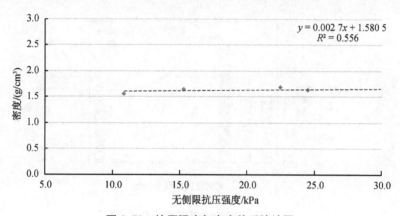

图 2.73　抗压强度与密度关系统计图

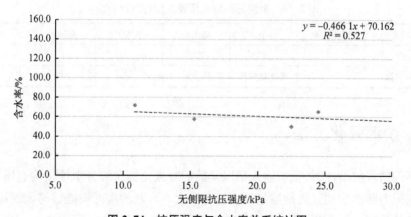

图 2.74　抗压强度与含水率关系统计图

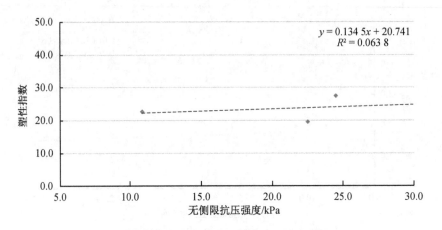

图 2.75　抗压强度与塑性指数关系统计图

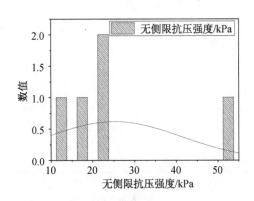

图 2.76　无侧限抗压强度分布直方图

表 2.15　淤泥无侧限抗压强度指标统计分析

试验特征值	试验组数	最小值	最大值	平均值	标准差	变异系数
抗压强度/kPa	5	10.84	52.4	25.1	14.5	0.58
工程名称	—	福建泉州湾	连云港	—	—	—

2.2　淤泥强化方法

不同的养护条件、强化剂掺入量以及龄期对强化淤泥的力学性质均有影响,强度和变形会随围压和强化剂掺量的增加而增大。石灰和水泥均能够与淤泥质土发生复杂的物理化学反应,使淤泥质土由流态变成流塑态(张立钢,2013),水泥有利于提高强化淤泥的抗压强度,石灰有利于降低强化淤泥的含水率(罗旺兴,2013)。

王国林(2017)对南水北调工程白马湖穿湖段疏浚淤泥,选择强化剂掺入量为 5%、粉煤灰掺入量为 10% 的配比进行强化,通过常规单轴、常规三轴、定轴卸围压、卸围升轴 4 种不同应力路径下的强度试验,认为常规加载过程中,强化淤泥的强度随着围压的升高成线性增加,变形逐渐由张拉破坏向剪切型破坏转变;三轴卸围压过程中,强化淤泥破坏时所对应的轴向应变和围压值随着卸荷速率的增大而减小,卸荷速率越大,损伤扩容越滞后。卸围升轴过程中,初始围压越大,强化淤泥的强度越高,且成指数型函数增长,试件主要以张剪型破坏为主。

徐杨(2013)以南京内秦淮河疏浚淤泥为例,通过土工试验、XRD 和 X 射线荧光光谱试验等方法,研究了城市河道淤泥的物理性质、矿物成分、化学成分等特性。为了实现淤泥的资源化处理,运用水泥、石灰无机强化材料对淤泥进行强化改良试验及改性土无侧限抗压强度试验,结果表明随着水泥掺量增加,水泥强化土由塑性破坏向脆性破坏过渡,破坏应变范围为 1.8%~2.2%,石灰强化土均表现为脆性破坏,且破坏应变小于水泥土,为 1% 左右。水泥强化土强化效果优于石灰,但略低于处理一般软土强化强度。桂跃(2010)针对江苏淮安市白马湖疏浚淤泥吹填堆场淤泥,研究 2 种初始含水率疏浚淤泥添加不同比例生石灰改性的材料化土、经不同时长闷料期的无侧限抗压强度变化规律,比较强度变化来选择淤泥材料化土的合理击实时机,闷料期越长,无侧限抗压强度越大。掺灰比大的材料化土适宜缩短闷料期,对于掺灰比小的材料化土宜延长闷料期,增长闷料期可改善土性,利于击实,相同养护龄期情况下,强度也有明显增大。

2.2.1 淤泥强化

淤泥在掺加强化剂后,衡量强化效果的重要因素就是强化淤泥质土的强度。本书在大量有关淤泥文献的室内试验数据基础上,对淤泥质土掺入不同含量的强化剂强化后,在不同龄期、不同含水量等条件下进行无侧限抗压强度试验,得到大量无侧限抗压强度值与强化剂掺加量和龄期的相关关系,在数据分析基础上进行强化土强度预测。

绘制了初始含水率与不加强化剂淤泥质土的无侧限抗压强度关系图(见图 2.77),以液限、塑限为界限分两个部分,初始含水率对淤泥质土强度的影响大,随着含水率的增大可以近似成指数形式快速下降。查阅文献资料总结出淤泥质土的塑限含水量在 20%~30%,液限含水量在 45%~55%,以平均值 51 为液限标准值。

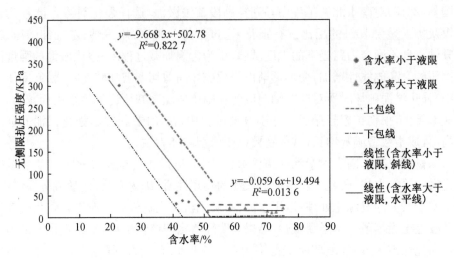

图 2.77 初始含水率与无侧限抗压强度关系图

从图中可知,淤泥质土的含水率在塑限值范围时其强度特别高,随着含水率增大接近液限时其强度值下降特别快。当含水率值大于液限值时其无侧限抗压强度值变换幅度特别小,其趋势基本呈现平缓线性状态,所以在这一区域含水率对淤泥质土的强度没有太大影响。若能将淤泥中含水率降低,其压缩性将明显降低,同时强度将显著提高,改善淤泥工程特性最有效的途径是"减水处理"。

从线性拟合预测方程可知,当含水率大于液限时其 R^2 偏低,分析后得出是因为收集的数据量少而造成的。但是按理论来分析当淤泥质土含水率大于液限时它的无侧限抗压强度值曲线应该是趋于无限平行于 x 轴的一条直线。当含水率超过某一定值时淤泥质土就无法进行无侧限抗压强度试验。

通过线性拟合分析得到,初始含水率与无侧限抗压强度的变化预测公式为:

$$\begin{cases} y = -9.668\,3x + 502.78, R^2 = 0.822\,7(\text{含水率小于液限}) \\ y = -0.059\,6x + 19.494, R^2 = 0.013\,6(\text{含水率大于液限}) \end{cases}$$

2.2.2 水泥强化

水泥与土拌和后,水泥矿物与土中的水分发生强烈的水解和水化反应,同时从溶液中分解出氢氧化钙并形成其他水化物。其各自成分的反应过程如下:

由硅酸三钙($3CaO\text{-}SiO_2$)水化反应可生成水化硅酸钙和氢氧化钙,这是提高强化土强度的决定因素:

$$2(3CaO\text{-}SiO_2) + 6H_2O \longrightarrow 3CaO\text{-}2SiO_2\text{-}3H_2O + 3Ca(OH)_2$$

硅酸二钙($2CaO\text{-}SiO_2$)水化反应可生成水化硅酸钙和氢氧化钙,主要形成强化土的后期强度:

$$2(2CaO\text{-}SiO_2)+4H_2O\text{—}3CaO\text{-}2SiO_2\text{-}3H_2O+Ca(OH)_2$$

铝酸三钙($3CaO\text{-}Al_2O_3$)水化反应生成水化铝酸钙,其水化速度最快,能促进早凝:

$$3CaO\text{-}Al_2O_3+6H_2O\text{—}3CaO\text{-}Al_2O_3\text{-}6H_2O$$

铁铝酸四钙($4CaO\text{-}Al_2O_3\text{-}Fe_2O_3$)水化反应生成水化铝酸钙和水化铁酸钙,能促进加固土的早期强度:

$$4CaO\text{-}Al_2O_3\text{-}Fe_2O_3+2Ca(OH)_2+10H_2O\text{—}3CaO\text{-}Al_2O_3\text{-}6H_2O+2CaO\text{-}Fe_2O_3\text{-}6H_2O$$

硫酸钙($CaSO_4$)与铝酸三钙一起与水发生反应,生成水泥杆菌($3CaO\text{-}Al_2O_3\text{-}3CaSO_4\text{-}32H_2O$),把大量的自由水以结晶水的形式固定下来:

$$3CaSO_4+3CaO\text{-}Al_2O_3+3H_2O\text{—}3CaO\text{-}Al_2O_3\text{-}3CaSO_4\text{-}32H_2O$$

当水泥的各种水化物生成后,有的继续硬化形成水泥石骨架,有的则与土相互作用,其作用形式可归纳为:①离子交换及团粒化作用。在水泥水化后的胶体中 $Ca(OH)_2$ 和 Ca^{2+},OH^- 共存。而构成黏土的矿物是以 SiO_2 为骨架而合成的板状或针状结晶,通常其表面会带有 Na^+ 和 K^+ 等离子。析出的 Ca^{2+} 会与土中的 Na^+、K^+ 进行当量吸附交换。其结果使大量的土粒形成较大的土团。由于水泥水化生成物 $Ca(OH)_2$ 具有强烈的吸附活性,而使这些较大的土团粒进一步结合起来,形成了水泥土的链条状结构,封闭土团间孔隙,形成稳定的联结。②硬凝反应(火山灰反应)。随着水泥水化反应的深入,溶液中析出大量的 Ca^{2+},当 Ca^{2+} 的数量超出上述离子交换的需要量后,则在碱性的环境中与组成黏土矿物的部分 SiO_2 和 Al_2O_3 发生化学反应,生成不溶于水的稳定的结晶矿物 $CaO\text{-}Al_2O_3\text{-}H_2O$ 系列铝酸石灰水化物和 $CaO\text{-}Al_2O_3\text{-}H_2O$ 系列硅酸石灰水化物等。③碳酸化作用。水泥水化物中的游离 $Ca(OH)_2$ 不断吸收水和空气中的 CO_2,生成 $CaCO_3$,提高土的强度。水泥强化土就是水泥石的骨架作用与 $Ca(OH)_2$ 的物理化学作用共同作用的结果。后者使黏土微粒和微团粒形成稳定的团粒结构,而水泥石则把这些团粒包覆并联结成坚强的整体。

水泥强化土受土类别限制,对塑性指数高的黏土、有机土及盐渍土等土类加固效果不理想;水泥加固土干缩系数和温缩系数均较大,水泥土易开裂;水泥初、终凝时间较短,一般要求在 $3\sim4$ h 内完成从加水与土拌和到碾压终了的各个工序。

在徐杨、郭红亮、苗永红等多人在淤泥强化土室内无侧限抗压强度试验的数据基础上绘制了淤泥强化土无侧限抗压强度值与水泥掺加量、不同龄期的相关关系曲线,如图 2.78~图 2.80 所示。

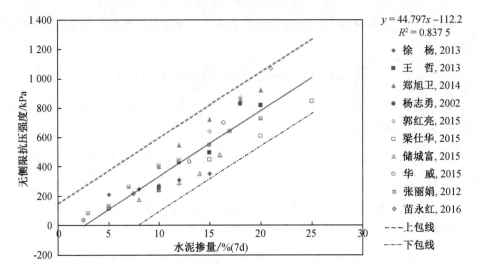

图 2.78 水泥掺量与无侧限抗压强度的关系图(7 d)

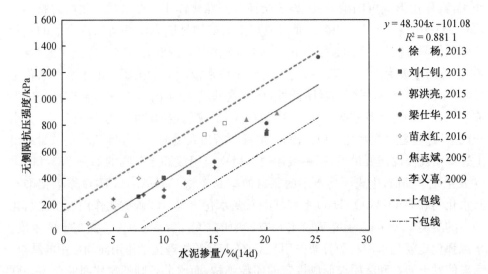

图 2.79 水泥掺量与无侧限抗压强度的关系图(14 d)

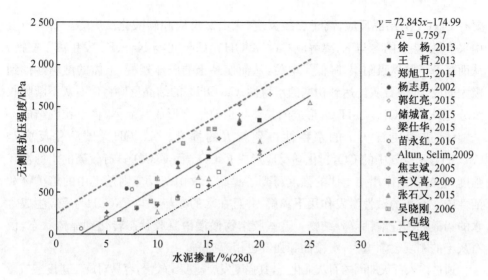

图 2.80　水泥掺量与无侧限抗压强度的关系图(28 d)

从众多数据点可知随着养护龄期增加,强化淤泥的无侧限抗压强度也随之变大,两者成正相关关系。这是因为随着养护龄期的增加,水泥发生水化反应进一步加深,养护龄期越长,水泥水化反应越彻底,水化产生的水化产物 CNH 胶凝体越多,胶凝体就能胶结更多强化淤泥中的分散颗粒,使之形成整体结构,构成强化淤泥的骨架。胶凝体越多,形成的骨架越坚实,强化淤泥的强度也就越强。从图2.76~图 2.78 中还可发现不同试验无侧限抗压强度值随水泥掺量的变化速率而不同,这是因为不同试验所采取的水泥分类、强度、标号、等级等不同,所以强度值随水泥强度等级的提高而增大。另外从图中可知,在同一个龄期时,随着水泥掺量的增加其无侧限抗压强度值也随之增大。但是,在不同的范围,它的增长速率也是不一样的,随着龄期的增长强化土的强度增加速率明显地加快。

通过线性拟合分析,得到龄期为 7 d 的水泥掺量的变化预测公式和决定系数为:

$$y = 44.797x - 112.2, R^2 = 0.837\ 5$$

其龄期为 14 d 的水泥掺量的变化预测公式和决定系数为:

$$y = 48.304x - 101.08, R^2 = 0.881\ 1$$

其龄期为 28 d 的水泥掺量的变化预测公式和决定系数为:

$$y = 72.845x - 174.99, R^2 = 0.759\ 7$$

2.2.3　石灰强化

将石灰掺入土中之后,石灰和土会发生一系列的化学反应和物理化学反应,主

要有 $Ca(OH)_2$ 结晶反应、离子交换反应、火山灰反应和碳酸化反应等。石灰与土中水接触,在水的参与下,离解成 Ca^{2+} 和 OH^-,Ca^{2+} 可与 Na^+、K^+ 发生离子交换,从而减薄了胶体吸附层,降低了电位,从而使黏土的胶体絮凝,土体的湿坍性得到极大的改善,使石灰土达到初期的水稳性;$Ca(OH)_2$ 的结晶反应将使石灰不断吸收水分,形成 $Ca(OH)_2$-nH_2O,形成的晶体与土粒结合形成共晶体,将土粒胶结成一个整体,进而使石灰土的水稳性得到较大的提升。$Ca(OH)_2$ 碳酸化反应是 $Ca(OH)_2$ 和空气中的 CO_2 起化学反应形成 $CaCO_3$,而 $CaCO_3$ 具有较高的水稳性和强度,它的胶结作用使土体的强度得到了提高。火山灰反应则是土中的培矿物和活性硅在石灰的碱性激发作用下离解,并且在水的参与下与 $Ca(OH)_2$ 反应生成含水的铝酸钙和硅酸钙等胶结物。这些胶结物慢慢由凝胶状态转化到晶体状态,使石灰土的刚度逐渐增大,水稳性和强度也相应提高。

通过掺入石灰加固的石灰强化土,其强度发展速度比较慢,容易对施工进度造成影响。另外,石灰的掺量存在一个极限值,在这个最大值之前,石灰的掺量与其强化土的强度成正比,若掺量超出这个极限值的范围,强化土的强度反而降低。石灰土的水稳性较差,特别是对一些强化强度有较高要求的工程,石灰远远无法满足工程的需要。

从图 2.81~图 2.82 可知,掺加石灰时淤泥强化土的无侧限抗压强度值随着龄期的增长而增大,另外在同一个龄期,随着石灰掺量的增加,它的无侧限抗压强度值也增大,两者呈正相关关系。但是随着龄期的增长,强化淤泥质土的无侧限抗压强度值增大速率变得缓慢,从图中可看出 28 d 的强化土强度随石灰掺量增加而增大的速率明显比 14 d 的要缓慢一些,可知,要是龄期再增加的话,估计强化土强度增加更趋于缓慢,强度提升不再明显。所以可以猜测当石灰掺量达到一定值时,强化土强度达到峰值,之后增加石灰掺量,强化土无侧限抗压强度反而会有下降趋势。

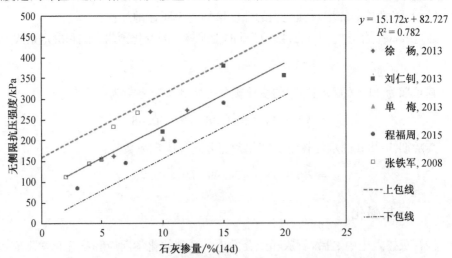

图 2.81　石灰掺量与无侧限抗压强度的关系图(14 d)

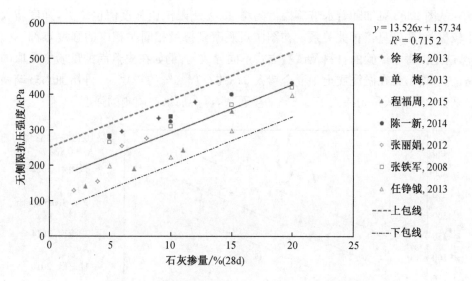

图 2.82　石灰掺量与无侧限抗压强度的关系图(28 d)

通过线性拟合分析,得到龄期为 14 d 的石灰掺量的变化预测公式和决定系数为:

$$y = 15.172x + 82.727, R^2 = 0.782$$

龄期为 28 d 的石灰掺量的变化预测公式和决定系数为:

$$y = 13.526x + 157.34, R^2 = 0.715\ 2$$

2.2.4　水玻璃强化

水玻璃强化土的作用机理是水玻璃遇到黏土中的高价金属离子或 PH 低于 9 的孔隙水便生成硅酸钙或硅胶颗粒,填塞黏土颗粒间的孔隙,从而提高土体强度。水玻璃与土之间除了生成沉淀填塞之外,还有水玻璃在黏土颗粒间的化学胶结作用。在反应中,水玻璃的胶体性质、高度的吸附能力、新生物质的水解以及反应演变过程中难以确定的其他因素,对反应的产物都有很大的影响。水玻璃加入土与水泥的混合溶液中后,与水泥水解产生的氢氧化钙反应生成具有一定强度的水化硅酸钙凝胶体,反应式为:

$$Ca(OH)_2 + Na_2O\text{-}nSiO_2 + mH_2O - CaO \cdot nSiO_2 \cdot mH_2O + NaOH$$

在研究水泥-水玻璃强化土方面,日本的研究水平处于国际领先地位。刘同春以水玻璃为主剂,添加少量醋酸乙酯和促凝剂,以海水为溶剂,对孤东海滩地区粉砂进行了化学强化的试验研究。结果表明,沙土强化后的强度大大提高,尤其后期强度更为突出。

从图 2.83 可知随着水玻璃掺量的增加,无侧限抗压强度值也增大,强度增大比较显著,两者呈正相关关系。在图中可观察到掺量相同时相应的强度点都不一样,这是由每个试验的材料及试验方式不同导致的,例如在史燕南的试验中采取的是正交试验,先在淤泥质土中混合掺入 3%的石灰、6%的粉煤灰,再掺加水玻璃做的试验。而桂跃是先掺入了 2.5%的生石灰,再掺加水玻璃测的强度。

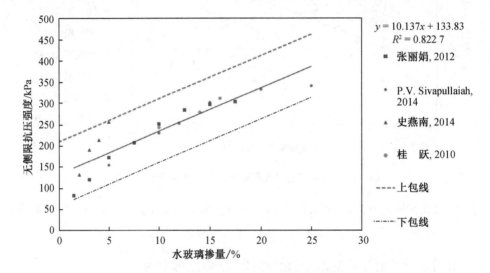

图 2.83　水玻璃掺量与无侧限抗压强度的关系图(7 d)

通过线性拟合分析,得到水玻璃掺量的变化预测公式和决定系数为:

$$y = 10.137x + 133.83, \quad R^2 = 0.822\ 7$$

(1)根据以上数据图分析得出,淤泥质土强化前初始含水率越低,其无侧限抗压强度值越高,两者呈负相关关系。

(2)随着强化剂掺量的提高,淤泥强化后的无侧限抗压强度值也明显增大,但是水泥与石灰、水玻璃比较,它的强化效果更明显、更快。这说明随着水泥掺量越大,对增大强化淤泥强度越有利。

(3)强化淤泥随养护龄期的增加,强化淤泥的无侧限抗压强度值越大,两者成正相关关系。这说明对于强化淤泥养护龄期延长,对加强强化淤泥强度非常有效,这在工程中有很强的实践价值。

(4)通过数据曲线拟合,分析出强化剂不同掺量在各个龄期的变化预测公式。

2.2.5　水泥强化土强度概率

抗压强度是淤泥强化土最基本、最重要的力学性能指标,也是强化土配比设计的关键考虑因素。而无侧限抗压强度是评判淤泥强化处理效果的依据,因此预测淤泥强化土的强度在实际工程上有很重要的意义。已有不少学者对强化土的强度进行了探讨,并得到了一些变化规律,这对明确强化土的强度特性非常有益,本章在前一章数据拟合分析的基础上,画出了其概率密度分布曲线,求出了一有可靠度的强度预测公式。

2.2.5.1　水泥强化土的强度概率分布

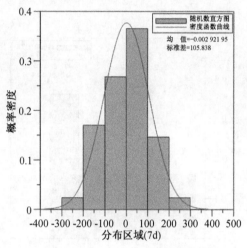

图 2.84　概率密度分布图(7 d)

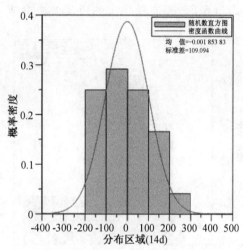

图 2.85　概率密度分布图(14 d)

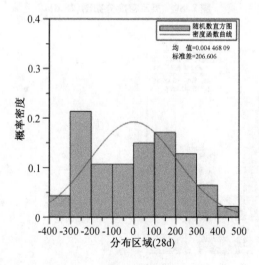

图 2.86　概率密度分布图(28 d)

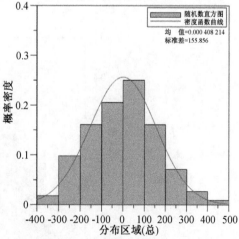

图 2.87　概率密度分布图(总)

从图 2.84～图 2.86 可知,加水泥强化剂龄期为 7 d 的无侧限抗压强度值在拟合曲线的两侧的概率密度分布服从正态分布曲线,而龄期为 14 d、28 d 的无侧限抗压强度值在拟合曲线的两侧概率密度分布相比较 7 d 的有差异,两侧分布不均匀。造成此结果的原因估计是收集的众多室内试验的龄期都不同,或者有些龄期的试验数据较少,或者收集的有些数据资料在实际中不能用来参考。

而图 2.87 是把加水泥强化剂的无侧限抗压强度值在不分龄期的情况下拟合出的概率密度分布直方图,可知,因数据点多而概率密度图服从正态分布曲线。

2.2.5.2　石灰强化土的强度概率分布

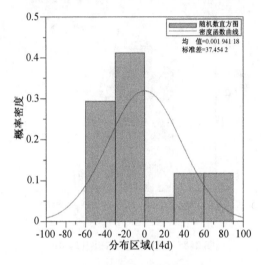

图 2.88　概率密度分布图(14 d)

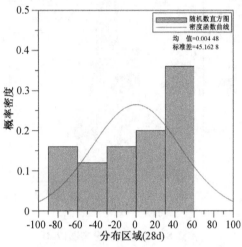

图 2.89　概率密度分布图(28 d)

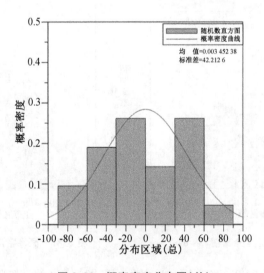

图 2.90　概率密度分布图(总)

从图 2.88～2.90 可知,加石灰强化剂龄期为 14 d 的强化效果概率分布近似服从正态分布曲线,但是 28 d 的强化效果概率密度呈斜向上直线型上升状态。因本章参考的文献数据不够多,而且淤泥强化强度试验以石灰为强化剂做的单掺试验量数据较少,导致很难得出一个系统型的正态分布效果。可在理论上分析,不管龄期为多少掺加石灰强化剂的强化强度概率分布都应该服从正态分布曲线。图 2.90 为把石灰龄期为 14 d 和 28 d 的强化效果概率分布整理到一起,也近似服从正态分布曲线。

2.2.5.3　水玻璃强化土的强度概率分布

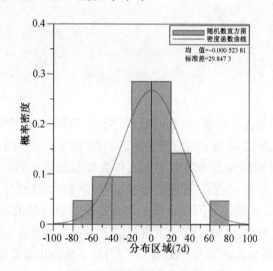

图 2.91　概率密度分布图(7 d)

由于目前淤泥质土强化强度试验所掺加水玻璃的单掺试验量数据较少,所以只分析了龄期为 7 d 的水玻璃强化土的强度概率密度。从图 2.91 可知,该图近似服从正态分布曲线。

第 3 章 | 淤泥质土筑堤设计

3.1 引言

淤泥质土由于其含水量高、承载力低，长期变形特性和力学特性较差，用于堤防填筑很难保证施工期和正常运行期堤防的稳定。《堤防工程设计规范》(GB 50286—2013)明确规定淤泥类土不宜作为堤身填筑土料，当需要时，应采取相应的处理措施。然而，在堤防工程实践过程中，由于工程投资、土料资源不足、征地环保等因素限制，需考虑利用淤泥质土作为部分堤防部位的填筑材料。在安徽省青弋江分洪道工程当中，青弋江分洪道堤防工程堤防填筑约 2 434 万 m³、土方开挖约 4 356 万 m³，需征用取土及弃渣场 1.5 万亩，土地占用费超过 6 亿元。为了加快工程进度以确保安全度汛，节约土地资源和保护环境，2013 年上半年芜湖市水务局要求中国水电十三局芜湖有限公司开展了淤泥质含量较高、含水量较高的河道开挖料填筑堤内外平台的试验，取得了较好效果。为了适应淤泥质土堤防工程建设的需要，统一淤泥质土堤防的设计标准和技术要求，做到安全适用、技术可行、经济合理，使淤泥质土堤防工程有效防御洪水危害，笔者进行了关于淤泥质土堤防设计相关研究。

3.2 淤泥质土筑堤应用设计研究

3.2.1 基本规定

1. 淤泥质土堤防工程保护对象的防洪标准应按现行国家标准《防洪标准》(GB 50201—2014)的有关规定执行，详细见表 3.1。

表 3.1　淤泥质土堤防工程保护对象的等别和防洪标准

防护对象的等别		I	II	III	V
	重要性	特别重要	重要	比较重要	一般
城镇	常住人口(万人)	≥150	[50,150)	[20,50)	<20
	当量经济规模(万人)	≥300	[100,300)	[40,100)	<40
	防洪标准[重现期(年)]	≥200	200~100	100~50	50~20
乡村	人口(万人)	≥150	[50,150)	[20,50)	<20
	耕地面积(万亩)	≥300	[100,300)	[30,100)	<30
	防洪标准[重现期(年)]	100~50	50~30	30~20	20~10
工矿企业	工矿企业规模	特大型	大型	中型	小型
	防洪标准[重现期(年)]	100~50	50~30	30~20	20~10

2. 淤泥质土堤防工程的防洪标准应按现行国家标准《堤防工程设计规范》(GB 50286—2013)的有关规定执行。堤防工程的级别根据确定的保护对象的防洪标准,按表 3.2 的规定确定。淤泥质土不改变堤防等级。

表 3.2　堤防工程的级别

保护对象的防洪标准[重现期(年)]	≥100	[50,100)	[30,50)	[20,30)	[10,20)
堤防工程的级别	1	2	3	4	5

3. 堤防工程上的水闸、箱涵、泵站等建筑物及其他构筑物的设计防洪标准不应低于淤泥质土堤防的防洪标准。

4. 位于地震动峰值加速度 0.10g 及以上地区的 1 级淤泥质土堤防工程,经主管部门批准,应进行抗震设计。

5. 在堤防管理范围内修建与淤泥质土堤防交叉、连接、相邻的各类建筑物、构筑物,应进行洪水影响评价,不得影响堤防的管理运用和防汛安全。

6. 采用淤泥质土作为筑堤土料,应结合工程实际情况采取必要的固化处理措施,并进行不同固化处理措施方案比选的专项研究。

7. 用于筑堤的淤泥质土料应进行砖瓦、垃圾、植物根茎等杂质的分离、清理。

8. 依据《土壤环境质量标准》(GB15618—1995)三级标准,重金属含量和污染物超标的淤泥质土料不应作为堤防填筑土料。

3.2.2　基础资料

3.2.2.1　气象与水文

1. 淤泥质土堤防设计应具备工程区域多年统计的气温、风况、降雨、水位、流

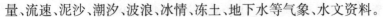

量、流速、泥沙、潮汐、波浪、冰情、冻土、地下水等气象、水文资料。

2. 淤泥质土堤防工程设计应具备与工程有关地区的水系、水域分布,河势演变和冲淤变化等资料。

3.2.2.2 社会经济

1. 淤泥质土堤防设计应具备堤防保护区、工程区和料场区的社会经济资料。

2. 社会经济资料应包括下列内容:

(1) 面积、人口、耕地、城镇分布等社会概况;

(2) 农林、水产养殖、工矿企业、交通、能源、通信等行业的规模、资产、产量、产值等国民经济概况;

(3) 生态环境状况;

(4) 历史洪、涝、潮灾害情况。

3.2.2.3 工程地形

1. 淤泥质土堤防工程各个设计阶段的地形测量资料应符合表3.3的规定。

表 3.3 堤防工程各个设计阶段的测图比例尺要求

图别		规划阶段	可行性研究阶段	初步设计阶段	备注
地形图		1:10 000~1:50 000	1:1 000~1:10 000	1:1 000~1:10 000	初步设计宜取大比例尺
横断面图	横向	—	1:1 000~1:10 000	1:1 000~1:10 000	
	纵向	—	1:100~1:200	1:100~1:200	
纵断面图	横向	—	1:500~1:1 000	1:500~1:1 000	
	纵向	—	1:100	1:100	
穿堤建筑物		—	1:200~1:500	1:200~1:500	

2. 淤泥质土堤防工程测量带状地形图范围应自堤中心线向两侧带状展开各100 m~300 m,砂土堤基背水侧或临水侧为侵蚀性岸滩应根据地形适当加宽。

3.2.2.4 工程地质

1. 淤泥质土堤防工程设计的工程地质应符合现行国家行业标准《堤防工程地质勘察规程》(SL 188—2005)的有关规定。

2. 淤泥质土堤防工程设计还应对筑堤淤泥质土料进行详细勘察,查明淤泥质土的储量、分布范围、厚度、物质成分、颗粒级配、压缩系、含水率、物理力学指标、渗透性等。

3. 填筑淤泥质土料应采用固结试验和压缩试验测量其 e-p 曲线和固结系数。

4. 淤泥质土堤防工程设计应充分利用已有的工程地质勘察资料,并应收集险工地段的历史和现状险情资料,查清历史溃口堤段的范围、地层和堵口材料等情况。

5. 工程地质勘察报告应针对淤泥质土料污染物成分及重金属含量进行评价。

3.2.3　堤线布置及断面型式

3.2.3.1　堤线布置

1. 堤线布置应根据防洪规划,地形、地质条件,河流或海岸线变迁,结合现有及拟建建筑物的位置、施工条件、已有工程状况以及征地拆迁、文物保护、行政区划等因素,经过技术经济比较后综合分析确定。

2. 堤线布置的主要原则:

(1) 堤线布置应与现有河势相适应,堤线力求平滑顺直,避免出现急弯。

(2) 堤线布置应选取堤基地质条件较好,河道冲淤稳定的地段,避开古河道、古冲沟、强透水地基和深水地带。

(3) 堤线应布置在占压耕地、拆迁房屋少的地带,并宜避开文物遗址。

(4) 加固堤防堤线布置应尽量利用现有旧堤线路和有利地形。

(5) 城市防洪堤宜与城市总体规划相协调。

(6) 堤线布置应结合当地地质、地形、地貌、施工、建材、交通等实际情况进行综合比选。

3. 河堤的堤距应根据河道的地形、地质条件、水文泥沙特性、河床演变特点、冲淤变化规律、经济社会长远发展、生态环境保护要求和不同堤距的技术经济指标,并综合权衡有关自然因素和社会因素后分析确定。

4. 新建或改建河堤的堤距应根据流域防洪规划分河段确定,上下游、左右岸应统筹兼顾。

3.2.3.2　断面型式

1. 堤身断面应根据堤基地质情况、筑堤材料、地形条件、施工及应用条件等,经稳定计算和技术经济比较后确定。

2. 堤防断面型式宜力求简单、美观、便于施工和防汛管理。

3. 淤泥质土堤防断面基本外形如图 3.1 所示,可根据工程需要选择性设置堤内外平台。

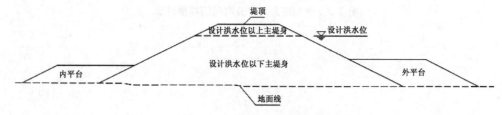

图 3.1　淤泥质土堤防断面基本外形

4. 当堤线较长,地质和地形变化较大,不同堤段可以采用不同断面型式,不同断面的结合部位应做好渐变衔接。

5. 对于有景观需求的堤防,可根据实际地形加大堤身断面,采用缓坡式大断面型式。

6. 淤泥质土堤防断面根据实际地形地质情况和生产生活需要可设置多级平台。

3.2.4　淤泥质土的固化

1. 由于淤泥质土一般为流塑状或软塑状,在进行堤防填筑前应进行固化处理。

2. 淤泥质土固化宜采用翻晒、排水固结或掺水泥、粉煤灰、生石灰等固化处理措施。

3. 淤泥质土翻晒应均匀,避免局部因含水量过高形成软弱结构层。淤泥质土的排水固结可根据排水边界条件和固结压力按照以下方法进行固结度计算。

(1) 当地基的附加应力 σ_z 呈均匀分布(图 3.2),某一时间 t 的竖向平均固结度可按式(3.1)计算:

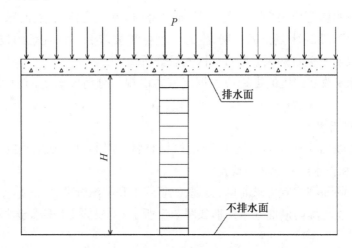

图 3.2　附加应力均匀分布时固结度计算

$$\overline{U}_z = 1 - \frac{8}{\pi^2} \sum_{m=1,3,\cdots}^{\infty} \frac{1}{m^2} e^{-\frac{m^2\pi^2}{4} T_V} \tag{3.1}$$

$$T_V = \frac{C_V t}{H^2} \tag{3.2}$$

式中:$\overline{U}_z$ 为竖向平均固结度(%);m 为正奇数(1,3,5…);T_V 为竖向固结时间因数

（无因次）；t 为固结时间（s）；H 为竖向排水距离（cm），单面排水时为土层厚度，双面排水时取土层厚度的一半；C_V 为竖向固结系数（cm²/s）。

（2）当 $\overline{U}_Z > 30\%$ 时，可用下式计算：

$$\overline{U}_Z = 1 - \frac{8}{\pi^2} e^{-\frac{\pi^2}{4} T_V} \tag{3.3}$$

若计算要求较高，则可按地基附加应力呈不同的几何图形从图 3.3 查取。

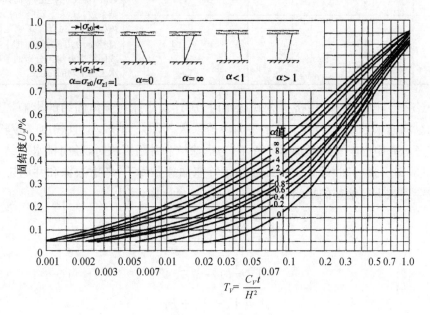

图 3.3　U_Z-T_V 关系曲线

（3）有排水井的固结度应按下列方法计算。

（a）一级或多级等速加载条件下，当固结时间为 t 时，对应总荷载的地基平均固结度可按式（3.4）计算：

$$\overline{U}_t = \sum_{i=1}^{n} \frac{q_i}{\sum \Delta p} \Big[(T_i - T_{i-1}) - \frac{\alpha}{\beta} e^{-\beta t} (e^{\beta T_i} - e^{\beta T_{i-1}}) \Big] \tag{3.4}$$

式中：$\overline{U}_t$ 为 t 时间地基的平均固结度；q_i 为第 i 级荷载的加载速率（kPa/d）；$\sum \Delta p$ 为各级荷载的累加值（kPa）；T_i、T_{i-1} 为第 i 级荷载加载的起始和终止时间（从零点算起）（d），当计算第 i 级荷载加载过程中某时间 t 的固结度时，T_i 改为 t；α、β 为参数，可根据地基土排水固结条件按表 3.4 采用。对排水井地基，表 3.4 中所列 β 为不考虑涂抹和井阻影响的参数值。

表 3.4 α、β 值

参数	排水固结条件			说明
	竖向排水固结 $\overline{U}_Z > 30\%$	向内径向排水固结	竖向和向内径向排水固结（竖井穿透软土层）	
α	$\dfrac{8}{\pi^2}$	1	$\dfrac{8}{\pi^2}$	$F_n = \left(\dfrac{n^2}{n^2-1}\right)\ln n - \dfrac{3n^2-1}{4n^2}$ C_h 为土的径向排水固结系数（cm^2/s）；C_V 为土的竖向排水固结系数；H 为土层竖向排水距离（cm）；d_e 为竖井影响范围的直径（cm）；$\overline{U}_Z$ 为双面排水土层或固结应力均匀分布的单面排水土层平均固结度。
β	$\dfrac{\pi^2 C_V}{4H^2}$	$\dfrac{8C_h}{F_n d_e^2}$	$\dfrac{\pi^2 C_V}{4H^2} + \dfrac{8C_h}{F_n d_e^2}$	

（b）当排水竖井采用挤土方式施工时，应计及涂抹对土体固结的影响。当竖井的纵向通水量 q_w 与天然土层水平向渗透系数 K_h 的比值较小，且长度又较长时，尚应考虑井阻影响。瞬时加载条件下，考虑涂抹和井阻影响时，径向排水固结度可按式（3.5）～式（3.9）计算。一级或多级等速加载条件下，考虑涂抹和井阻影响时竖井穿透软土层地基的平均固结度可按式（3.4）计算，其中：

$$\alpha = \frac{8}{\pi^2}, \beta = \frac{\pi^2 C_V}{4H^2} + \frac{8C_h}{F_n d_e^2}$$

$$\overline{U}_r = 1 - e^{\frac{8C_h}{F d_e^2}t} \tag{3.5}$$

$$F = F_n + F_s + F_r \tag{3.6}$$

$$F_n = \left(\frac{n^2}{n^2-1}\right)\ln n - \frac{3n^2-1}{4n^2} \tag{3.7}$$

$$F_s = \left(\frac{K_h}{K_s} - 1\right)\ln s \tag{3.8}$$

$$F_r = \frac{\pi^2 L^2}{4} \cdot \frac{K_h}{q_w} \tag{3.9}$$

式中：$\overline{U}_r$ 为固结时间 t 时竖井地基径向排水平均固结度；K_h 为软土层的水平向渗透系数（cm/s）；K_s 为涂抹区的水平向渗透系数（cm/s），可取 $K_s = \left(\dfrac{1}{5} - \dfrac{1}{3}\right)K_h$；$s$ 为涂抹区直径 d_s 与竖井直径 d_w 的比值，可取 $s = 2.0 \sim 3.0$，对中等灵敏黏性土取低值，对高灵敏黏性土取高值；n 为井径比，$n = \dfrac{d_e}{d_w}$；q_w 为竖井纵向通水量（cm^3/s），为单位水力梯度下单位时间的排水量；L 为竖井深度（cm）。

4. 淤泥质土的固化剂掺量应根据淤泥质土含水量情况由试验确定,其重量比宜为 2%～10%,均匀添加,固化处理的淤泥质土应具有较好的凝聚性和均一性。

5. 固化处理的淤泥质土应根据《土工试验规程》(SL 237—1999)测量其密度、含水率、凝聚力、内摩擦角、渗透系数、孔隙比、压缩系数等物理力学指标。

6. 固化处理的淤泥质土宜为固态或者硬塑状态,含水率不宜大于 20%,孔隙比不宜大于 0.8。

7. 对于固化淤泥质土的长期强度特性、变形特性、干湿循环特性和冻融循环特性应结合工程实际情况进行专题研究。

8. 固化处理的淤泥质土应在阴凉、干燥处存放,避免太阳暴晒或浸水。

3.2.5 堤身设计

3.2.5.1 分区设计

1. 淤泥质土堤防的堤身填筑,宜按以下原则进行分区设计:

(1) 主堤身填筑土料应选用黏性土,黏粒含量宜为 10%～35%,塑性指数宜为 10～20,填筑土料含水率与最优含水率允许偏差为 ±3%,用于填筑的利用土料不得含有杂草、树根等有机质及块石,不得含有腐殖土。

(2) 堤防内、外平台可采用固化淤泥质土填筑。固化处理的淤泥质土含水率不宜大于 20%,孔隙比不宜大于 0.8。内、外平台填筑高程应根据工程实际需要和稳定性分析研究确定。

2. 淤泥质土堤防与各类建筑物、构筑物连接的部位应采用黏性土料填筑,避免出现堤身渗漏通道,防止接触面发生接触冲刷破坏。

3.2.5.2 堤身设计

1. 淤泥质土堤防设计应包括堤顶高程、堤身填筑、堤坡与戗台、护坡与坡面排水等。

2. 堤顶高程指堤防填筑完成沉降稳定后的高程,应根据设计洪水位、波浪爬高和安全超高值按式(3.10)进行计算:

$$D = H + R + e + A \tag{3.10}$$

式中:D 为设计堤顶高程(m);H 为设计洪水位(m);R 为设计波浪爬高(m);e 为设计风壅水面高度(m);A 为堤顶安全加高,可根据堤防等级按表 3.5 选取。

表 3.5 淤泥质土堤防堤顶安全加高

堤防工程的级别	1	2	3	4	5
安全加高值 A(m)	1.0	0.8	0.7	0.6	0.5

3. 淤泥质土堤防应预留一定沉降量,堤顶,内、外平台预留沉降量宜根据分层总和法的规定计算。

4. 当堤顶临水侧设有防浪墙时,堤顶高程应高于设计洪水位 0.5 m 以上,防浪墙顶高程可按设计堤顶高程控制,防浪墙每隔 10～20 m 宜设置一条沉降缝。

5. 对于 1 级、2 级淤泥质土堤防主堤身内、外边坡坡比不宜陡于 1:3.0,对于 3 级及以下淤泥质土堤防主堤身堤坡不宜陡于 1:2.5,同时还需要满足堤身抗滑稳定的要求。

6. 淤泥质土堤防内、外平台高度不宜大于 5.0 m,高度大于 5.0 m 时宜设置多级平台。

7. 为方便施工与管理,淤泥质土堤防内、外平台宽度不宜小于 1.5 m,对于风浪大的堤段临水侧设置的消浪平台宽度不宜小于 3.0 m。

8. 根据防汛、管理及群众生产生活的需要,可在堤防迎水侧和背水侧沿堤每隔一定距离设置上下堤防通道。

9. 淤泥质土堤防的堤顶宽度应根据防汛、管理、施工、构造及其他要求确定,一级堤防不宜小于 8 m,二级堤防不宜小于 6 m,3 级及以下堤防不宜小于 3 m。

10. 堤顶宽度不大于 4.5 m 时,宜在堤顶背水侧选择有利位置设置错车道,错车道处路面宽度不应小于 6.5 m,有效长度不应小于 20 m。

11. 考虑排水需要,堤顶宜向堤外侧倾斜,坡度宜采用 2%～3%。

3.2.5.3　土料的填筑标准

1. 淤泥质土堤防主堤身,填筑黏性土压实度应符合表 3.6 规定。

表 3.6　黏性土压实度控制表

堤防级别	1 级	3 级及以上	1 级以上,3 级以下
压实度	≥0.95	≥0.93	≥0.91

2. 堤防内、外平台,设计洪水位以上主堤身,填筑淤泥质土压实度不宜小于 0.87。

3. 淤泥质土堤防填筑时应根据沉降计算对主堤身,内、外平台预留一定的沉降高度。

4. 采用淤泥质土料填筑堤防时,应考虑排水固结时间,采取相应措施,分时段填筑。

3.2.5.4　护坡设计

1. 淤泥质土堤防的护坡是指对堤身及平台外轮廓的坡面采取工程或生物措施保护,防止水流冲刷及降雨的冲蚀破坏。

2. 淤泥质土堤防护坡应满足坚固耐久、就地取材、生态环保、方便施工以及经济美观的要求。

3. 背水侧坡面不受河道水流影响,可采用草皮护坡或其他类型生态护坡。

4. 堤防迎水侧常年受水流冲刷,应采用整体性好,抗冲刷能力强的结构,常用现浇混凝土预制块、浆砌石、雷诺护垫、带孔生态砖、生态混凝土等,且护坡设计需要满足稳定性的要求。对于海堤或风浪作用强烈的堤段临水侧护坡设计可参照已建同类型堤防护坡结构尺寸选定,而且需要同时满足稳定和强度计算要求。

5. 淤泥质土堤防护面应在堤身土体沉降基本稳定之后进行施工。

6. 护坡堤脚和顶面应分别设置混凝土脚槽和封顶同护坡形成整体结构。为防止水流对堤脚冲刷,脚槽埋深不宜小于 0.5 m。

7. 采用混凝土预制块作为淤泥质土堤防的护面时,满足混凝土预制块稳定所需要的面板厚度可按式(3.11)计算,最小厚度不宜小于 0.1 m。

$$t = \eta H \sqrt{\frac{\gamma}{\gamma_b - \gamma} \cdot \frac{L}{Bm}} \tag{3.11}$$

式中:t 为混凝土板的厚度(m);η 为系数,对混凝土预制块可取 0.075;H 为计算波高(m);γ_b 为混凝土预制块的容重(kN/m³);γ 为水的容重(kN/m³);L 为波长(m);B 为沿斜坡方向(垂直于水边线)的护面长度;m 为斜坡坡率。

8. 浆砌石、混凝土结构护坡沿水流方向每隔 20~50 m 宜设置沉降缝、伸缩缝。

9. 浆砌石混凝土等护坡应设置排水孔,孔径可为 50~100 mm,孔距可为 2~3 m。

10. 针对不同的护坡类型,护面与土坡之间应设置土工布反滤层或砂石垫层,砂石垫层应按级配、结构要求制定严格的铺设方案,并满足相关技术要求,垫层厚度不应小于 0.1 m。

3.2.6　堤基处理

3.2.6.1　堤基防渗处理

1. 堤防渗流稳定不满足要求时应采取相应措施进行防渗处理,堤基防渗常用的处理措施包括填塘、盖重、截渗槽、地下防渗墙、减压沟、减压井等处理措施。具体防渗处理措施可依据表 3.7 进行选取。

2. 堤基防渗处理后应保证堤基及堤脚外土层的渗透稳定。

3. 堤基防渗处理可依据实际情况多种措施结合使用。

表 3.7　淤泥质土堤防堤基防渗处理方法

处理方法	适用条件
堤防背水侧填塘	堤防背水侧分布有水塘,塘底部弱透水覆盖层较薄
地下防渗墙	堤基存在强透水层,且其下部有相对不透水的依托层
堤防背水侧盖重	表层弱透水层较厚,适当延长渗径可以满足渗流稳定需要
截渗槽	透水层较薄,且埋深较浅
堤防背水侧减压沟、减压井	强透水层呈层状分布,且厚度较大

3.2.6.2　堤基抗滑稳定处理

1. 堤防抗滑稳定不满足要求时应采取相应措施进行地基加固处理,常用的加固处理方法包括开挖换填、排水固结、堤脚平台压载、水泥土搅拌桩、削坡减载。堤基的抗滑稳定处理方法可依据表 3.8 进行选取。

表 3.8　淤泥质土堤防堤基加固处理方法

处理方法	适用条件
开挖换填	堤基存在埋深较浅的薄层软土
排水固结	局部堤段堤基为软黏土层,且具有良好的排水条件
堤脚平台反压	堤基为厚层软黏土
水泥土搅拌桩	堤基局部为软土,且挖出有困难,施工场地有限制
碎石桩或填石强夯	堤基为挖除有困难的泥炭土

2. 在软黏土地基上筑堤,可采用控制填土速率的方法。填土速率和间歇时间应通过计算、试验或结合类似工程分析确定。

3.2.7　稳定计算

3.2.7.1　渗流及渗流稳定计算

1. 淤泥质土堤防应进行渗流稳定计算,根据计算的渗流场求渗流出逸比降、渗流量等水力参数,判断堤防的渗流稳定。

2. 淤泥质土堤防的渗流稳定计算宜采用有限元方法进行计算。

3. 淤泥质土堤防渗流稳定计算断面的选取宜依据水头边界条件、地质条件、历年出现渗漏险情等因素进行选择。

4. 根据堤防稳定计算的特点,宜采用以下两种工况进行渗流和渗流稳定计算:

(1)临水侧为设计洪水位,背水侧为相应低水位或无水。

(2)临水侧设计洪水位骤降,临水侧堤坡稳定性最不利的工况。

5. 堤防背水侧堤坡和堤基计算得到的渗流出逸比降应小于该土层的允许比降,否则应采取防渗处理措施。

6. 土的渗流允许比降可根据《水利水电工程地质勘察规范》(GB 50287—1999)的有关规定执行。

3.2.7.2 抗滑稳定计算

1. 淤泥质土堤防的抗滑稳定计算应包括施工期和运行期堤防的整体抗滑稳定和局部抗滑稳定。

2. 淤泥质土堤防设计应结合工程地质条件、地形条件、堤身的结构型式选择有代表性的断面进行抗滑稳定性计算。

3. 淤泥质土堤防的整体和局部抗滑稳定计算可采用瑞典圆弧法按式(3.12)计算安全系数。

$$K = \frac{\sum\{[(W \pm V)\cos\alpha - ub\sec\alpha - Q\sin\alpha]\tan\varphi' + c'b\sec\alpha\}}{\sum[(W \pm V)\sin\alpha + M_c/R]} \qquad (3.12)$$

式中:K 为堤身抗滑稳定安全系数;W 为土条重量(kN);Q、V 为水平和垂直地震惯性力(kN);u 为作用于土条底面的空隙水压力(kPa);α 为条块重力线与通过此条块底面中点的半径之间的夹角(°);b 为土条宽度(m);c'、φ' 为土条底面的有效凝聚力(kPa)和有效内摩擦角(°);M_c 为水平地震惯性力对圆心的力矩(kN·m);R 为圆弧半径(m)。

4. 堤身若有交通荷载或其他堆载时,应在稳定性计算中按有关规定要求考虑荷载的作用。

5. 堤防抗滑稳定计算应包含表 3.9 所列几种工况。

表 3.9 淤泥质土堤防抗滑稳定计算工况

运用工况	计算工况	迎水侧水位	背水侧水位
非常运用工况	施工期迎水坡堤身稳定	设计枯水位或最低水位	设计枯水位或最低水位
	施工期背水坡堤身稳定	设计枯水位或最低水位	设计枯水位或最低水位
	施工期外平台稳定	设计枯水位或最低水位	设计枯水位或最低水位
	施工期内平台稳定	设计枯水位或最低水位	设计枯水位或最低水位
	地震工况迎水坡稳定	多年平均水位	多年平均水位或地面高程
	地震工况背水坡稳定	多年平均水位	多年平均水位或地面高程
正常运用工况	设计洪水位背水坡稳定	设计洪水位	地面高程
	从设计洪水位骤降迎水坡稳定	设计洪水位骤降后高程	地面高程
	从外平台高程骤降平台外坡稳定	骤降后高程	地面高程

6. 土的抗剪强度指标应按现行行业标准《土工试验规程》(SL 237—1999)采用直剪试验测定,按表3.10取用。

表 3.10　土的抗剪强度指标

计算工况	强度计算方法	试验方法	强度指标
施工期	总应力法	快剪	c_u、φ_u
稳定渗流期	有效应力法	慢剪	c'、φ'
水位降落期	总应力法	固结快剪	c_{cu}、φ_{cu}

7. 施工阶段应考虑淤泥质土固结度随时间的增长淤泥质土的力学指标增长规律。

(1) 为考虑淤泥质土填筑固结度随时间的增长抗剪强度参数增长规律,在进行淤泥质土堤防滑动稳定性分析时,抗剪强度参数应根据填筑时间的不同采用不同的参数值。

(2) 施工期土体强度的增长计算方法有很多种,如下方法在过程中得到广泛应用,且计算简便,可供参考。

施工期抗剪强度 C_t、φ_t 可由式(3.13)~式(3.16)求得:

直剪试验:

$$C_t = C_q + U(C_{cq} - C_q) \tag{3.13}$$

$$\tan\varphi_t = \tan\varphi_q + U(\tan\varphi_{cq} - \tan\varphi_q) \tag{3.14}$$

三轴试验:

$$C_t = C_{uu} + U(C_{cu} - C_{uu}) \tag{3.15}$$

$$\tan\varphi_t = \tan\varphi_{uu} + U(\tan\varphi_{cu} - \tan\varphi_{uu}) \tag{3.16}$$

式中:C_t 为时间 t 的凝聚力(kPa);φ_t 为时间 t 的内摩擦角(°);U 为地基土的平均固结度;C_{uu} 为三轴不固结不排水剪指标凝聚力(kPa);φ_{uu} 为三轴不固结不排水剪指标内摩擦角(°);C_{cu} 为三轴固结不排水剪指标凝聚力(kPa);φ_{cu} 为三轴固结不排水剪指标内摩擦角(°);C_q 为直剪快剪指标凝聚力(kPa);φ_q 为直剪快剪指标内摩擦角(°);C_{cq} 为直剪固结快剪指标凝聚力(kPa);φ_{cq} 为直剪固结快剪指标内摩擦角(°)。

由于堤身荷载大小不同,加载时间不同,堤身各点的竖向应力不同,加之地层条件变化,引起固结度的不同,地基土强度增长也不同,故应按堤身荷载大小及土层条件等大体分成若干个区,分区选用 C_t、φ_t。

为确保淤泥质土堤防的安全,计算时可不考虑凝聚力的增长,而只考虑内摩擦角的增长。

8. 固化处理的淤泥质土抗剪强度指标可根据《土工试验规程》(SL 237—1999)进行直接测定。

9. 采用瑞典圆弧法计算得到的安全系数应不小于表3.11规定的数值。

表 3.11　淤泥质土堤防抗滑稳定安全系数

堤防工程级别	1	2	3	4	5
非常运用情况	1.2	1.15	1.10	1.05	1.05
正常运用情况	1.30	1.25	1.20	1.15	1.1

3.2.7.3　沉降计算

1. 淤泥质土堤防的沉降量计算应包括堤顶中心处和内外平台中心处的最终沉降。

2. 根据堤基的地质条件、堤身断面型式、地基处理方法及荷载情况,可将堤防分成若干典型段,每段选取有代表性的断面进行沉降计算。

3. 堤防沉降计算的工况可取设计枯水位工况作为荷载计算条件。

4. 堤防的最终沉降量可采用分层总和法,按式(3.17)进行计算。

$$S = m \sum_{i=1}^{n} \frac{e_{1i} - e_{2i}}{1 + e_{1i}} h_i \tag{3.17}$$

式中:S 为最终沉降量(m);e_{1i} 为第 i 土层在自重应力作用下的初始孔隙比;e_{2i} 为第 i 土层在自重应力和附加应力共同作用下的孔隙比;n 为计算压缩范围内的土层划分数量;h_i 为第 i 土层的厚度(m);m 为修正系数,可取 1,软土地基可取 1.3~1.6。

5. 堤基压缩层的计算深度按附加应力等于 0.1 倍自重应力确定。当实际压缩层的厚度小于计算深度时,应按实际压缩层的厚度计算沉降量。

3.2.8　施工设计

3.2.8.1　一般规定

1. 淤泥质土堤防工程施工应精心组织,合理安排施工计划,充分考虑地区安全度汛需要、梅雨季节降雨的影响、施工区涝水外排等因素。

2. 淤泥质土堤防工程施工期的度汛,应根据有关要求和工程需要,编制相应的施工度汛方案、预案,并报有关部门批准。

3. 位于软土堤基上的堤防施工,应加强施工期堤防的安全监测工作,便于及时发现问题、解决问题,指导堤身填筑。

4. 淤泥质土堤防施工组织设计时,应按照少占地、施工方便、环保、节省投资等原则做好淤泥质土料场和主堤身黏性土料场的设计。

5. 淤泥质土料应提前开挖并进行固化处理,综合考虑不同施工阶段、堤段、填筑部位合理安排料场的使用顺序,尽量优化土料运输路线。

6. 淤泥质土堤防填筑应制定好导流措施保障干地施工,避免水下施工。

7. 施工工具应根据淤泥质土堤防的特点、施工工艺、技术要求、施工进度和施工强度合理选择。

3.2.8.2 施工度汛

1. 淤泥质土堤防跨汛期施工时,应做好临时围堰,保障堤防安全度汛。

2. 临时围堰顶部高程应按照度汛标准洪水位加波浪爬高和安全超高确定。

3. 施工设计应提出遭遇超标准洪水时的紧急预案,度汛时如遇超标准洪水,应及时采取紧急处理措施。

4. 汛前做好物资储备地至施工堤段道路的清障、整修,保证道路畅通。

3.2.8.3 堤身填筑

1. 淤泥质土堤防根据填筑土料的差别应分区进行填筑、分期碾压。

2. 主堤身应采用黏粒含量为 $10\%\sim35\%$,塑性指数宜为 $10\sim20$ 的黏性土料进行分层填筑,分层厚度和土块直径宜通过碾压试验确定,缺乏试验资料时,可参照表 3.12 的规定取值。黏性土料应逐层碾压,压实度满足设计要求后方可进行下一层填筑。

表 3.12 铺料厚度和土块直径限制尺寸表

压实功能类型	压实机具种类	铺料厚度(cm)	土块限制直径(cm)
轻型	人工夯、机械夯	$15\sim20$	$\leqslant5$
	$5\sim10$ t 平碾	$20\sim25$	$\leqslant8$
中型	$12\sim15$ t 平碾 斗容 2.5 m³ 铲土车 $5\sim8$ t 振动碾、加载气胎碾	$25\sim30$	$\leqslant10$
重型	斗容 7.0 m³ 铲土车	$30\sim50$	$\leqslant15$

3. 主堤身填筑至平台高程后,可以进行内外平台淤泥质土填筑,填筑方法为采用推土机直接推送土料至平台部位,边推送土料边碾压直至平台高程,内外平台填筑宜预留 $10\%\sim20\%$ 平台高度工后沉降量。

4. 淤泥质土平台填筑完成后需在 3 个月后再次进行碾压、平整,淤泥质土压实度不应小于 0.87。

5. 当填筑基面不平时,应按水平分层由低处开始逐层填筑,不允许顺坡填筑。新老堤结合部位,应挖成台阶状、刨毛,再分层填筑碾压。

6. 在软土堤基上筑堤时,应充分考虑堤防稳定要求,随时检测地基和堤身的沉降、水平位移及孔隙水压力等参数来控制施工加荷速率,防止堤防失稳。

3.2.9　安全监测设计

3.2.9.1　一般规定

1. 淤泥质土堤防应根据工程级别、水文气象、地形地质条件、堤型和工程运用要求进行安全监测设计。

2. 主要监测项目应包括堤防水平位移、垂直位移、堤身裂缝、堤脚冲刷和河道水位等监测。必要时可增加渗透变形、孔隙水压力以及其他监测项目。

3. 监测项目布置应根据技术方案比选按以下原则进行设计:

(1) 监测项目和监测点的布设应能反映工程运行的主要工作状况,并尽可能做到一种设施多种用途;

(2) 监测断面应选择有代表性的堤段,在堤身较高、地基软弱、淤泥质土填筑的堤段,可根据需要适当增加监测项目和监测断面;

(3) 监测点应稳定、牢固、可靠,且应有安全保护措施;

(4) 监测设备应选择自动化、信息化、使用方便的设备。

3.2.9.2　堤防变形监测

1. 淤泥质土堤防水平和垂直位移监测断面间距一般为 500 m,每一代表性堤段布置的监测断面至少 1 个,当地形地质条件相似,断面间距可适当扩大。地质地形条件复杂的堤段应适当加密监测断面。

2. 根据堤防工程结构型式,每一监测断面宜布置 3~6 个测点。对于淤泥质土内外平台,应在背水面和迎水面坡脚线以外设置 1~2 个测点。

3. 堤防位移一般每年观测 3~4 次,在汛期来临时,应加密观测,当连续 5 年未测得变形量时,可减少至 2~3 年观测一次。

3.2.9.3　裂缝检查

1. 淤泥质土堤防应加强对堤身裂缝检查,主要检查部位包括淤泥质土内外平台、内外平台与主堤身结合部位,加固堤防还应加强新老堤防结合部位的观察。

2. 堤防碾压不均匀或淤泥质土体干缩变形也会造成堤身裂缝的形成,应对可能影响结构安全的裂缝进行检查,检查堤防填筑过程中裂缝发展变化情况。一般每进行一层铺土填筑观测 1 次。

3. 当检查到淤泥质土堤身裂缝时应根据《堤防工程养护修理规程》(SL 595—2013)及时进行修理,避免裂缝的持续扩展,修理完成后应对该部位跟踪监测。

3.3 工程实例

3.3.1 工程概况

水阳江、青弋江、漳河流域位于长江下游南岸,由水阳江、青弋江、漳河三水系组成,地跨安徽、江苏两省 21 个市县,流域面积 18 850 km²。流域水系主要有两江、一河、四湖,即水阳江、青弋江、漳河、南漪湖、固城湖、丹阳湖和石臼湖。

青弋江发源于安徽省黄山主峰北麓及黟县北部,流域面积 7 100 km²,干流长 233 km。青弋江最大支流为徽水,其次还有琴溪河、寒亭河、孤峰河等支流。漳河位于流域西部,流域面积 1 365 km²,长 95 km,主要支流有峨溪河、后港河等。

流域地处中亚热带湿润季风气候区,气候温和,雨量丰沛,下游圩区土地肥沃,是我国著名的稻米产区和重点的经济作物产区。流域已初步形成门类齐全,并具一定规模的工业体系。芜湖市是本流域最重要的城市,是皖南的政治、经济、文化、商业、交通中心,为长江沿岸首批对外开放港口之一。宣城市是流域内另一重要城市,1949 年以来,宣城市已形成了门类齐全,轻、重工业并举的工业体系。

流域内洪灾频繁、严重。洪水泛滥,给流域社会和人民生命财产带来巨大的损失,严重制约了流域经济社会的持续健康发展。上游山区洪水未得到有效控制,中下游河道泄洪能力严重不足、泄洪不畅,中下游河道支汊众多、水系紊乱、泄洪通道不畅,流域出口总泄流能力不足等,是导致流域洪水灾害的主要原因。1949 年以来,流域防洪工程建设取得了一定的成绩,但流域整体防洪能力仍较低,洪灾依然频发,防洪形势仍然相当严峻,实施防洪治理工程十分紧迫。

青弋江分洪道工程位于芜湖市境内,是水阳江、青弋江、漳河流域防洪治理总布局中的重要骨干工程。该工程能显著降低流域下游地区洪水位,提高下游地区的防洪标准,同时结合水阳江下游近期防洪治理工程可大大改善水阳江中游地区的防洪形势,减轻水阳江下游近期防洪治理工程对下游地区的不利影响,对改善流域整体防洪形势有着十分重要的作用,防洪减灾效益显著。

根据工程设计报告,整个分洪道工程共需土料自然方约 3 112.9 万 m³,土方填筑需在料场取土 749.7 万 m³,其余 2 363.2 万 m³ 为利用河道和原堤防开挖料(河道疏挖料经翻晒达到施工规范要求后用于堤防填筑)。青弋江分洪道工程于 2013 年 3 月开工建设,施工过程中面临原拟定土料场难以征用、河道开挖料可利用率不高等现实问题。

为了加快工程进度以确保安全度汛,节约土地资源和保护环境,以满足堤防稳定和安全为前提,2013 年上半年芜湖市水务局要求芜湖有限公司开展了淤泥质含量较高、含水量较高的河道开挖料填筑堤内外平台的试验,选择堤段为南陵渡—三埠管段(Z24+532~Z27+569)左岸堤防(退建堤段),此段堤防于 2013 年汛前基本完工,从已施工的试验段来看,堤防没有出现失稳等安全问题。为了检验利用河道疏挖料填筑内外平台试验堤段的填筑效果,2013 年 12 月,代建单位委托安徽省水利科学研究院开展相关研究,经现场勘测、室内试验等,安徽省水利科学研究院编制完成了《青弋江分洪道工程南陵渡—三埠管段河道开挖料填筑内外平台堤防工程稳定性分析报告》,认为该段堤防基本满足堤身抗滑稳定和抗渗稳定的要求。

基于上述实际情况及工作基础,为了有效推进分洪道工程建设步伐,芜湖市水务局以"关于要求开展利用河道开挖料填筑堤内外平台变更设计的函"(水利〔2014〕49 号),要求长江设计公司开展利用河道疏挖料填筑内外平台的变更设计专题研究。按照委托方的文件和精神,参照初步设计阶段设计及地质勘察成果,并结合施工实际情况及施工阶段对试验段补充勘察的地质成果,长江设计公司开展了专题研究工作,研究提出了采用河道疏挖料填筑内外平台变更设计堤段的范围和变更后设计断面,进行了抗滑稳定和渗流稳定复核,并提出有关的意见和建议。

3.3.2　水文气象

水阳江、青弋江、漳河流域属中亚热带湿润季风气候区,气候温和,雨量丰沛,季风明显。由于受季风气候的影响,冷暖气团交锋频繁,天气多变,降水的年际变化大,年内梅雨显著,夏雨集中,常伴有灾害气候发生,多年平均降水量约 1 300~1 600 mm,流域多年平均气温为 16 ℃,流域年蒸发量为 700~1 000 mm。流域年均无霜期 240 d 左右。年均风速为 1.3~3.3 m/s,实测最大风速为 14.5 m/s,风向为 SW,发生于 1966 年 2 月 21 日。

水阳江、青弋江、漳河流域水文记录始于 1947 年,但仅在青弋江设立西河镇水文站;1949 年以后,青弋江、水阳江、漳河流域干、支流增设了大量水文、水位站,目前整个流域水文、水位站已达 20 多个,基本可以控制整个流域水文情势,且水文测验、整编均按有关规程、规范执行,资料精度可满足工程设计需要。青弋江分洪道工程设计主要依据的水文测站为青弋江干流上的西河镇水文站和漳河干流上的南陵水文站,控制流域面积分别为 5 796 km²、361 km²。

据统计,流域多年平均径流量为 130 亿 m³,其中,由当涂汇入长江的径流量为 105 亿 m³,占 80.8%,由芜湖口汇入长江的径流量占总径流量的 1.70%,其余 17.5%的径流由澛港汇入长江。流域径流主要来自降水,故径流特性与降水分布基本一致。流域各水文站多年平均径流深约 600~800 mm,上游略大于中下游。径流年际变幅较大,各站年径流变差系数 C_V 值为 3.5。据 1986—2007 年各站实测流量资料统计分析,径流量年内分配不均匀,据新河庄、西河镇、南陵三站径流量之和统计,丰水期3—7月径流量占全年的66.9%,主汛期5—7月径流量占全年的45.3%,全年径流6月最大,占17.9%,1月份最小,仅占全年径流量的4.98%,其月径流量最大、最小之比为6.4,多年平均天然径流量年内分配见图3.4。

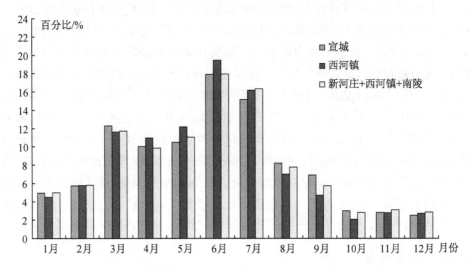

图 3.4 主要水文站径流年内分配图

流域上游为皖南山区,植被良好,主要测站实测含沙量较小,西河镇、宣城站多年平均含沙量在0.2 kg/m³以下,多年平均输沙量分别为44.2万t、45.1万t。

本流域属赣皖山地暴雨区,暴雨发生频繁,暴雨中心位于黄山、天目山地区,多年平均暴雨天数为9 d。流域暴雨多由梅雨锋、台风以及冷风低槽、低涡切变等天气系统形成。每年6月中旬至7月中旬,降雨集中,笼罩面广,降水量大,最易引起洪涝灾害。

本流域洪水主要由暴雨形成,集中发生在5—7月,个别年份出现在10月,如1961年。由于流域上游黄山地区是皖赣山地暴雨区的暴雨中心,加之上游山区山高坡陡,支流众多,河流坡降大,河槽调蓄能力较小,降雨产汇流迅速,洪水具有洪峰高、历时短的特点。一次洪水历时一般为3 d,多则7 d,其中1 d洪量占3 d洪量的50%左右,3 d洪量占7 d洪量的70%。

本流域20世纪90年代为丰水期,以西河镇站为例,20世纪80年代以前最大洪峰值为7 550 m³/s,而1996年、1998年分别为9 220 m³/s、9 850 m³/s,两次突破上述记录。最大1 d、3 d、7 d、15 d洪量,20世纪80年代以前分别为5.2亿、11.2亿、17.2亿和29.0亿 m³,20世纪90年代中1996年、1999年的洪峰流量、洪量均突破上述记录。

本流域洪水出现时间常集中于6月中旬至7月中旬,长江高洪水位出现时间一般为 7、8 月,两者峰值遭遇不常见,但长江高洪水位历时长,本流域洪峰常与长江次高洪水位相遇。

通过对 1996 年流域洪水分析,1996 年洪水为仅次于 1983 年、1999 年的全流域大洪水。

为拟定圩区排涝工程的合适规模,对圩区设计暴雨进行分析。圩区采用芜湖站和西河镇站雨量资料,对最大三日降雨量进行排频分析,采用 P-Ⅲ 型曲线进行适线,求得芜湖站、西河镇站 10 年一遇最大三日降雨量分别为 246 mm、256 mm。

西河镇站为青弋江流域控制性水文站,集水面积 5 796 km²,有 1951—2008 年实测流量和大断面资料。西河镇站水位流量关系的拟定采用 1990 年以后的水文资料。西河镇站实测大水年份有 1995 年、1996 年、1998 年、1999 年和 2002 年等。采用 1996 年、1998 年、1999 年和 2002 年大水年以及 2006—2008 年等实测流量资料,根据实测水位流量点据分别拟定出上述年份的西河镇站水位流量关系外包线和综合线,最终确定两条(外包线和综合线)综合线,考虑到施工期的安全推荐采用西河镇站水位流量关系外包线。

3.3.3　工程地质

3.3.3.1　堤基地质结构

分洪道主要修筑在河漫滩等平坦地貌单元上,部分有一级阶地前缘。堤基第四纪土层一般为砂性土与黏性土相间而出,故其地质结构一般为多层结构。部分堤段有些土层缺失,所以堤基地质结构变化较大。按照堤基的地层特征和空间组合,在对堤防安全的影响范围内的地质结构大致分为三种类型:单一结构(Ⅰ)、双层结构(Ⅱ)和多层结构(Ⅲ),共有七个亚类。

单一结构有单一黏性土结构(Ⅰ1)和单一砂性土结构(Ⅰ2)两个亚类,上部黏性土小于 2 m,下部为粉、砂性土层且厚度较大的划为单一砂性土结构(Ⅰ2),即单层透水地基。双层结构可按照上覆黏性土厚度分为 4 个亚类:(Ⅱ1)类,上黏性土厚度 2～5 m 下为砂性土;(Ⅱ2)类,上黏性土厚度 5～10 m,下为砂性土;(Ⅱ3)类,上黏性土厚度 1～2 m 下为厚淤泥质土;(Ⅱ4)类,上黏性土厚度 2～5 m,下为厚淤泥质土。至于黏性土厚度大于 10 m 的则划入单一黏性土结构类型中。多层结构中堤基由两类以上的土层组成,地质结构复杂,在本区主要表现为上为薄层黏性土层,中间为薄层淤泥质土层,下为砂性土层。

3.3.3.2　堤基工程地质单元的划分及土层物理力学指标

根据地貌及浅部地基土层的土质特征、空间分布和组合情况,将地基划分为四个工程地质单元。

第一工程地质单元,为南陵盆地中的堤段,从分洪道起点到白了滩以上堤段,其地基第②层硬壳层以下软黏土层与砂层相间分布,包括马元和阮村渡比较线范围。

第二工程地质单元,为南陵盆地中的堤段,从白了滩到三埠管间堤段,其地基第②层硬壳层以下埋藏有较厚的软黏土层(局部有砂层),包括文阁段和埭南比较线范围。

第三工程地质单元,为中游岗地一带的堤段,部分为漳河滩地,其地基主要为第②层硬壳层和更新统第⑤层以下的老土层,软土和砂层相对较少。

第四工程地质单元,出岗地后到长江口处,为长江冲积平原中的堤段,其地基第②层硬壳层以下埋藏有巨厚的软黏土层,包括连河圩堤范围。

各单元之间土层分布无明显突变,而是呈渐变过渡关系,分界桩号详见表3.13;各地质单元堤基土层物理力学指标见表3.14。

表3.13 工程地质单元划分表

单元	桩号	长度(m)	占比(%)
第一单元	左堤 Z0+000~Z15+352	15 352	31.60
	中心线 H0+000~H15+033	15 033	31.82
	右堤 Y0+000~Y14+300	14 300	29.37
第二单元	左堤 Z15+352~Z31+500	16 148	33.24
	中心线 H15+033~H32+278	17 245	36.50
	右堤 Y14+300~Y32+278	17 978	36.92
第三单元	左堤 Z31+500~Z35+059	3 559	7.33
	中心线 H32+278~H35+060	2 782	5.89
	右堤 Y32+278~Y38+947	6 669	13.70
第四单元	左堤 Z35+059~Z48+580	13 421	27.63
	中心线 H35+060~H47+247	12 187	25.79
	右堤 Y38+947~Y48+689	9 742	20.01

表3.14 堤基土层物理力学指标

第一工程地质单元各土层力学性质指标建议值表

层序	地层名称	承载力 标准值/kPa	压缩 模量/MPa	直快 凝聚力/kPa	直快 内摩擦角/(°)	固快 凝聚力/kPa	固快 内摩擦角/(°)
②	粉质壤土	120	4.9	24	10	21	14
③₁	淤泥质粉质壤土	55	3	11	5	15	10
③₂	层砂层壤	100	5.2	5	17.5	8	18.8
③₃	淤泥质粉质壤土	70	3.5	15.5	6.5	15	10

第一工程地质单元各土层力学性质指标建议值表

层序	地层名称	承载力 标准值 /kPa	压缩 模量 /MPa	直快 凝聚力 /kPa	直快 内摩擦角 /(°)	固快 凝聚力 /kPa	固快 内摩擦角 /(°)
④	中细砂	140	9	7	24		
⑤	重粉质壤土	200	5.2	27	9	25	13
⑥	中细砂	160	8	6	25		

第二工程地质单元各土层力学性质指标建议值表

层序	地层名称	承载力 标准值 /kPa	压缩 模量 /MPa	直快 凝聚力 /kPa	直快 内摩擦角 /(°)	固快 凝聚力 /kPa	固快 内摩擦角 /(°)
②	粉质壤土	120	5	22	10.5	24	12
③$_1$	淤泥质粉质壤土	50	3	10	5.5	12	11
③$_2$	层砂层壤	100	5	6.3	18.5	8	20
③$_3$	淤泥质粉质壤土	70	4	14	9	17	15
⑤	重粉质壤土	200	5.5	30	9	25	12
⑥	中细砂	160	8	6	25		

第三工程地质单元各土层力学性质指标建议值表

层序	地层名称	承载力 标准值 /kPa	压缩 模量 /MPa	直快 凝聚力 /kPa	直快 内摩擦角 /(°)	固快 凝聚力 /kPa	固快 内摩擦角 /(°)
②	粉质壤土	130	4.8	26	9.5	24	9
③$_1$	淤泥质粉质壤土	55	3	12	5	15	8
③$_2$	层砂层壤	100	4.5	5	18	6	20
⑤	重粉质壤土	200	6	34	11	26	13
⑦	粉质壤土	130	5.8	22	10	20	16

第四工程地质单元各土层力学性质指标建议值表

层序	地层名称	承载力 标准值 /kPa	压缩 模量 /MPa	直快 凝聚力 /kPa	直快 内摩擦角 /(°)	固快 凝聚力 /kPa	固快 内摩擦角 /(°)
②	粉质壤土	110	4.7	24.0	8.0	23.0	12.0
③$_1$	淤泥质粉质壤土	55	3.0	10.0	5.5	14.0	10.0
③$_2$	层砂层壤	100	4.5	5.5	18.0	6.0	20.0
③$_3$	淤泥质粉质壤土	70	3.3	14.0	6.0	12.0	8.0

第四工程地质单元各土层力学性质指标建议值表

层序	地层名称	承载力标准值/kPa	压缩模量/MPa	直快		固快	
				凝聚力/kPa	内摩擦角/(°)	凝聚力/kPa	内摩擦角/(°)
⑤	重粉质壤土	200	6.5	40.0	11.0	30.0	14.0
⑦	粉质壤土	120	6.0	22.0	10.0	20.0	15.0
⑧	粉质黏土	240	6.5	35.0	11.0		
⑩	粉质黏土	280	7.0	42.0	9.5		

3.3.3.3 主要工程地质问题

本工程的主要工程地质问题是抗滑稳定、渗漏稳定问题,深厚淤泥质土引起的沉降变形以及局部堤段的不均匀沉降问题,另外有因土层的抗冲刷能力差引起的堤岸稳定问题,应引起足够重视。根据对区域内河道堤防的调查,建议分洪道堤防开挖边坡采用(1∶2.5)~(1∶3.5),水下边坡(1∶4.0)~(1∶5.0),并保留一定宽度的滩地,具体设计值应经计算后确定。

3.3.3.4 分洪道堤防工程地质评价

根据堤基地质结构、土层特征以及主要工程地质问题类型与严重程度等因素进行分段,将分洪道左右堤堤基划分为四类:A 类,工程地质条件好,不存在抗滑稳定、抗渗稳定及沉降变形稳定问题;B 类,工程地质条件较好,基本不存在抗滑稳定、抗渗稳定及沉降变形稳定问题;C 类,工程地质条件较差,存在抗滑稳定、抗渗稳定及沉降变形稳定问题,但不严重;D 类,工程地质条件差,存在抗滑稳定、抗渗稳定问题及沉降变形稳定,很严重,建议采取针对性的处理措施。

现有的天然河道,包括青弋江、漳河以及上潮河等,在本区均属老年期河谷,河道弯曲,河床侵蚀作用停止而继之以冲堆积作用,故河床中沉积有较厚的全新世冲堆积地层,结构松软,存在较多工程地质问题。本次规划线路主要利用现有河道,局部截弯取直,大多属 C 类和 D 类。根据上节分类原则,对左右堤轴线纵剖面上地层进行堤基工程地质分类,分洪道左堤总共可以分为 25 段,其中 A 类堤段共 2 段,长 1.125 km,占总长的 2.30%;B 类堤段共 1 段,长 1.213 km,占总长的 2.49%;C 类堤段共 17 段,长 36.421 km,占总长的 74.62%;D 类堤段共 5 段,长 10.05 km,占总长的 20.60%。分洪道右堤总共可以分为 21 段,其中 A 类堤段共 2 段,长 5.941 km,占总长的 12.22%;B 类堤段共 1 段,长 1.068 km,占总长的 2.20%;C 类堤段共 16 段,长 39.00 km,占总长的 80.28%;D 类堤段共 2 段,长 2.571 km,占总长的 5.30%。

堤岸工程地质分类主要综合考虑水流条件、岸坡地质结构、水文地质条件、岸坡现状和险情等,将规划线路划分为四类:A 类,稳定岸坡:岸坡岩土体抗冲刷能力强,无岸坡失稳迹象;B 类,基本稳定岸坡:岸坡岩土体抗冲刷能力较强,历史上基本无岸坡失稳事件;C 类,稳定性较差岸坡:岸坡土体抗冲刷能力较差,历史上曾发生小规模岸坡失稳事件,危害性不大;D 类,稳定性差岸坡:岸坡土体抗冲刷能力差,历史上曾发生岸坡失稳事件,危害性很严重。

根据以上原则对河道进行堤岸工程地质分类,表示在河道中心线工程地质纵剖面上。分洪道沿线堤岸总共可以分为 33 段,其中 A 类堤段共 1 段,长 0.841 km,占总长的 1.78%;B 类堤段共 9 段,长 18.497 km,占总长的 39.10%;C 类堤段共 16 段,长 19.733 km,占总长的 41.74%;D 类堤段共 7 段,长 8.266 km,占总长的 17.48%。

3.3.4 淤泥质土筑堤设计

3.3.4.1 设计基本原则

根据工程区域地形地质条件,结合施工实际情况,利用淤泥质土含量较高的河道疏挖料填筑内外平台应遵循以下基本原则:

(1)堤身部分(堤顶内外侧 1∶3 边坡至地面之间的堤防),该部分填筑土料及填筑要求按照《堤防工程施工规范》要求控制。

(2)三埠管以上加固堤段内外平台可考虑利用河道疏挖料进行内外平台填筑;

(3)三埠管以上部分堤基土层地质条件较好的退建堤段可考虑利用河道疏挖料进行内外平台填筑;跨越古河道、老水塘及堤基淤泥质土层较深厚的退建堤段,该部分堤段堤身及内外平台的填筑土料及填筑要求按照《堤防工程施工规范》要求控制;

(4)新建堤段堤防堤身及内外平台的填筑土料及填筑要求按照《堤防工程施工规范》要求控制;三埠管以上部分堤基地质条件较好的新建堤段,其内外平台可考虑利用河道疏挖料进行填筑。

(5)堤基采用防渗处理措施的堤段,其中 Z0+000～Z0+900 堤段盖重平台宽 100 m,Y0+000～Y1+100、Y10+100～Y11+800 堤段盖重平台宽 80 m,Z5+300～Z7+500、Z12+750～Z14+100、Z19+100～Z19+750、Y3+500～Y4+900、Y7+100～Y8+100 堤段盖重平台宽 50 m。上述堤段盖重平台不能利用河道疏挖料进行填筑,该部分内平台的填筑土料及填筑要求按照《堤防工程施工规范》要求控制。

(6)堤防外坡采用混凝土预制块护坡进行防护的堤段,其外平台的填筑土料及填筑要求按照《堤防工程施工规范》要求控制,该类堤段长度共 9 855 m。

3.3.4.2 淤泥质土筑堤设计范围

根据工程区域地形地质条件,按照利用河道疏挖料填筑内外平台的基本原则,结合施工实际情况,主要涉及三埠管以上堤段,分洪道左岸从进口至三埠管堤段共27 569 m(桩号 Z0+000~Z27+569),分洪道右岸从进口至竹丝港河堤段共 23 080 m(桩号范围 Y0+000~Z23+080)。拟定本次采用淤泥质土含量较高的河道疏挖料设计堤段范围如下:

堤防内外平台可利用河道疏挖料填筑的堤段共 30 515 m,其中左岸堤防 18 390 m(桩号范围为 Z0+950~Z5+300、Z8+310~Z10+500、Z11+570~Z12+750、Z14+100~Z18+300 及 Z19+750~Z26+220),右岸堤防 12 125 m(桩号范围为Y4+900~Z5+490、Y6+340~Z6+900、Y8+100~Z8+990、Y9+860~Z10+100、Y11+800~Z15+355、Y15+765~Z17+875 及 Y18+900~Z23+080)。

仅堤防内平台可利用河道疏挖料填筑的堤段共 7 934 m,其中左岸堤防 3 089 m(堤防桩号 Z7+640~Z8+310、Z10+500~Z11+570、Z26+220~Z27+569),右岸堤防 4 845 m(堤防桩号范围 Y1+250~Y3+350、Y5+490~Y6+340、Y8+990~Y9+860、Y17+875~Y18+900)。

仅堤防外平台可利用河道疏挖料填筑的堤段共 7 020 m,其中左岸堤防 3 220 m(堤防桩号范围为 Z5+300~Z6+520、Z12+750~Z14+100 及 Z19+100~Z19+750),右岸堤防 3 800 m(堤防桩号范围为 Y3+600~Y4+900、Y7+300~Y8+100 及 Y10+100~Y11+800)。

其中,可利用河道疏挖料填筑内外平台的堤段见表 3.15,仅可填筑内平台的堤段见表 3.16,仅可填筑外平台的堤段见表 3.17。

表 3.15 利用河道疏挖料填筑内外平台的堤段

位置	堤防桩号		堤防长度 /m	建设方案
	起	止		
左堤	Z0+950	Z3+920	2 970	新建
	Z3+920	Z5+300	1 380	加固
	Z8+310	Z9+110	800	加固
	Z9+110	Z10+110	1 000	新建
	Z10+110	Z10+500	390	加固
	Z11+570	Z12+750	1 180	加固
	Z14+100	Z18+300	4 200	退建
	Z19+750	Z20+300	550	新建
	Z20+300	Z26+220	5 920	退建

位置	堤防桩号		堤防长度 /m	建设方案
	起	止		
右堤	Y4+900	Y5+490	590	退建
	Y6+340	Y6+460	120	加固
	Y6+460	Y6+900	440	退建
	Y8+100	Y8+990	890	退建
	Y9+860	Y10+100	240	退建
	Y11+800	Y13+910	2 110	退建
	Y13+910	Y14+350	440	加固
	Y14+350	Y15+355	1 005	加固
	Y15+765	Y17+875	2 110	加固
	Y18+900	Y20+085	1 185	新建
	Y20+085	Y22+814	2 729	加固
	Y22+814	Y23+080	266	退建
合计			30 515	

表 3.16　利用河道疏挖料填筑内平台的堤段

位置	堤防桩号		堤防长度 /m	建设方案	备注
	起	止			
左堤	Z7+640	Z8+310	670	加固	外坡预制块护坡
	Z10+500	Z11+570	1 070	加固	外坡预制块护坡
	Z26+220	Z26+360	140	退建	外坡预制块护坡
	Z26+360	Z27+569	1 209	加固	外坡预制块护坡
右堤	Y1+250	Y3+350	2 100	新建	
	Y5+490	Y6+340	850	退建	外坡预制块护坡
	Y8+990	Y9+860	870	新建	
	Y17+875	Y18+900	1 025	新建	
合计			7 934		

表 3.17　利用河道疏挖料填筑外平台的堤段

位置	堤防桩号		堤防长度/m	建设方案	备注
	起	止			
左堤	Z5+300	Z6+520	1 220	退建	盖重宽 50 m
	Z12+750	Z14+100	1 350	加固	盖重宽 50 m
	Z19+100	Z19+750	650	新建	盖重宽 50 m
右堤	Y3+600	Y4+900	1 300	退建	盖重宽 50 m
	Y7+300	Y8+100	800	退建	盖重宽 50 m
	Y10+100	Y11+800	1 700	退建	盖重宽 80 m
合计			7 020		

3.3.4.3　堤防抗滑稳定计算

1. 计算方法

按照《堤防工程设计规范》,采用瑞典圆弧滑动法进行计算。按照拟定的堤身断面,对堤防的抗滑稳定进行计算分析。

2. 代表剖面

根据青弋江分洪道工程地质勘察成果,结合分洪道工程的地质及堤防分布情况,本次设计范围内选取了 8 个剖面(其中两年期、一年期堤段各选取了一个剖面,近期堤段选取了 6 个剖面)进行堤防抗滑稳定复核,其中 PH33 左堤剖面位于南陵大桥至三埠管试验堤段,PH23 右堤属于 2 级堤防。8 个代表剖面的基本情况见表 3.18。

表 3.18　抗滑稳定计算剖面基本情况表

位置	地质剖面	堤防桩号	地质单元	填筑完成时间	建设型式	堤顶高程/m	设计洪水位/m	设计枯水位/m
左堤	PH5 左堤	Z4+085	第一单元	近期	加固	14.83	13.33	5.45
	PH12 左堤	Z9+134	第一单元	近期	新建	14.56	13.06	5.13
	PH23 左堤	Z19+575	第二单元	近期	新建	14.00	12.50	4.47
	PH27 左堤	Z23+080	第二单元	一年期	退建	13.80	12.30	4.24
	PH33 左堤	Z27+488	第二单元	两年期	退建	13.58	12.08	3.97
右堤	PH9 右堤	Y6+115	第一单元	近期	加固	14.72	13.22	5.32
	PH19 右堤	Y14+713	第二单元	近期	加固	14.24	12.74	4.75
	PH23 右堤	Y19+360	第二单元	近期	新建	14.00	12.50	4.47

3. 计算工况

根据《堤防工程设计规范》及工程实际情况,堤防抗滑稳定计算涉及以下工况:

(1) 一级填筑完成(填筑至外坡一级平台高程),河道无水验算堤防迎水坡稳定;

(2) 二级填筑完成(填筑至外坡二级平台高程),河道无水验算堤防迎水坡稳定;

(3) 施工完建期(填筑至堤顶高程),河道无水验算堤防迎水坡稳定;

(4) 正常运行期,设计枯水位验算迎水坡稳定性;

(5) 正常运行期,设计洪水位骤降 3.0 m 验算迎水坡稳定性;

(6) 正常运行期,设计洪水稳定渗流期验算背水坡稳定性。

根据施工加载速率要求,一级填筑完成需 30 天(时间从开始填筑计,下同),二级填筑完成需 90 天,施工完建需 180 天,正常运行期取 420 天。施工期堤顶考虑 1 t 的均布荷载,施工完建期及正常运用时期堤顶考虑通过 10 t 的汽车荷载。

4. 土层物理力学指标

主堤身及堤防内外平台填筑土料的物理力学指标根据地质报告建议值选取。考虑河道疏挖料的主要土料为③₁淤泥质粉质壤土,本次研究根据地质勘察成果,结合施工加载速率要求,对内外平台填土(按③₁淤泥质粉质壤土计算)强度增长进行了分析。

(1) 内外平台填土固结度计算

根据施工加载速率要求,采用一维固结计算方法:

$$\overline{U}_Z = 1 - \frac{8}{\pi^2} e^{-\pi^2 T_V/4} \tag{3.18}$$

$$T_V = \frac{C_V t}{H^2} \tag{3.19}$$

式中:$\overline{U}_Z$ 为竖向排水平均固结度(%);e 为自然对数,可取 e=2.718;T_V 为竖向固结时间因数(无因次);t 为固结时间(s);H 为土层竖向排水距离(cm);C_V 为竖向固结系数(cm²/s),③₁淤泥质粉质壤土层竖向固结系数为 $2.26 \times 10^{-3} \sim 3.0 \times 10^{-3}$ cm²/s。

计算得到不同施工阶段内外平台填土的固结度,具体成果见表 3.19。

表 3.19　堤身内外平台填土固结度计算成果

序号	施工阶段	时间/天	固结度/%
1	一级填筑完成	30	0.10
2	二级填筑完成	120	0.20
3	施工完建	180	0.35
4	正常运行期	500	0.75

（2）内外平台填土物理力学指标

在堆土荷载作用下，随着时间的推移，土体将逐步固结，淤泥质土体力学指标将会提高。计算公式如下：

$$C_t = C_q + U_t \cdot (C_{cq} - C_q) \tag{3.20}$$

$$\mathrm{tg}\varphi_t = \mathrm{tg}\varphi_q + U_t(\mathrm{tg}\varphi_{cq} - \mathrm{tg}\varphi_q) \tag{3.21}$$

式中：U_t 为 t 时刻对应软土的固结度；C_q 为软土快剪试验的黏聚力；C_{cq} 为软土固结快剪试验的黏聚力；φ_q 为软土快剪试验的内摩擦角；φ_{cq} 为软土固结快剪试验的内摩擦角；C_t 为时间 t 时的黏聚力；φ_t 为时间 t 时的内摩擦角。

根据固结度计算成果，内外平台填土固结度-时间关系见图 3.5。

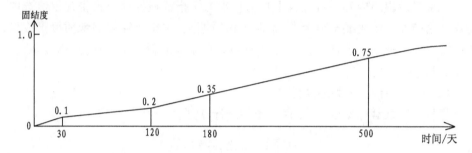

图 3.5　堤身内外平台填土固结度-时间关系图

③₁淤泥质粉质壤土直接快剪和固结快剪指标采用地质勘察成果，根据内外平台填土强度增长趋势，不同工程地质单元各种工况下内外平台填土物理力学指标见表 3.20。

表 3.20　堤身内外平台填土各种工况物理力学指标

项目	第一地质单元		第二地质单元		第三地质单元	
	凝聚力/kPa	内摩擦角/(°)	凝聚力/kPa	内摩擦角/(°)	凝聚力/kPa	内摩擦角/(°)
直接快剪	11	5	10	5.5	12	5
一级填筑完成	11.4	5.5	10.2	6.05	12.30	5.30
二级填筑完成	11.8	6	10.4	6.60	12.60	5.90
施工完建期	12.4	6.75	10.7	7.43	13.05	6.95
正常运行期	14	8.75	11.5	9.63	14.25	9.20
固结快剪	15	10	12	11	15	8

5. 计算成果分析

堤防稳定计算成果见表 3.21，计算剖面临界滑裂面示意图见图 3.6～图 3.13。

由计算成果可知,选取的代表剖面在施工期及正常运行期的各种工况下堤防抗滑稳定安全系数满足规范的要求。

表 3.21　典型剖面堤防抗滑稳定计算成果

堤段	地质剖面	堤防桩号	计算工况	计算值	规范规定值	安全评价	备注
左堤	PH5	Z4+085	一级填筑完成(至 8.5 m)	1.421	1.1	满足	加固堤防,内外平台利用河道疏挖料填筑。
			二级填筑完成(至 12 m)	1.383	1.1	满足	
			完建期无水迎水坡	1.37	1.1	满足	
			运行期设计枯水位迎水坡	1.356	1.2	满足	
			设计洪水位骤降时迎水坡	1.285	1.2	满足	
			设计洪水位背水坡	1.202	1.2	满足	
	PH12	Z9+134	一级填筑完成(至 8.0 m)	1.468	1.1	满足	新建堤防,内外平台利用河道疏挖料填筑。
			二级填筑完成(至 11.5 m)	1.456	1.1	满足	
			完建期无水迎水坡	1.239	1.1	满足	
			运行期设计枯水位迎水坡	1.25	1.2	满足	
			设计洪水位骤降时迎水坡	1.243	1.2	满足	
			设计洪水位背水坡	1.218	1.2	满足	
	PH23	Z19+575	一级填筑完成(至 7.0 m)	1.42	1.1	满足	新建堤防,仅外平台利用河道疏挖料填筑。
			二级填筑完成(至 10.5 m)	1.39	1.1	满足	
			完建期无水迎水坡	1.384	1.1	满足	
			运行期设计枯水位迎水坡	1.368	1.2	满足	
			设计洪水位骤降时迎水坡	1.285	1.2	满足	
			设计洪水位背水坡	1.264	1.2	满足	盖重平台宽 50 m
左堤	PH27	Z23+080	一级填筑完成(至 6.5 m)	1.239	1.1	满足	退建堤防,内外平台利用河道疏挖料填筑。
			二级填筑完成(至 10 m)	1.268	1.1	满足	
			完建期无水迎水坡	1.218	1.1	满足	
			运行期设计枯水位迎水坡	1.205	1.2	满足	
			设计洪水位骤降时迎水坡	1.201	1.2	满足	
			设计洪水位背水坡	1.298	1.2	满足	
	PH33	Z27+488	一级填筑完成(至 6.5 m)	1.185	1.1	满足	退建堤防,内外平台利用河道疏挖料填筑。
			二级填筑完成(至 10 m)	1.195	1.1	满足	
			完建期无水迎水坡	1.144	1.1	满足	
			运行期设计枯水位迎水坡	1.209	1.2	满足	
			设计洪水位骤降时迎水坡	1.202	1.2	满足	
			设计洪水位背水坡	1.201	1.2	满足	

堤段	地质剖面	堤防桩号	计算工况	计算值	规范规定值	安全评价	备注
右堤	PH9	Y6+115	一级填筑完成(至8.5 m)	1.56	1.1	满足	加固堤防,内外平台利用河道疏挖料填筑。
			二级填筑完成(至11.5 m)	1.48	1.1	满足	
			完建期无水迎水坡	1.238	1.1	满足	
			运行期设计枯水位迎水坡	1.205	1.2	满足	
			设计洪水位骤降时迎水坡	1.203	1.2	满足	
			设计洪水位背水坡	1.268	1.2	满足	
	PH19	Y14+713	一级填筑完成(至8.5 m)	1.176	1.1	满足	加固堤防,内外平台利用河道疏挖料填筑。
			二级填筑完成(至11 m)	1.117	1.1	满足	
			完建期无水迎水坡	1.185	1.1	满足	
			运行期设计枯水位迎水坡	1.205	1.2	满足	
			设计洪水位骤降时迎水坡	1.229	1.2	满足	
			设计洪水位背水坡	1.201	1.2	满足	
右堤	PH23	Y19+360	一级填筑完成(至7.5 m)	1.45	1.15	满足	新建堤防(2级堤防),内外平台利用河道疏挖料填筑。
			二级填筑完成(至10.5 m)	1.42	1.15	满足	
			完建期无水迎水坡	1.38	1.15	满足	
			运行期设计枯水位迎水坡	1.399	1.25	满足	
			设计洪水位骤降时迎水坡	1.298	1.25	满足	
			设计洪水位背水坡	1.434	1.25	满足	

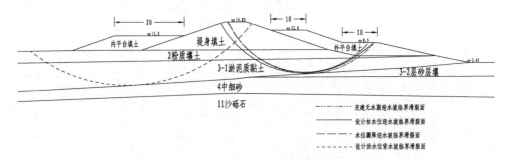

图3.6 PH5剖面(Z4+085)临界滑裂面示意图

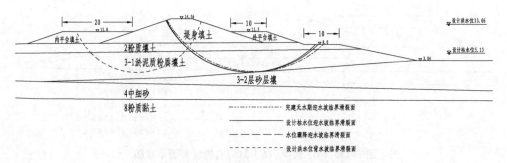

图 3.7 PH12 剖面(Z9+134)临界滑裂面示意图

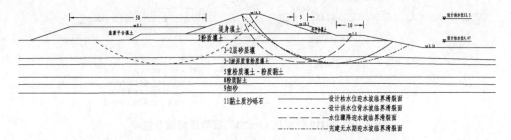

图 3.8 PH23 剖面(Z19+575)临界滑裂面示意图

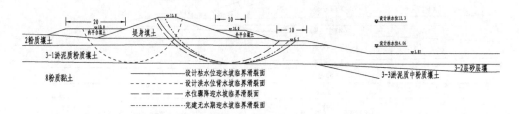

图 3.9 PH27 剖面(Z23+080)临界滑裂面示意图

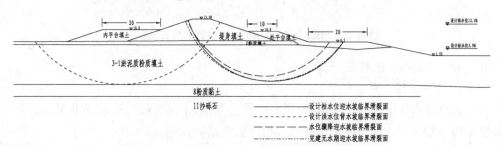

图 3.10 PH33 剖面(Z27+488)临界滑裂面示意图

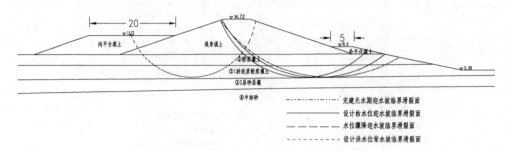

图 3.11 PH9 剖面(Y6+115)临界滑裂面示意图

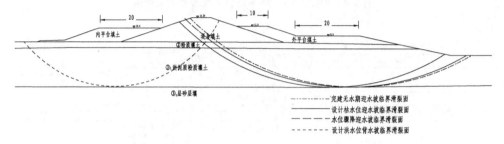

图 3.12 PH19 剖面(Y14+713)临界滑裂面示意图

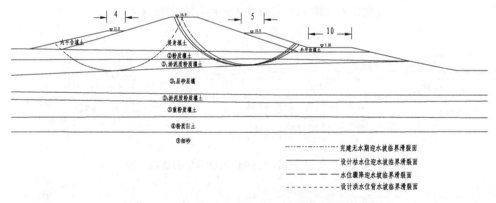

图 3.13 PH23 剖面(Y19+360)临界滑裂面示意图

3.3.4.4 堤基渗流稳定计算

1. 计算方法

渗流计算按平面稳定渗流、土层各向同性考虑,采用有限元法电算求解。渗透稳定的判别采用表层土的出逸坡降和抗浮安全系数控制,即:

$$J \leqslant J_{允} \tag{3.22}$$

$$K = \frac{\sum h_i r'_i}{\Delta H} \geqslant K_{允} \tag{3.23}$$

式中：J 为表层土的实际出逸坡降；$J_允$ 为表层土的允许出逸坡降；h_i 为第 i 层土的厚度（m）；r'_i 为第 i 层土的浮容重（kN/m³）；ΔH 为承压层所承受的渗透压力（kPa）；K 为实际抗浮安全系数；$K_允$ 为允许抗浮安全系数，取 1.50。

2. 代表剖面

结合分洪道工程的地质及堤防分布情况，本次设计范围内选取了 7 个剖面（其中左堤 4 个、右堤 3 个）进行堤防渗流稳定复核。7 个代表剖面的基本情况见表 3.22。

表 3.22　渗流稳定计算剖面基本情况表

位置	地质剖面	堤防桩号	地质单元	建设型式	堤顶高程/m	设计洪水位/m	设计枯水位/m	备注
左堤	PH1 左堤	Z0+341	第一单元	退建	15.03	13.53	5.68	盖重 100 m
	PH9 左堤	Z6+017	第一单元	退建	14.72	13.22	5.32	盖重 50 m
	PH23 左堤	Z19+575	第二单元	新建	14.00	12.50	4.47	盖重 50 m
	PH35 左堤	Z28+290	第二单元	加固	13.55	12.05	3.91	内平台 20 m
右堤	PH7 右堤	Y4+577	第一单元	退建	14.79	13.29	5.41	盖重 50 m
	PH15 右堤	Y11+536	第一单元	退建	14.43	12.93	4.92	盖重 80 m
	PH24 右堤	Y20+104	第二单元	加固	13.96	12.46	4.42	内平台 20 m

3. 计算参数

根据青弋江分洪道工程地质勘察成果，选取计算剖面中 PH1、PH7、PH9、PH15 剖面为第一地质单元，PH23、PH24、PH35 剖面为第二地质单元。计算剖面具体计算参数见表 3.23。计算中，以分洪河道河槽作为上游边界，下游水位取堤后最低处的地面高程（或塘内水位），上游水位取堤防设计洪水位。

4. 计算成果及分析

按照上述计算方法和计算参数，7 个代表剖面渗流稳定计算成果见表 3.24。渗流场等势线示意图见图 3.14～图 3.19。

利用河道疏挖料进行堤防内外平台或外平台的填筑，河道疏挖料按③₁淤泥质粉质壤土考虑，其透水性略小于堤身填土，用于堤防迎水侧外平台的填筑有利于堤防防渗；根据渗流稳定计算成果，代表剖面堤内最大出逸比降小于其表层土的允许出逸比降，抗浮安全系数大于 1.5，渗透稳定满足规范要求。

表 3.23　渗流计算主要参数表

地质单元	地层编号	地层名称	湿容重/(kN/m³)	饱和容重/(kN/m³)	渗透系数/(cm/s)	允许比降
第一单元（PH1、PH7、PH9 及 PH15 剖面）	①	人工填土	19	19.4	6.80E-05	0.4
	②	粉质壤土	19.1	19.4	1.00E-05	0.4
	③₁	淤泥质粉质壤土	18.2	18.5	2.00E-05	0.25
	③₂	层砂层壤	18.9	19.1	2.00E-04	0.1
	③₃	淤泥质粉质壤土	18.8	18.9	1.00E-05	0.3
	④	中细砂	18.5	19.1	7.80E-04	0.15
	⑤	重粉质壤土	19.3	19.5	5.00E-06	0.6
	⑥	中细砂	19	19.3	2.00E-03	0.2
	⑦	粉质壤土	19.5	19.8	1.00E-05	0.4
	⑧	粉质黏土	19.6	19.8	1.00E-06	0.7
	⑨	细砂	19.8	19.85	1.00E-03	0.25
第二单元（PH23、PH24 及 PH35 剖面）	①	人工填土	19	19.4	5.70E-05	0.4
	②	粉质壤土	19.2	19.5	1.00E-05	0.4
	③₁	淤泥质粉质壤土	18.2	18.5	2.00E-05	0.25
	③₂	层砂层壤	18.8	18.9	6.00E-04	0.1
	③₃	淤泥质粉质壤土	18.6	19.1	1.00E-05	0.3
	⑤	重粉质壤土	19.5	19.6	5.00E-06	0.6
	⑥	中细砂			2.00E-03	0.2
	⑦	粉质壤土	19	19.1	1.00E-05	0.4
	⑧	粉质黏土	19.7	19.9	1.00E-06	0.7
	⑨	细砂	19	19.5	1.00E-03	0.3
盖重		50 m 盖重	18.8	19.2	3.00E-05	0.4
		80 m 或 100 m 盖重	18.8	19.2	1.00E-04	0.4

表 3.24　代表剖面渗流计算成果表

位置	地质剖面	提防桩号	水位/m		出逸点高程/m	控制点安全系数 A 点			控制点安全系数 B 点		控制点安全系数 C 点	
			上游	下游		J∥	J⊥	K	J⊥	K	J⊥	K
左堤	PH1 左堤	Z0+341	13.53	6.9	7.22	0.09	0.05	4.8	0.01	>5	0.01	>5
	PH9 左堤	Z6+017	13.23	7.2	7.69	0.35	0.32	2.78	0.21	4.56	0.13	4.56
	PH23 左堤	Z19+575	12.51	6.92	7.45	0.29	0.31	3.2	0.15	>5	0.1	>5
	PH35 左堤	Z28+290	12.05	8.29	8.3	0.06	0.06	>5	0.01	>5	0.01	>5

续表

位置	地质剖面	提防桩号	水位/m		出逸点高程/m	控制点安全系数 A 点			控制点安全系数 B 点		控制点安全系数 C 点	
			上游	下游		J∥	J⊥	K	J⊥	K	J⊥	K
右堤	PH7 右堤	Y4+577	13.29	7	7.32	0.27	0.31	3.45	0.12	>5	0.05	>5
	PH15 右堤	Y11+536	12.93	5.91	5.93	0.11	0.21	3.98	0.08	>5	0.06	>5
	PH24 右堤	Y20+104	12.47	6.43	6.68	0.31	0.21	4.56	0.1	>5	0.04	>5

说明：A 点为堤内脚；B 点为堤后 10 m；C 点为堤后 20 m。

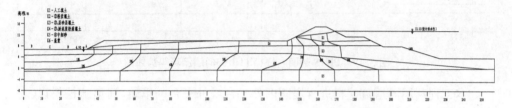

图 3.14　PH1 剖面左堤(Z0+341)渗流场等势线图

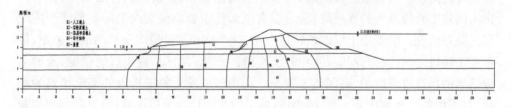

图 3.15　PH9 剖面左堤(Z6+017)渗流场等势线图

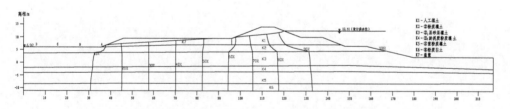

图 3.16　PH23 剖面左堤(Z19+575)渗流场等势线图

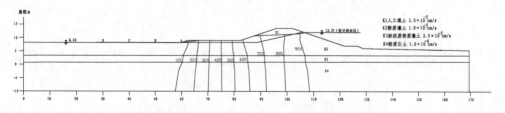

图 3.17　PH33 剖面左堤(Z28+290)渗流场等势线图

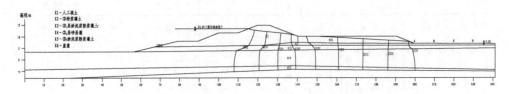

图 3.18　PH7 剖面右堤(Y4+577)渗流场等势线图

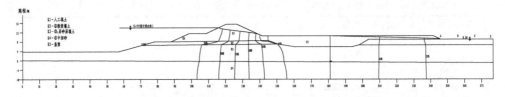

图 3.19　PH15 剖面右堤(Y11+536)渗流场等势线图

本工程利用河道疏挖料进行堤防内外平台或外平台的填筑,河道疏挖料以③₁淤泥质粉质壤土为主,其透水性略小于堤身填土,用于堤防迎水侧外平台的填筑有利于堤防防渗。从稳定复核成果分析,河道疏挖料以③₁淤泥质粉质壤土为主,考虑不同施工阶段填土的强度增长,对堤身抗滑稳定影响最大的仍是堤基淤泥质土层的分布情况。淤泥质土堤防填筑过程中,应严格控制淤泥质土料的加载速率,保证施工阶段之间的时间间隔,防止较大裂缝的产生;对已出现裂缝的情况,及时采取适当的措施进行防护,确保施工安全。利用淤泥质土料进行内外平台填筑的堤段,对于内外平台坡比为 1:3 的边坡,施工过程中可放缓边坡坡比,以利于河道疏挖料填筑土体的稳定,待固结稳定后修整形成最终设计断面。

第4章 | 淤泥质土筑堤施工

4.1 引言

近年来,随着我国社会经济的不断发展,一系列大规模工程的建设施工速度和施工的规模达到了新的高度,其中也包括大量河道治理和疏浚工程。在建设过程中,存在堤防填筑材料短缺和大量疏浚淤泥占用耕地的矛盾。将这些淤泥作为筑堤材料,同时解决了堤防填筑材料短缺和弃土场占用耕地问题。但这些淤泥质土通常具有含水率高、抗剪强度低、压缩性大、渗透系数小、承载力差及高灵敏度等特点,不具备修筑堤防所需的稳定性,极易产生沉降、堤防失稳等问题。对于这类软土,通常可采用水泥土搅拌桩、粉喷桩和旋喷桩等对土料进行固化,也可采用排水固结法,包括堆载预压法、真空预压法及真空-堆载联合预压法等对软土进行处理,以提高土的抗剪强度。但是,上述方法往往存在着工程造价高或不适合大面积的软基处理工程等缺点。而堤防工程往往数十甚至上百千米,采用软土固化或排水固结方法工程量巨大、现场无法实施。本章结合青弋江分洪道工程施工现场实际,总结提炼利用疏浚土料填筑堤防的施工技术、施工工艺和质量保证措施,以期为类似工程提供技术参考。

4.2 一般规定及相关标准

4.2.1 一般规定

(1)堤身结构应经济实用、就地取材、便于施工,并应满足防汛和管理的要求。

(2)堤身设计应依据堤基条件、筑堤材料及运行要求分段进行。堤身各部位的结构与尺寸,应经稳定计算和技术经济比较后确定。

（3）土堤堤身设计应包括确定堤身断面布置、填筑标准、堤顶高程、堤顶结构、堤坡与戗台、护坡与坡面排水、防渗与排水设施等。

（4）通过故河道、堤防决口堵复、海堤港汊堵口等地段的堤身断面，应根据水流、堤基、施工方法及筑堤材料等条件，结合各地的实践经验，经专门研究后确定。

（5）土料、石料及砂砾料等筑堤材料的选择应符合下列规定：

均质土堤（主堤）宜选用亚黏土，黏粒含量宜为 15%～30%，塑性指数宜为 10～20，且不得含植物根茎、砖瓦垃圾等杂质；填筑土料含水率与最优含水率的允许偏差为 ±3%；铺盖、心墙、斜墙等防渗体宜选用黏性较大的土；堤后盖重宜选用砂性土。

（6）土堤的填筑密度，应根据堤防级别、堤身结构、土料特性、自然条件、施工机具及施工方法等因素，综合分析确定。

（7）黏性土土堤的填筑标准应按压实度确定。压实度值应符合下列规定：

① 1 级堤防不应小于 0.94；

② 2 级和高度超过 6 m 的 3 级堤防不应小于 0.92；

③ 3 级以下及低于 6 m 的 3 级堤防不应小于 0.91。

（8）无黏性土土堤的填筑标准应按相对密度确定，1、2 级和高度超过 6 m 的 3 级堤防不应小于 0.65；低于 6 m 的 3 级及 3 级以下堤防不应小于 0.60。有抗震要求的堤防应按国家现行标准《水工建筑物抗震设计规范》（SL 203—1997）的有关规定执行。

（9）溃口堵复、港汊堵口、水中筑堤、软弱堤基上的土堤，设计填筑密度应根据采用的施工方法、土料性质等条件并结合已建成的类似堤防工程的填筑密度分析确定。

4.2.2 相关标准

（1）《堤防工程施工规范》（SL 260—2014）

（2）《堤防工程设计规范》（GB 50286—2013）

（3）《防洪标准》（GB 50201—2014）

（4）《土工合成材料应用技术规范》（GB/T 50290—2014）

（5）《水利水电工程单元工程施工质量验收评定标准——堤防工程》（SL 634—2012）

4.3 主堤身填筑

根据《堤防工程施工规范》（SL 260—2014），土堤填筑主要指土料碾压筑堤。

（1）填筑作业应符合下列要求：

① 地面起伏不平时，应按水平分层由低处开始逐层填筑，不得顺坡铺填；堤防

横断面上的地面坡度陡于 1：5 时，应将地面坡度削至缓于 1：5。

② 分段作业面的最小长度不应小于 100 m；人工施工时段长可适当减短。

③ 作业面应分层统一铺土、统一碾压，并配备人员或平土机具参与整平作业，严禁出现界沟。

④ 在软土堤基上筑堤时，如堤身两侧设有压载平台，两者应按设计断面同步分层填筑。严禁先筑堤身后压载。

⑤ 相邻施工段的作业面宜均衡上升，若段与段之间不可避免出现高差时，应以斜坡面相接。

⑥ 当已铺土料表面在压实前被晒干时，应洒水湿润。

⑦ 用光面碾碌压实黏性土填筑层，在新层铺料前，应对压光层面作刨毛处理。填筑层检验合格后因故未继续施工，因搁置较久或经过雨淋、干湿交替使表面产生疏松层时，复工前应进行复压处理。

⑧ 若发现局部"弹簧土"、层间光面、层间中空、松土层或剪切破坏等质量问题时，应及时进行处理，并经检验合格后，方准铺填新土。

⑨ 施工过程中应保证观测设备的埋设安装和测量工作的正常进行；并保护观测设备和测量标志完好。

⑩ 在软土地基上筑堤，或用较高含水量土料填筑堤身时，应严格控制施工速度，必要时应在地基、坡面设置沉降和位移观测点，根据观测资料分析结果，指导安全施工。

⑪ 对占压堤身断面的上堤临时坡道作补缺口处理时，应将已板结老土刨松，与新铺土料统一按填筑要求分层压实。

⑫ 堤身全断面填筑完毕后，应作整坡压实及削坡处理，并对堤防两侧护堤地面的坑洼进行铺填和整平。

（2）铺料作业应符合下列要求：

① 应按设计要求将土料铺至规定部位，严禁将砂（砾）料或其他透水料与黏性土料混杂，上堤土料中的杂质应予清除。

② 土料或砾质土可采用进占法或后退法卸料，砂（砾）料宜用后退法卸料；砂（砾）料或砾质土卸料时如发生颗粒分离现象，应将其拌和均匀。

③ 铺料厚度和土块直径的限制尺寸，宜通过碾压试验确定；在缺乏试验资料时，可参照表 4.1 的规定取值。

表 4.1 铺料厚度和土块直径限制尺寸表

压实功能类型	压实机具种类	铺料厚度（cm）	土块限制直径（cm）
轻型	人工夯、机械夯	15～20	≤5
	5～10 t 平碾	20～25	≤8

续表

压实功能类型	压实机具种类	铺料厚度(cm)	土块限制直径(cm)
中型	12~15 t 平碾 斗容 2.5 m³ 铲运机 5~8 t 振动碾	25~30	≤10
重型	斗容大于 7 m³ 铲运机 10~16 t 振动碾 5~10 t 加载气胎碾	30~50	≤15

④ 铺料至堤边时,应在设计边线外侧各超填出一定裕量:人工铺料宜为 10 cm,机械铺料宜为 30 cm。

(3) 压实作业应符合下列要求:

① 施工前应先做碾压试验,验证碾压质量能否达到设计干密度值。若已有相似条件的碾压经验也可参考使用。

② 分段填筑,各段应设立标志,以防漏压、欠压和过压。上下层的分段接缝位置应错开。

③ 碾压施工应符合下列规定:

a. 碾压机械行走方向应平行于堤轴线。

b. 分段、分片碾压,相邻作业面的碾压搭接宽度:平行堤轴线方向不应小于 0.5 m;垂直堤轴线方向不应小于 3 m。

c. 拖拉机带碾磙或振动碾压实作业,宜采用进退错距法,碾迹搭压宽度应大于 10 cm;铲运机用作压实机械时,宜采用轮迹排压法,轮迹应搭压轮宽的 1/3。

d. 机械碾压时应控制行进速度,以不超过下列规定为宜:平碾为 2 km/h,振动碾为 2 km/h,铲运机为 2 挡。

④ 机械碾压不到的部位,应辅以夯具夯实,夯实时应采用连环套打法,夯迹双向套压,夯压夯 1/3,行压行 1/3;分段、分片夯实时,夯迹搭压宽度应不小于 1/3 夯径。

⑤ 砂(砾)料压实时,洒水量宜为填筑方量的 20%~40%;中轴砂压实的洒水量,宜按最优含水量控制;压实施工宜用履带式拖拉机带平碾、振动碾或气胎碾。

(4) 采用土工合成加筋材料(编织型土工织物、土工网、土工格栅)填筑加筋土堤时应符合下列要求:

① 筋材铺放基面应平整,筋材宜用宽幅规格。

② 筋材应垂直堤轴线方向铺展,长度按设计要求裁制,一般不宜有拼接缝。

③ 如筋材必须拼接时,应按不同情况区别对待。

a. 编织型筋材接头的搭接长度,不宜小于 15 cm,以细尼龙线双道缝合,并满足抗拉要求。

b. 土工网、土工格栅接头的搭接长度，不宜小于 5 cm(土工格栅至少搭接一个方格)，并以细尼龙绳在连接处绑扎牢固。

④ 铺放筋材不允许有褶皱，并尽量用人工拉紧，以 U 形钉定位于填筑土面上，填土时不得发生移动。

⑤ 填土前如发现筋材有破损、裂纹等质量问题，应及时修补或作更换处理。

⑥ 筋材上可按规定层厚铺土，但施工机械与筋材间的填土厚度不应小于15 cm。

⑦ 加筋土堤压实，宜用平碾或气胎碾，但在极软地基上筑加筋堤时，开始填筑的两层宜用推土机或装载机铺土压实，当填筑层厚度大于 0.6 m 后，方可按常规方法碾压。

⑧ 加筋堤施工，最初二三层的填筑应注意：

a. 在极软地基上作业时，宜先由堤脚两侧开始填筑，然后逐渐向堤中心扩展，在平面上呈凹字形向前推进。

b. 在一般地基上作业时，宜先从堤中心开始填筑，然后逐渐向两侧堤脚对称扩展，在平面上呈凸字形向前推进。

c. 随后逐层填筑时，可按常规方法进行。

4.3.1　工艺流程

堤身土方施工按照工艺流程施工，做到本次工序不合格不得转入下道工序，保证堤防质量。施工工艺流程图见图 4.1。

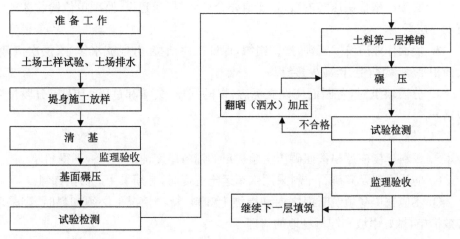

图 4.1　堤身土方施工工艺流程

4.3.2 堤基清理

（1）堤基基面清理范围：迎水坡为设计基面边线外 50 cm，背水坡为设计基面边线外 100 cm。

（2）堤基表层的石块、淤泥腐殖土、杂填土、泥炭及杂物等必须清除干净，并将堤基平整压实。堤基如有房基、孔洞应彻底清除，所有坑洼应按堤身要求分层压实填平。

（3）堤基开挖，清除的弃土、杂物、废渣等，均运到指定的弃渣场堆放，并做好保护措施。

（4）基面清理平整以后，应及时报建设、监理单位验收。基面验收后应抓紧施工；若不能立即施工时，应做好基面保护，复工前应再检验，必要时须重新清理。

（5）在已有堤身上加高培厚时，应将与新土接合的旧堤坡进行表土清除，表土清理厚度为 30～50 cm。

（6）在已有堤身加高培厚施工全过程中，若发现已有堤身存在裂缝、孔洞等危及大堤安全的隐患，应及时向建设、监理、设计等单位报告，并做好记录。经加固处理验收后才允许继续施工。

4.3.3 堤身填筑

堤身土方填筑注意事项：

1. 堤身填筑必须在基础清理及隐蔽工程验收合格后才能进行。堤身各部位的填筑应按设计断面和施工图要求进行施工。

2. 必须严格控制压实参数，压实取样合格后，报送建设、监理单位验收才能铺筑上一层新土。

3. 堤面作业应统一管理，严密组织，保证工序衔接，分段流水作业，层次清楚，大面积平整，均衡上升，减少接缝。

4. 分段填筑时，各断面应设立标志，以防漏压、欠压和过压，上下层分段位置应错开。

（1）铺料

① 铺料厚度应严格按照碾压实验提出的铺料厚度铺料，平整，不得超厚。

② 防渗土料及碎砾石土料采用汽车运土上堤时，必须采用进占法卸料。

③ 不应在堤身填筑断面之内和岸坡上卸料，特许情况下必须卸料时，则采取有效措施，做好岸坡和卸料场地的清理。

（2）堤面洒水

当气候干燥、土层表面水分蒸发比较快时，铺料与压实表面均应适当湿润，以保持最优含水率。

（3）碾压

① 振动碾压实土料时，必须严格按照施工试验选定的施工参数进行，即振动碾重量、碾压行走速度、振动频率、激振力、振幅和碾压遍数（若选用其他任何碾压机具，都必须通过碾压试验选定参数）。

② 振动碾可采用进退错距法压实，机械碾压时应控制行进速度，以不超过 2 km/h 为宜。

③ 碾压时应平行堤轴线方向进行，不宜垂直堤轴线方向碾压。

④ 分段碾压时，相邻两段交接带碾迹应彼此搭接，顺碾压方向搭接长度不小于 0.3～0.5 m，垂直碾压方向搭接宽度应为 1.0～1.5 m。

⑤ 机械碾压不到的部位，应辅以夯具夯实。夯实时采用连环套打法，夯迹双向套压，夯压夯 1/3，行压行 1/3。分段分片夯实时，夯迹搭压宽度应不小于 1/3 夯径。

（4）刨毛

为了保证填筑土层间接合良好，铺土前必须将压实结合层面洒水润湿并刨毛 2 cm 深。

（5）黏性土的铺料与碾压工序必须连续进行。如需短时间停工，其表面风干土层应洒水润湿，保护含水量在控制范围内。如需长时间停工，应根据气候条件铺设保护层，复工时予以清除，并检查填筑面。

（6）如填土出现弹簧土、层间光面、层间中空、松散层或剪切破坏等现象时，应及时报告建设、监理单位，根据具体情况认真处理，经检验合格后，才能继续填筑新土。

（7）填筑面进料运输线路上的松土、杂物及车辆行驶、人工践踏形成的干硬光面，应在铺土前清除或彻底处理。

（8）为保证堤身填筑土料在设计断面内的压实干容重达到设计要求，铺土时内、外堤坡应留有余量，并在护坡施工前按设计断面削坡。削坡后，临近坡面约 30 cm（水平）范围内的设计干容重允许低于设计标准，但不合格干容重不得低于设计干容重的 98%。预留量取决于碾压机具，一般预留 30～50 cm。

（9）在建筑物的轮廓线范围宜用打夯机夯实。

（10）雨季堤身填筑施工应做好雨情预报，雨前用振动碾快速压实表层松土，并注意保持填筑面平整，防止雨水下渗，避免积水。雨后填筑面应进行处理，经检验合格后方可复工。

4.3.4　接缝处理

（1）堤身与堤基、岸坡、刚性建筑物（如水闸等）的接合部位及堤身内的纵横接

缝,必须严格处理,保证接合质量。施工时应符合下列要求:

① 建筑物周边回填土方,宜在建筑物强度达到设计强度 75％的情况下施工。

② 填土前,应清除建筑物表面的乳皮、粉层及油污等,对表面的外露铁件(如固定模板的螺栓等)宜去除,必要时对铁件残余露头用水泥砂浆覆盖保护。

③ 填筑时,必须先将建筑物表面湿润,边涂泥浆,边铺土,边夯实,涂浆高度应与铺土厚度一致,涂层厚宜为 3～5 mm,并应与下部涂层衔接,严禁泥浆干涸后再铺土夯实。制备泥浆应采用塑性指数 IP 大于 17 的黏土,泥浆的浓度可用(1：2.5)～(1：3.0)(土水重量比)。

(2) 堤身内的纵横接缝的设置应符合下列要求:

① 堤身横向接缝的接合坡度不得陡于 1：3。

② 堤身内纵向接缝的接合坡度不得陡于 1：1.5。

(3) 所有堤身接缝的坡面,在填土时必须按下列要求处理:

① 必须配合填土上升,陆续削坡,直到合格层为止。

② 接合面削坡合格后,必须边洒水,边铺土压实。并控制含水率为施工最优含水率的上限。

实践表明,按上述流程及满足下列要求后,堤身质量可达到预期效果。

4.3.5　注意事项

(1) 堤身填筑采用送检土样经试验并符合各项指标的土料,填筑土料含水率与最优含水率的允许偏差为±3％。

(2) 堤身表面不合格土、杂物等必须清除并压实经检验验收合格后方可进行填筑。

(3) 堤身填筑必须符合以下要求:

① 地面起伏不平时,应按水平分层由低处开始逐层填筑,不得顺坡铺填。

② 分段作业面的最小长度不应小于 100 米,人工施工时段长可适当减短。

③ 作业面应分层统一铺土,统一碾压,并配备人员或平土机具参与整平作业,严禁出现界沟。

④ 用光面碾碾压实黏性土填筑层,在新层铺料前,应对压光层面作刨毛处理。填筑层检验合格后因故未继续施工,因搁置较久或经过雨淋干湿交替使表面产生疏松层时,复工前应进行复压处理。

⑤ 若发现局部"弹簧土"、层间光面、层间中空、松土层或剪切破坏等质量问题时,应及时进行处理,并经检验合格后,方准铺填新土。

⑥ 采用重型压实机具,铺料厚度在 300～500 mm 之间,土块直径不大于100 mm。

（4）堤身碾压施工符合以下规定：

① 碾压机械行走方向应平行于堤轴线。

② 分段、分片碾压，相邻作业面的搭接碾压宽度，平行堤轴线方向不应小于 0.5 m，垂直堤轴线方向不应小于 3 m。

③ 振动碾压实作业，宜采用进退错距法，碾迹搭压宽度应大于 0.1 m；铲运机兼作压实机械时，宜采用轮迹排压法，轮迹应搭压轮宽的 1/3。

④ 机械碾压时应控制行车速度，以不超过下列规定为宜：平碾为 2 km/h，振动碾为 2 km/h，铲运机为 2 挡。

⑤ 机械碾压不到的部位，应辅以夯具夯实，夯实时应采用连环套打法，夯迹双向套压，夯压夯 1/3，行压行 1/3，分段分片夯实时，夯迹搭压宽度应不小于 1/3 夯径。

4.4　平台填筑（淤泥质土）

淤泥质土在我国的滨海与河流滩涂地区普遍存在，尤其在辽东湾、渤海湾、黄河三角洲、莱州湾、海州湾、江苏沿海、长江三角洲、浙闽港湾及珠江三角洲等地广为分布。社会的快速发展对土地资源的需求日益增大，水利水电工程、道路工程等建设项目迅速增加，在淤泥质土地基上修筑堤坝等水利水电工程成为今后资源利用的必然趋势，实现淤泥的资源化合理有效利用，对缓解我国近年来日益严重的建设用地紧缺问题有重要意义。在青弋江分洪道工程施工过程中，填筑堤防需要大量土料，而河道疏浚的大量淤泥质土又需要寻找堆场处置。为解决土料和堆场的矛盾，通过典型堤段试验、理论分析和断面优化，对堤防内外平台采用了淤泥质疏浚土料进行填筑。图 4.2 为堤防断面示意图。

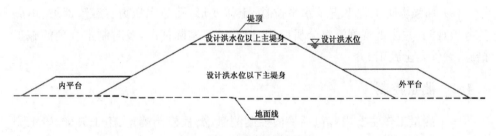

图 4.2　堤防断面示意图

4.4.1　淤泥质土填筑工艺

（1）清基参照 4.3.2 中具体措施实施。

（2）内平台填筑土料为淤泥质土料。填筑时先采用黏性土填筑堤身至平台高程,然后采用自卸车沿堤身内侧坡面倾倒,并采用挖掘机倒运 2～3 次、分层将开挖料铺满内平台,经晾晒、平整、推土机碾压后进行下一层填筑(施工过程中暂不作压实度等指标检测);填筑完成后一般需 3～6 个月后,按照设计断面进行二次碾压、平整。

(3)外平台填筑土料为老堤堤基淤泥质土,圩内滩地或农田疏挖土料。填筑时先采用黏性土填筑堤身至平台高程,然后采用推土机或铲运机直接推送土料至外平台填筑部位,边推送土料边碾压直至填筑高程;填筑完成后一般需 1～3 个月后进行表层碾压、平整。

(4)填筑过程中,应严格控制淤泥质土的加载速率,保证施工阶段之间的时间间隔,防止较大裂隙的产生;对已经出现裂缝的情况,及时采取适当的措施进行防护,确保施工安全。

(5)合理安排施工顺序,先进行河道疏挖形成设计断面,再进行河道两岸堤防的填筑,最大程度减少河道疏挖对堤防的扰动,确保施工安全。

(6)利用淤泥质土填筑的内外平台填筑的堤段,建议在施工完成后 8～9 个月后对表层进行开挖(深度约 0.5 m)再碾压,避免因表层土龟裂而产生裂缝,影响堤防安全。

(7)在堤防河道施工过程中,要精心组合、合理安排。堤内外侧平台禁止堆放大土方量的建筑垃圾,一次堆载厚度也要严格控制,以避免造成边坡失稳。施工运输机械也要合理选择和使用,严格控制上堤机械数量,运输路线合理安排,以免产生不必要的破坏。

(8)当堤防跨越较大的水塘和老河道时,必须采用围堰法干地施工,对设计堤基范围表层进行清理,再根据堤防填筑相关要求分层填筑。

(9)加强堤防工程垂直及水平位移、土体变形、孔隙水压力、裂缝、滑坡、坍塌等各项观测,并注重观测资料分析应用,根据施工实际情况,及时制定合理的施工措施,确保安全施工。

4.4.2　测量控制

施工测量工作主要内容包括平面控制测量、高程控制测量、施工放样、竣工测量以及为了掌握工程进度和施工质量进行的检查、收方计量等测量。

施工控制测量以"分层布网、两级控制"为原则,布设施工控制网,以施工控制网点为基准布设施工辅助导线和临时高程点。

1. 平面控制

(1)平面控制系统布置

平面控制网建立后,定期进行复测。

（2）平面控制网选点、埋设及标志

布设控制网是为了精确控制青弋江分洪道及各建筑物位置，因此控制网布设应遵循以下几点：

① 不受施工干扰、交通便利、基础稳定且便于保存，相邻控制点之间相互通视，便于施工放样的要求。

② 远离大功率无线电发射源（如电视台、电台、微波站等）200 m 以上；远离高压输电线和微波无线电信号传送通道 50 m 以上。

③ 避开有强烈反射卫星信号的地方（如大片水域和大型建筑物等）。

④ 周围便于安置接收设备和操作，视野开阔，视场内障碍物的高度角不超过 15°。

⑤ 相邻控制点之间的距离约 500 m。

2. 高程控制

（1）高程控制系统布置

本工程采用设计院提供的高程系统。

①校核设计院提供的高程控制点，并将复核结果报工程师审核。

②根据设计院提供的控制网各点的水准为基准，布设施工水准、三角高程混合网，结合高程控制将平面控制网布设成三维网。

③在施工区设立高程控制点，布设高程控制网时严格执行规范，选择在不受洪水、施工影响，便于长期保存和使用方便的地点。高程控制点的布置应主要考虑施工放样、地形测量和断面测量的使用。

④经常对高程控制点进行复测。

（2）高程控制网的等级和精度

高程控制网的等级为四等水准测量。

（3）高程控制网的选点和标志

布设高程控制网时，首级网布设成环状网，加密时布设成复合路线或节点网，其点位的选择和标志的埋设遵守下列规定：

①各等级高程点的点位选在不受洪水、施工影响，便于长期保存和使用方便的地点。

②高程点埋设预制标石，利用平面控制点标志设置，各等级高程点统一编号。

（4）高程控制测量手段

高程控制测量采用水准仪进行。

3. 施工测量放样

（1）施工测量放样工作开始之前，应详细查阅工程设计图纸，收集施工区平面与高程控制成果，了解设计要求与现场施工需要，根据精度指标，选择放样方法。

（2）基础开挖、结构物施工等测量措施在施测前，将测量措施报监理工程师批准。

（3）施工测量放样贯穿整个施工过程，施工放样所采用的测量点均以施工控制网点为基础，原则上直接采用首级控制点进行放样。

（4）所有放样点均应有检验条件，现场取得的放样及检查验收资料必须进行复核，确认无误后，方能交付使用。

（5）放样前应根据设计图纸和有关数据及使用的控制点成果，计算放样数据，绘制放样草图，报工程师批准后方可施测。

（6）所有测量资料按规范要求整理，图表、记录簿规范化，各种记录图表的格式遵照监理工程师的要求执行。

4. 测量质量措施计划

（1）严格执行技术规范对测量精度的要求。

（2）根据施工的需要，分阶段将测量质量措施计划报工程师批准。

（3）施工过程测量措施计划的内容包括：平面、高程网各控制点布置图；各控制点坐标表；放样程序、技术措施及要求；数据记录及资料整理制度；测量人员设置、设备配置；仪器检验、校正情况；具体内容执行工程师的要求。

4.4.3 质量保证措施

（1）堤基处理质量

堤防内外平台填筑部位多有腐殖土、杂草、树根、建筑垃圾，填筑前必须将杂草、树根彻底挖出，保证堤基质量。

（2）堤防填筑质量

堤防填筑过程中，采用挖掘机配合推土机进行填筑施工，施工完成经过一段沉降时间，采用环刀法检测土料干密度，根据室内击实试验测得最大干密度，计算土方填筑压实度。

（3）堤防填筑外观质量

堤防填筑完成后，采用挖掘机对边坡进行整理，平台表面采用湿地推土机进行整平，保证内外平台的设计尺寸。外观质量主要采用 GPS 测量法，对成型的堤防断面尺寸按设计断面进行复核，确保施工边线与设计边线一致。

（4）建立健全各级质量责任制，严格实行"三检制"，一般单元由班组施工完毕后先进行自检，合格后再提请专职质检员进行复检，合格后再由终检工程师进行终检验收并评定出自评等级，填写工程报验单，请建筑工程师进行验收并核定质量等级，再进行下道工序施工。

试验、测量仪器使用应建立责任制，仪器定期检查与校正。

4.4.4　试验段施工

为了满足青弋江分洪道工程进度要求,以确保安全度汛,节约土地资源和控制工程造价,最大限度地满足堤身填筑的质量要求,2013 年上半年承建单位开展了淤泥质含量较高、含水量较高的河道开挖料填筑堤防内外平台的试验,选择堤段为南陵渡—三埠管段左岸退建堤段(堤防桩号 Z24＋010～Z27＋569)。

1. 堤身及内外平台划分

南陵渡至三埠管段(H24＋532～H27＋440)左岸堤防为退建堤段,堤顶设计高程 13.73～13.58 m,内平台设计高程 9.0～9.5 m,外平台(迎水侧)设二级平台,设计高程分别为 9.5 m、6.0 m。

堤防的堤身、内平台及外平台的划分按以下原则确定:堤身指堤顶内外侧1∶3 边坡至地面之间的堤防;内平台指堤身往堤内侧(背水侧)部分的堤防;外平台指堤身往堤外侧(迎水侧)部分的堤防。具体见图 4.3。

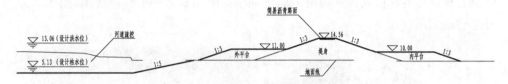

图 4.3　堤身及内外平台划分示意图

2. 施工过程

芜湖市每年 10 月—次年 4 月为非汛期,青弋江分洪道内水位较低。2012 年10 月在南陵渡—三埠管段河道上下游分别修筑施工围堰,排干河道内大部分积水,开挖主排水沟,保持开挖河床无积水,进行旱地开挖。

堤身施工按照《安徽省青弋江分洪道工程河道堤防工程施工技术要求》和相应施工规范进行。堤身填筑料使用原堤土料、地表硬壳层及外调黏性土,堤身严格按照施工规范及技术要求进行分层碾压,控制每层填筑高度、加载速率。具体施工时间为 2012 年 10 月—2013 年 6 月,堤身填筑至堤顶高程 13.6 m。

试验段堤防内平台填筑土料为河道开挖料,采用了"自卸车＋挖掘机"分层(1.5～2.0 m)将河道开挖料填筑至设计高程(一般超高 0.5～1.0 m),每层填筑经晾晒、平整、推土机碾压后进行下一层填筑(图 4.4 为内平台土倒运图)。具体施工时间为 2012 年 12 月—2013 年 5 月,填筑高程约 10 m;2013 年 9—10 月按设计断面进行了二次平整、碾压。图 4.5 为内平台平整碾压图。

图 4.4　内平台土倒运　　　　　　　　　图 4.5　内平台平整碾压

　　试验段堤防外平台采用推土机或铲运机直接将河道开挖料边推送边碾压至设计高程(超高约 0.5 m)。具体施工时间为 2012 年 12 月—2013 年 5 月,1 级、2 级平台填筑高程分别为 10 m、6 m;2013 年 9—10 月进行平整碾压,平整时对部分未达到设计高程的堤段就近从河道内取土补填。图 4.6 为外平台修整,图 4.7 为外平台成型图。

图 4.6　外平台修整　　　　　　　　　　图 4.7　外平台成型

　　3. 内外平台填筑质量评价

　　(1) 外观质量评价

　　堤防填筑结构尺寸符合《安徽省青弋江分洪道工程河道堤防工程施工技术要求》,外观质量基本符合《堤防工程施工质量评定与验收规程》要求。

　　(2) 变形及稳定评价

　　施工过程依据《安徽省青弋江分洪道工程河道堤防工程施工技术要求》控制填筑速率,并分期加高,基本满足《堤防工程施工规范》要求,并且该段堤防为 3 级堤防,对已施工完成的堤段进行内外平台外观检测和定期的沉降变形观测(表 4.2 为南陵桥下游堤防外平台沉降观测记录),至 2016 年 3 月,最大沉降量 0.71 米。试验段内、外平台无滑坡塌陷等现象,断面尺寸无明显变化,堤段处于稳定状态。

表 4.2 南陵桥下游堤防外平台沉降观测记录

桩号	2016 年 3 月高程	2013 年 6 月高程	沉降量(m)
Z24+629	9.80	10.14	0.34
Z24+725	9.63	10.09	0.46
Z24+818	9.57	9.81	0.24
Z25+198	9.46	10.17	0.71
Z25+294	9.44	9.73	0.29
Z25+392	9.98	10.43	0.45
Z25+494	9.94	10.22	0.28
Z25+594	9.39	10.05	0.66
Z25+706	9.80	10.03	0.23
Z25+947	9.76	10.30	0.54
Z26+078	9.47	9.65	0.18

青弋江分洪道试验段施工,利用河道淤泥质粉质壤土土料填筑堤防内、外平台,通过 2013 年 6 月至 2016 年 3 月的沉降观测显示,观测点最大沉降量为 0.71 米。试验段内、外平台无滑坡塌陷等现象,断面尺寸无明显变化,试验段总体处于稳定状态。本研究通过试验段施工,总结提炼了利用河道疏浚土料填筑堤防内外平台的施工技术、施工工艺和质量保证措施,可为类似工程提供技术参考。

第 5 章 | 淤泥质土堤防沉降变形分析

5.1 引言

在我国沿海和内陆地区,软土分布范围广泛,堤防作为主要的防洪工程之一,为人类的发展提供了有效的安全保障。由于堤防建设土料的运输量大,导致工程造价过高,很多工程都采用就地取土的方法进行堤防的填筑,因此在软土分布范围较广的地区,不可避免地需要采用软土作为填筑土料。目前,越来越多的河堤、海堤水利工程等均采用软土进行堤基或堤身的填筑,由于软土特殊的性质,故需要对其进行沉降分析及沉降预测,以保证工程的正常运行。并且,工程上对沉降计算精度的要求也在不断地提高,如何更加准确地计算和预测沉降量,特别是预估沉降与时间的关系,仍然是困扰学者们的一大技术难题。因此,软土堤防沉降预测和计算方法的研究仍是需要不断深入探讨的课题。

5.2 淤泥质土堤防沉降理论及计算方法

5.2.1 淤泥质土堤防沉降理论

5.2.1.1 淤泥质土堤防沉降变形机理

土的沉降是由于土产生变形引起的。土体受到外荷载后产生的变形可分为体积变形和形状变形。土的体积变形主要是由正应力造成的,这种变形只会使土的体积变小,土体压缩变密,而不会造成土体的破坏。土体的形状变形主要是剪应力造成的,若剪应力大于其临界值时即会导致剪切破坏,变形也会继续发展。在实际工程中,这种剪切变形引起的破坏是不允许大面积发生的,不符合工程安全性要求。本章所研究的沉降主要是第一种变形引起的沉降。饱和土体在受到外荷载的作用后,会发生压缩变形,这种现象称之为固结。土作为一种三相体,饱和土的孔隙之间充满水而没有气体,只包含水和土骨架两相。施加于土体的外力由两部分承担,分别为孔隙水压力与有效应力。孔隙水压力包括静水压力和超静孔隙水压力,静水压力在施加荷载之前就已经存在,而超静孔隙水压力则是施加的外部荷载导致孔隙水压力增加的那部分。孔隙水压力与有效应力两者之和统称为总应力,其值保持不变。固结过程中土中水排出,孔隙水压力减小,有效应力增大,固结的整个过程实际上是孔隙水压力向有效应力转换的过程。

黄文熙通过研究土体的压缩性,得到以下结论:(1) 土体中土颗粒的压缩性要远小于孔隙水的压缩性,因此可以不予考虑;(2) 饱和土体中,与土骨架的压缩量相比,孔隙水的压缩量相对较小,对土体固结起决定作用的是土骨架的压缩。实际工程中遇到的压力普遍为 $100 \sim 600 \, \text{kN/m}^2$,土粒本身和土中孔隙水的压缩量不高于土体总压缩量的 1/400,其值可忽略不计。在土体饱和度极高的情况下,孔隙中的气体以封闭气泡的形式出现时才会导致气体压缩变形,此时土中含有的气体极少,因此,排气产生的压缩量在土体总压缩量中所占的比例同样很小,因此可以忽略不计。通过以上分析可知,颗粒重新排列、孔隙流体的流失、粒间距离缩短、气体体积减小以及骨架体发生错动等几项因素的共同作用导致了土体的变形。

5.2.1.2　淤泥质土堤防沉降变形特点

软土具有普通土体不具备的变形特征,主要有以下几点:

(1) 变形量大

软土由于其孔隙比较大,通常大于 1.0,在外力作用下压缩量很大。一些地区的软土含水量达到 60% 甚至更高,若孔隙比大于 1.5,压缩量则会更大。而含水量高达 200%～500% 的泥炭类软土,一旦有外力作用,土中的水就会从孔隙中排出,土体压缩量很大。

(2) 固结时间长

组成软土的土粒主要成分是黏粒,虽然软土的孔隙比较大,但黏粒的单个孔隙却很小,导致水分难以在孔隙中流通,从而软土的渗透性相对较低。饱和软土受到外力后,土中的水无法在短时间内排出,其变形也十分缓慢。

(3) 侧向变形大

相对于一般土体,软土的侧向变形会大很多,在同样的条件下,软土的泊松比要大于一般的土。饱和的软土在受到外部荷载的初期,软土内的水无法及时排出,于是土体积不会发生收缩,从而土体由侧向向外挤出,并且侧向膨胀导致的体积变形与竖向沉降导致的体积变形基本一致,即泊松比约为 0.5。之后,随着土中孔隙水的排出,土体的体积收缩变形,而竖向的沉降继续发生,软土侧向收缩则相对较小,其泊松比一般小于 0.5,甚至达到 0.3 以下。

大量实际工程的现场沉降观测数据表明,软土地基的沉降变化基本上都经历了产生、发展、稳定、极限这四个过程。

产生阶段:在施加荷载初期,地基中土体处于弹性阶段,孔隙水还没有排出,土体主要发生侧向变形,从而导致瞬时剪切变形,随着荷载的增加,地基沉降曲线呈线性变化。

发展阶段:当地基上部荷载继续增加,并且随着时间的推移,孔隙水逐渐被排出,地基土逐渐被压密,产生体积压缩变形,继而土体进入弹塑性阶段,土体沉降变形的速率越来越大。

稳定阶段:当外部荷载稳定后,孔隙水压力接近于完全消散,有效应力趋于最大,此时地基的固结沉降过程还在继续发生,基本进入次固结沉降阶段,沉降速率越来越小。

极限状态:当时间足够长时,地基不再发生沉降变形,固结沉降将达到极限状态,此时的沉降速率为零,对应的沉降值即为地基的最终沉降量。

5.2.1.3 淤泥质土堤防沉降的组成

与一般的软土地基相同,淤泥质土堤防的沉降同样分为初始沉降(也称瞬时沉降)、主固结沉降以及次固结沉降三部分,见图5.1。

(1)初始沉降(瞬时沉降)

初始沉降是指土体在附加应力作用下产生的瞬时变形。对于饱和的软黏土地基,初始沉降是由于土体发生了侧向变形。初始沉降又称为瞬时沉降,瞬时沉降不会

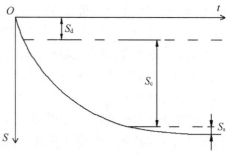

图 5.1 淤泥质土堤防沉降组成

导致土中孔隙水的排出,但这并不意味着可以将软土看成线弹性体而认为其沉降是在瞬间完成的。影响土体瞬时沉降量的原因有很多种,其中最主要的影响因素是填土的加荷方法和加荷时间,这是因为在不同的加荷时间段,土体中的有效应力会随着土体的固结过程不断变大,其变形模量也会变大。假设采用一次瞬时加荷方式,而不是采用分级加载,则前者的初始沉降要远大于后者。

(2)主固结沉降

荷载作用下由于地基土产生了超静孔隙水压力,因此导致了主固结沉降,超静孔隙水压力随着时间的延长将逐渐消失,孔隙中的水慢慢排出,并且地基土的体积不断减小,因此地表发生沉降,我们称之为地基土的主固结沉降。若地基土类型为饱和软黏土,则固结沉降在总沉降量中起主要作用。固结变形的持续时间主要由地基土层厚度、排水条件以及土体固结系数等因素决定。

（3）次固结沉降

次固结沉降阶段，土的有效应力已趋于定值，应力不变，但应变仍在变化，即随着时间的推移土体积仍在变化。实际上，在次固结沉降阶段，土体中仍有很小的超孔隙压力，使得孔隙水仍在流动。但是，土体的次固结是个十分缓慢的沉降过程，因此水的流动几乎可以忽略不计，土中超孔隙压力也可忽略不计。所以，次固结过程中孔隙水的流速对次固结变形没有影响，土层的厚度变化也不会导致次固结沉降变化。严格来说，瞬时沉降、固结沉降和次固结沉降是一直存在的，并不是独立的分阶段存在的。它们都是在工程荷载施加的时候就已经存在，只是在不同的阶段以某一种沉降变形为主而已，并且不同工程特性的土体在这三个过程的沉降数值和沉降曲线变化规律均不同。

5.2.2　淤泥质土堤防沉降计算方法

5.2.2.1　软土沉降的传统理论计算方法

1. 瞬时沉降计算方法

国内外学者建立了经验关系式直接计算瞬时沉降，主要有：

（1）在日本，工程上计算瞬时沉降时主要依据《高等级公路设计规范》：

$$S_d = \frac{1}{100} A \rho H \tag{5.1}$$

式中：A 的取值范围为 $12.4 \sim 0.44 E_{qu}$，cm^3/g；ρ 为填筑土料的密度，g/cm^3；H 为路堤填筑高度，cm；E_{qu} 为由无侧限抗压试验得到的弹性模量的平均值（分层厚度的加权平均），MPa。

（2）我国的《公路软土地基路堤设计与施工技术规范》采用式（5.2）计算：

$$S_d = F \frac{PB}{E} \tag{5.2}$$

式中：P 为路堤底面中点的最大垂直荷载；E 为无侧限抗压试验得到的弹性模量的平均值（分层厚度的加权平均）；F 为中线沉降系数；B 为荷载有效宽度。

逐渐加荷条件下的瞬时沉降：

$$S_d' = S_d \frac{P_t}{\sum \Delta P} \tag{5.3}$$

式中：S_d' 为计算时刻 t 的累计荷载下的瞬时沉降；P_t 为 t 时的累计荷载；$\sum \Delta P$ 为总的累计荷载。

目前瞬时沉降计算方法主要有三种：根据土体的不排水变形模量计算的线弹

性理论法、应力路径法和根据三轴不排水试验的归一化曲线计算方法。应力路径法由 Lambe 等人提出,计算时考虑了加载方式和加载速率对瞬时沉降的影响,但该法过多地依赖于室内试验,且试验的工作量很大,同时对土工试验的技术要求很高,对于追求施工效率的工程不太适合。

2. 主固结沉降计算方法

(1) 分层总和法

在地基最终沉降量计算中常用到分层总和法,该方法的特点就是在特定的假设条件下,通过将地基土进行分层(具体划分层数依照现场土层分布、土的工程性质、地下水位等而定),计算每层地基土的垂直压缩量,它们的总和就是地基最终沉降量。以下为不同假设条件下的分层总和法分类:

①单向压缩法

单向压缩法,即在计算过程中,假设土体为弹性且在完全侧限条件下发生沉降变形,只考虑土体的竖向变形,忽略土体的侧向变形,在计算得到划分土层每层地基土的竖向变形后,将它们相加得到的总和即为地基最终沉降量:

$$S_c = \sum_{i=1}^{n} \Delta S_i = \sum_{i=1}^{n} \varepsilon_i H_i \tag{5.4}$$

式中:ΔS_i 为第 i 层的压缩量;ε_i 为第 i 层土在侧限条件下测得的压缩应变;H_i 为第 i 层的厚度。

根据侧限压缩指标,式(5.4)的形式可以改成下面几种:

$$S_c = \sum_{i=1}^{n} \frac{e_{1i} - e_{2i}}{1 + e_{1i}} H_i \tag{5.5}$$

式中:e_{1i} 为根据第 i 层土的自重应力平均值在土的压缩系数曲线上对应的土体孔隙比;e_{2i} 为根据第 i 层土的自重应力平均值和附加应力平均值在压缩曲线上对应的土体孔隙比;H_i 为第 i 层的厚度。

$$S_c = \sum_{i=1}^{n} \frac{a_i(p_{2i} - p_{1i})}{1 + e_{1i}} H_i = \sum_{i=1}^{n} \frac{a_i \Delta p_i}{1 + e_{1i}} H_i \tag{5.6}$$

式中:a_i 为第 i 层土的压缩系数,MPa^{-1};p_{1i} 为第 i 分层土上下层面自重应力平均值,kPa;Δp_i 为上下层面附加应力值的平均值,kPa;$p_{2i} = p_{1i} + \Delta p_i$;其他符号意义同式(5.5)。

或:

$$S_c = \sum_{i=1}^{n} \frac{\Delta p_i}{E_{si}} H_i \tag{5.7}$$

式中：E_{si} 为第 i 层土的压缩模量，MPa。

或：

$$S_c = \sum_{i=1}^{n} m_{vi} \Delta p_i H_i \tag{5.8}$$

式中：m_{vi} 为第 i 层土的体积压缩系数。

②规范法

规范法，即《建筑地基基础设计规范》推荐的地基沉降计算方法，又称应力面积法，也是分层总和法的一种。其计算步骤如下：

$$S_c = \psi_s S_c' = \psi_s \sum_{i=1}^{n} \frac{p}{E_{si}} (z_i \bar{\alpha}_i - z_{i-1} \bar{\alpha}_{i-1}) \tag{5.9}$$

式中：S_c' 为 n 层土竖向压缩量总和；ψ_s 为经验系数；p 为对应荷载标准值的基础底面附加压力，kPa；E_{si} 为第 i 层土的压缩模量 MPa，按实际应力范围取值；z_i, z_{i-1} 分别为第 i 层土底面和顶面距基础底面距离，m；$\bar{\alpha}_i, \bar{\alpha}_{i-1}$ 分别为第 i 层土底面和顶面的平均附加应力系数，可查规范附录。

③黄文熙三维压缩法

黄文熙在广义虎克定律的基础上提出的地基沉降计算方法，特点是考虑了地基土的侧向变形，缺点是没有考虑地基土的瞬时沉降。其计算步骤如下：

$$\varepsilon_z = \frac{1}{E} [\sigma_z - \mu(\sigma_z + \sigma_y)] = \frac{1}{E} [(1+\mu)\sigma_z - \mu\Theta] \tag{5.10}$$

式中：$\Theta = \sigma_x + \sigma_y + \sigma_z$。

在球应力张量作用下土体体积应变为

$$\varepsilon_v = \frac{1-2\mu}{E} \Theta = \frac{e_1 - e_2}{1 + e_1} \tag{5.11}$$

式中：e_1 和 e_2 分别为压缩前和压缩后的孔隙比；μ 为地基土的泊松比；E 为弹性常数。

由上式可得

$$E = (1 - 2\mu) \frac{1 + e_1}{e_1 - e_2} \Theta \tag{5.12}$$

代入式(5.10)，得

$$\varepsilon_z = \frac{1}{1 - 2\mu} \left[(1+\mu) \frac{\sigma_z}{\Theta} - \mu \right] \frac{e_1 - e_2}{1 + e_1} \tag{5.13}$$

或

$$\varepsilon_z = K \cdot \frac{e_1 - e_2}{1 + e_1} \tag{5.14}$$

$$K = \frac{1}{1 - 2\mu}\Big[(1 + \mu)\,\frac{\sigma_z}{\Theta} - \mu\Big] \tag{5.15}$$

采用分层总和法计算沉降时,沉降计算式为:

$$S = \sum_{i=1}^{n} K_i \cdot \frac{e_{1i} - e_{2i}}{1 + e_{1i}} \cdot H_i \tag{5.16}$$

式中:H_i 为第 i 层土的厚度,m;e_{1i} 和 e_{2i} 分别为压缩前和压缩后土体的孔隙比;K_i 为修正系数,表达式见式(5.15)。

④压缩层厚度的确定方法

在使用分层总和法对地基沉降量进行计算时,首先需要对地基压缩层的厚度进行确定。在工程设计中,压缩层厚度往往通过控制应变(位移场)或控制应力(应力场)的方法进行确定。具体确定方法如下。

《建筑地基基础设计规范》中按照下面的方法来确定沉降计算的深度。

由深度 z_n 处向上取表 5.1 规定的计算厚度 Δz 所得的压缩量 $\Delta S_n'$ 不大于 z_n 范围内总的压缩量 S' 的 2.5%,即满足式(5.17)的要求(包括考虑相邻荷载影响)。

$$\Delta S_n' \leqslant 0.025 \sum_{i=1}^{n} \Delta S' \tag{5.17}$$

若由上式确定的深度 z_n 以下还存在软土层,还需要向下计算,计算到软土层的压缩量满足式(5.17)为止。

当没有相邻的荷载影响时,且基础宽度范围在 1~50 m 之间,则基础中点的地基沉降深度可通过式(5.18)确定。

$$z_n = B(2.5 - 0.4\ln B) \tag{5.18}$$

式中:B 为基础的深度,m。

表 5.1　计算厚度 Δz 的值

$B \leqslant 2$	$2 < B \leqslant 4$	$4 < B \leqslant 8$	$8 < B \leqslant 15$	$15 < B \leqslant 30$	$B > 30$
0.3	0.6	0.8	1.0	1.2	1.5

不难看出,上述的分层总和法均未考虑土体的侧向变形,只考虑其竖向变形。这种方法简单明了,思路清晰,且计算所需的各种参数容易得到,因此,此类方法在工程中运用十分广泛。然而,实际工程中地基土在受到附加应力之后,其土体变形

情况往往很复杂,例如当软土层厚度大于深厚软黏土地基上建筑或公路基础尺寸时,土体侧向变形对沉降的影响非常大。因此在考虑侧向变形的沉降计算时,需对沉降量进行修正。二维和三维沉降计算方法主要有以下几种方法:

(2) Skempton-Bjerrum 法

Skempton 与 Bjerrum(1957)推导出计算最终固结沉降的公式:

$$S_c = \int_0^H m_v \Delta u \, \mathrm{d}z = \rho \int_0^H m_v \Delta \sigma_1 \, \mathrm{d}z \qquad (5.19)$$

式中:m_v 为体积压缩系数;Δu 为由于附加主应力 $\Delta\sigma_1$ 和 $\Delta\sigma_3$ 引起的孔隙水压力;ρ 为系数,其表达式为:

$$\rho = \frac{\int_0^H m_v \Delta\sigma_1 \left[A + \dfrac{\Delta\sigma_3}{\Delta\sigma_1}(1-A) \right] \mathrm{d}z}{\int_0^H m_v \Delta\sigma_1 \, \mathrm{d}z} \qquad (5.20)$$

式中:A 为孔隙水压力系数。

(3) 应力路径法

20 世纪六十年代,Lambe 首次提出了应力路径法来计算地基沉降,该方法的特点是考虑了地基土体的应力路径,兼顾考虑了初始地基沉降以及主固结沉降,计算得到的地基沉降结果更接近实际值。应力路径法又分为以下两种。

第一种是采用室内试验模拟现场有效应力路径法,该方法在地基土非线性变形的基础上,可以尽可能充分考虑土体的实际应力历史对土体变形的影响。但是在地基沉降计算过程中,计算得到的应力路径仍然与实际地基土的应力路径有一定程度的差异,这与试验条件不能完美模拟实际地基土体应力历史以及环境等有关。

第二种是应变等值线法。这种方法需要进行大量的三轴固结不排水剪切试验,并绘制等轴向应变图,根据图上各曲线计算沉降。

3. 次固结沉降计算方法

土体的次固结沉降是由土的流变性质引起的。其沉降计算可采用式(5.21)进行:

$$S_s = \sum_{i=1}^n \frac{C_{ai}}{1+e_{0i}} H_i \lg \left(\frac{t}{t_1} \right) \qquad (5.21)$$

式中:C_{ai} 为第 i 层土次固结系数,其大小与土的类别有关,在缺乏试验资料时,按经验公式取为 $C_{ai}=0.018w$,w 为含水率;e_{0i} 为第 i 层土初始孔隙比;H_i 为第 i 层土的厚度;t_1 为第 i 层土次固结变形开始产生的时间;t 为计算所求次固结沉降 S_s 产生的时间。

5.2.2.2 软土沉降的数值计算方法

随着科学技术水平的不断提高和工程建设规模的不断扩大,在土木建筑、水利工程和路桥工程中,软土地基沉降量大小和堤防稳定性等力学问题变得十分复杂。这些问题已很少能用数学方法求得精确解或通过模拟试验得到定量解。原因是边界条件非常复杂和非均质、非线性导致了偏微分方程的变系数,单一的数学方法难以求解。而大多数课题需要借助于计算机和计算数学用数值分析的方法求出近似解。这些方法可归纳成如下 5 种形式:差分法、有限元法、边界元法、变分法和加权余量法。目前用于软土地基沉降量分析的数值方法主要是差分法、有限元法和边界元法。其发展趋势是将有限元法与差分法或与边界元法相结合,以期发挥各种方法的优越性。

1. 差分法

差分法解土工问题就是将研究区域用差分网格离散,对每一个节点通过差商代替导数把问题的微分方程转化为差分方程。然后结合初始条件和边界条件,求解线性方程组得到数值解。使用这种方法必须注意边界条件的变化(渗水或不渗水边界),同时注意固结系数的选取,应用到平面或轴对称问题时需要加以校正。

以平面问题为例,差分法可得到所研究平面内在各个时间的孔隙压力 u 的分布,因此可以导出初始沉降 S_d、总沉降 S_t 和主固结沉降 S_c。由于土的竖向应变为:

$$\varepsilon_z = \frac{1+\mu}{E}\left[(1-\mu)(\sigma_z-\mu)-\mu(\sigma_x-\mu)\right] \tag{5.22}$$

故地基中某一铅垂线的沉降(有效压缩厚度 H)为

$$S_d = \int_0^H \frac{(1+\mu)}{E}\left[(1-\mu)\sigma_z-\mu\sigma_x\right]\mathrm{d}H \tag{5.23}$$

该式采用不排水指标,$E=E_u$,$\mu=0.5$,所以孔隙压力 $u=0$,用总应力计算总沉降为

$$S_t = \int_0^H \frac{(1+\mu)}{E}\left[(1-\mu)(\sigma_z-\mu)-\mu(\sigma_x-\mu)\right]\mathrm{d}H \tag{5.24}$$

故主固结沉降为 $S_c=S_t-S_d$。

2. 有限元法

用有限元法解土工问题就是将研究区域离散成有限数目的区域单元,对每个单元通过变分等方法把微分方程转化成有限元方程,然后结合初始条件和边界条件求解线性方程组得到问题的数值解。它的突出优点在于可以用于解非线性问题,易于处理非均质材料和适用各种复杂的边界条件。由于土的性质极为复杂,要

想找到一种土的理想的应力-应变模型至少目前难以办到。十几年来,学者们建议采用的应力-应变数学模型不下上百种,归纳起来可分为两大类:一类是弹性模型,另一类是弹塑性模型。

(1) 弹性有限元法

土的弹性应力-应变数学模型包括线性和非线性弹性模型两种。线性弹性模型是假设土的应力-应变成正比,强度是无限的。因此用该模型计算软土地基的位移和沉降,只适用于不排水加荷情况,并且对破坏要有较大的安全系数,一般不发生屈服的情况。实际上土体中的应力状态都可能发生屈服,其应力-应变的关系是非线性的。典型的非线性弹性模型是 Duncan-Chang 的双曲线模型。

(2) 弹塑性有限元法

土的弹塑性模型是土力学中正在发展的一个研究领域。土的弹塑性模型是建立在增量塑性理论的基础上,它将土的应变 ε_{ij} 分为可以恢复的弹性应变 ε_{ij}^e 和不可恢复的塑性应变 ε_{ij}^p 两部分,即:

$$\varepsilon_{ij} = \varepsilon_{ij}^e + \varepsilon_{ij}^p \text{ 或 } d\varepsilon_{ij} = d\varepsilon_{ij}^e + d\varepsilon_{ij}^p \tag{5.25}$$

弹性应变增量 $d\varepsilon_{ij}^e$ 可用弹性理论计算,塑性应变增量 $d\varepsilon_{ij}^p$ 可用增量塑性理论求解。土的弹塑性计算模型一般分为理想塑性和硬(软)化塑性模型两种。除线弹性模型外,其他模型均需要土的抗剪强度指标,同时也要知道地基的初始应力。因此需要预先估计原位的侧压力系数值。为了得到初始的沉降量,在进行有限元分析时应假定完全不排水,并采用土的不排水应力-应变性质,采用排水变形特性参数和有效应力分析求得最终沉降量。

3. 边界元法

边界元法是把物理课题所属区域上积分转化为区域边界上的积分,并利用离散技术求解边界积分方程的数值解,由于边界元的系数矩阵是满阵,导致计算存储量较大,未必能节省计算时间,处理非线性问题的不方便性等,致使目前边界元在处理固结问题上进展不大。半解析方法是由赵维炳提出,用解析法计算孔隙水压力、用边界元数值求解位移的一种方法,能较好地解决黏弹性砂井地基固结问题。

5.2.2.3　概率统计分析法

土工试验测得的各类参数数值波动较大,施加的外部荷载类型繁多,以及描述土体应力-应变关系的计算模型并不是十分严谨,诸如此类的原因使得无法准确地通过数值分析方法计算出沉降量。因此可以引入概率统计这一数学理念,基于大量的实际工程资料,将影响沉降的因素如土的上部荷载、土的力学参数等通过统计分析,得出相对应的分布函数。再将这些函数反代入沉降计算公式,计算出土层最终的沉降量。这种方法的本质是采用数学公式将工程上无法确定的沉降影响因素

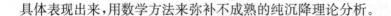

具体表现出来,用数学方法来弥补不成熟的纯沉降理论分析。

5.3　淤泥质土堤防沉降预测方法

沉降分析一直是软土工程设计和施工过程中不可或缺的技术问题。为了保证堤防堤基施工后沉降满足安全稳定性,需要准确计算沉降。根据计算原理可以将预测方法分成两类:即纯理论沉降预测计算方法和基于前期实测沉降数据预测后期沉降。

5.3.1　纯理论沉降预测计算方法

在进行堤防的沉降预测时,只要能够通过各种土工试验确定出相应土层的各物理力学参数,并采用已有的各种沉降固结理论及其延展开的计算公式和数值分析方法,就能够很好地预测出堤防的沉降值。大致分为两种,一种是采用有限元方法进行计算,即依据已有的土的固结理论和本构关系,建立对应的土体模型,并根据工程现场实际监测出的沉降数据反分析出土的工程计算参数,并对计算结果进行优化,最后,将优化后的土的参数代入已经建立的模型中,进行堤防堤基的沉降分析。这种方法的力学意义十分明确,但其计算方法比较复杂,工作量较大,一般不用于实际工程中。第二种方法是基于太沙基一维固结理论来预测路基的沉降,这种方法简单明了,在工程中经常用来预测堤基的沉降。但在实际的堤防工程中,堤基土体的变形基本是二维、三维的,因此上述方法并不严谨,计算出的误差较大。

5.3.2　基于实测沉降资料的沉降预测方法

目前,根据实测沉降资料进行沉降预测的方法越来越多,并且随着科学技术水平的不断提高,借助于计算机进行沉降预测已很常见。比较传统的曲线拟合法都是静态的预测方法,随着研究的不断深入,学者们又提出了动态的预测沉降的方法,比如:灰色模型法、人工神经网络法等,这些方法均采用理论与计算机编程相结合,更加的方便快捷,且经过工程实际证明了其预测的精确性。

由于淤泥质土自身特殊的工程特性,使得在外部荷载的作用下,淤泥质土堤防的沉降一般较大,并且影响淤泥质土堤防沉降的因素较多,主要包括:

(1) 土层参数数值波动较大;

(2) 土体成分较一般土质复杂,含有有机质;

(3) 工程处理土料方法多样,施工工艺不同,对沉降均有影响;

(4) 传统的地基沉降计算方法存在较大偏差。

由上述的影响因素可知,目前已知的沉降理论无法考虑到上述的所有因素。正是由于淤泥质土的特殊工程性质,导致土的固结和压缩过程变得相当复杂,它的一些参数也无法准确测定,从而造成工程实例的理论计算数据和实测数据一般都存在误差,甚至造成的误差很大,无法用于实际工程预测。因此,利用前期现场实测的沉降资料进行后期沉降预测就显得十分重要。实践表明,采用传统的固结沉降理论公式无法准确计算出淤泥质土堤防的沉降,且对其施工过程及工后的变形规律的分析也是比较困难的,而根据前期现场实测沉降资料拟合出堤防的沉降曲线,来确定淤泥质土堤防的沉降变形规律和最终沉降量,是目前比较常用的沉降分析方法。这种根据前期数据进行曲线拟合预测后期沉降的预测方法已经比较成熟,在实际工程中,用途最广泛的是曲线拟合法,主要包括下面几种预测曲线:指数曲线、双曲线、对数曲线、S 型曲线等等,这些方法都是静态的预测方法。基于系统理论和先进的大型计算软件的出现,国内外学者研究出了大量的动态的沉降预测方法,如灰色模型、人工神经网络法、参数反演、遗传算法等。这些预测沉降方法的本质是将各种影响地基沉降变形的因素隐藏在实际的沉降过程中,从前期实测的沉降数据中探寻沉降的变化规律,从而避免考虑诸如土体特性、荷载特性等影响沉降的复杂条件。

5.3.2.1 双曲线法

双曲线法是根据经验得到的曲线配合方法,由于实测沉降曲线与双曲线相接近,因此采用双曲线法后,可以通将曲线外延来求得任一时刻的沉降量。一般采用的经验公式为:

$$S_t = S_0 + (S_\infty - S_0) \frac{t - t_0}{a + t - t_0} \tag{5.26}$$

式中:S_0 为 t_0 时刻对应的沉降量;S_t 为 t 时刻对应的沉降量;S_∞ 为最终沉降量;a 为待定参数。

假设 $S' = S - S_0$,$t' = t - t_0$,$S'_\infty = S_\infty - S_0$,代入式(5.26)中可得:

$$S' = S'_\infty \frac{t'}{a + t'} \tag{5.27}$$

$n+1$ 次观测数据 (t_0, S_0),(t_1, S_1),$\cdots$,(t_n, S_n),得到以 a',b' 为未知量的矩阵:

$$\begin{bmatrix} \left(\dfrac{t'}{s'}\right)_1, & \left(\dfrac{t'}{s'}\right)_2, & \cdots, & \left(\dfrac{t'}{s'}\right)_n \\ 1, & 1, & \cdots, & 1 \end{bmatrix}^T [a', b']^T = [t'_1, t'_2, \cdots\cdots t'_n]^T \tag{5.28}$$

采用最小二乘法解(5.28)可得

$$\begin{cases} a' = \left[n \sum \left(\dfrac{t'}{s'}\right)_i t'_i - \sum t'_i \sum \left(\dfrac{t'}{s'}\right)_i \right] / \zeta \\ b' = \left[n \sum \left(\dfrac{t'}{s'}\right)_i^2 \sum t'_i - \sum \left(\dfrac{t'}{s'}\right)_i \sum \left(\dfrac{t'}{s'}\right)_i t'_i \right] / \zeta \\ \zeta = n \sum \left(\dfrac{t'}{s'}\right)_i^2 - \left[\sum \left(\dfrac{t'}{s'}\right)_i \right]^2 \end{cases} \tag{5.29}$$

则可得

$$\begin{cases} a = -b' \\ S_\infty = a' + S_0 \end{cases} \tag{5.30}$$

式(5.30)中参数代入式(5.26)可得任意时刻的沉降量。

5.3.2.2　固结度对数配合法

曾国熙提出了采用式(5.31)来计算地基的固结度：

$$U = 1 - \alpha e^{-\beta t} \tag{5.31}$$

式中：α、β 为公式参数，与地基的排水条件、地基土自身的特性相关。

时间 t 时地基固结度定义为：

$$U = \frac{S_t - S_d}{S - S_d} \tag{5.32}$$

式中：S_t 为 t 时刻沉降量；S_d 为初始沉降量；S 为最终沉降量。

结合式(5.31)和式(5.32)可得

$$S_t = S - (S - S_d)\alpha e^{-\beta t} \tag{5.33}$$

若求 t 时刻沉降量，由实测数据 S-t 曲线任取三点 (t_1, S_1)，(t_2, S_2)，(t_3, S_3)，且有 $t_2 - t_1 = t_3 - t_2$，将三点坐标数据分别代入式(5.33)，整理可得

$$\beta = \left(\ln \frac{S_2 - S_1}{S_3 - S_2} \right) \bigg/ (t_2 - t_1) \tag{5.34}$$

$$S = \frac{S_3(S_2 - S_1) - S_2(S_3 - S_2)}{(S_2 - S_1) - (S_3 - S_2)} \tag{5.35}$$

$$S_d = \frac{S_1 - S(1 - \alpha e^{-\beta t_1})}{\alpha e^{-\beta t_1}} \tag{5.36}$$

由实测数据 S-t 曲线上三点运用式(5.34)和式(5.35)可求出 β 和总沉降量 S。在求初始沉降 S_d 时，α 值可采用理论值。式(5.35)为固结度对数配合法求最终沉降计算式。为了使推算结果精确一些，$(t_2 - t_1)$ 值和 $(t_3 - t_2)$ 值尽可能取大些，这

样对应的(S_2-S_1)值和(S_3-S_3)值可能更大些。

传统的固结度对数配合法也称三点法,这点可以从上述计算过程的取值看出,三点法求出的最终沉降量 S 以及参数 β 与所选取的实测数据有很大关联,数据选取的合理性直接影响最终数据的准确性,本项目采用 MATLAB 2012b 软件,采用最小二乘法进行拟合求解,只需进行参数代换,将式(5.33)中$(S-S_d)\alpha$ 等价为 α',可得 $S_t=S-\alpha'e^{-\beta t}$,进而拟合曲线方程。

5.3.2.3 　S 型曲线

1. Usher 曲线

1980 年,美国学者 Usher 首先提出了一个描述增长信息随时间变化的数学模型,Usher 认为,对于生命总量有限的某一体系而言,在其自身发展过程中,必定存在一个由成长到成熟再到死亡的全过程,用微分方程表达形式为:

$$\frac{\mathrm{d}y}{y\mathrm{d}t}=\frac{a}{b}\left[1-\left(\frac{y}{y_m}\right)^b\right] \tag{5.37}$$

式中:y 为模型函数;a 为增长速度因子;b 为形状因子;y_m 为极限值。

对式(5.37)积分可得

$$y=\frac{y_m}{\{1+[(y_0/y_m)^{-b}-1]e^{-at}\}^{1/b}} \tag{5.38}$$

式中:y_0 为初始值。

令 $c=(y_0/y_m)^{-b}-1$,式(5.38)简化为

$$y=\frac{y_m}{(1+ce^{-at})^{1/b}} \tag{5.39}$$

由式(5.39)可知,当 $t\rightarrow\infty$ 时,$y\rightarrow y_m$,沉降曲线也属于增长曲线,故可将 y 看成任意时刻的沉降量 S,y_m 看成总沉降量 S_m,a、b、c 为待定参数。

2. Logistic(泊松)曲线

Logistic 曲线最初是运用在生物学领域,由于其 S 型曲线特征,其适用性很广泛,能够运用于多种行业的数据预测,且预测结果比较准确,其微分方程表达形式为:

$$\frac{\mathrm{d}N}{\mathrm{d}t}=rN\left(1-\frac{N}{K}\right) \tag{5.40}$$

积分可得

$$N=\frac{K}{1+e^{-r\cdot at}} \tag{5.41}$$

将式(5.41)进行参数代换,令 $N=y,K=y_m,\mathrm{e}^{-r}=c$,可以得到简化的 Logistic 曲线方程:

$$y = \frac{y_m}{1 + c\mathrm{e}^{-at}} \tag{5.42}$$

将式(5.39)与(5.42)进行比较,发现两个曲线的方程表达式十分相似,当式(5.39)中 $b=1$ 时,式(5.39)就与式(5.42)完全相同,表明了 Logistic 曲线模型实际上是 Usher 曲线模型的一种特殊形式。

3. Gompertz 曲线

英国学者 Gompertz 在修正的指数曲线的基础上提出了一种新型曲线,这种曲线称之为 Gompertz 曲线。这一曲线一开始是用来描述自然界生长变化规律的,即将研究的目标变化过程分为发生阶段、发展阶段、成熟阶段和达到极限四个阶段进行预测分析,应用很广。其微分方程表达形式为:

$$\frac{\mathrm{d}s}{s\,\mathrm{d}t} = \ln a - b\ln s \tag{5.43}$$

对式(5.43)分离变量,积分可得简化的 Gompertz 曲线方程为:

$$y = k\mathrm{e}^{-a\mathrm{e}^{-bt}} \tag{5.44}$$

式中:a、b、k 为常数;t 为时间序列;y 为对应时间的预测值。

5.3.3 Asaoka 法

Mikasa 导出的一维条件下以体积应变表示的固结方程如下:

$$C_v \frac{\partial^2 \varepsilon_v}{\partial z^2} = \frac{\partial \varepsilon_v}{\partial t} \tag{5.45}$$

Asaoka 认为上式可近似地用一个级数形式的微分方程表示出来:

$$S + a_1 \frac{\mathrm{d}S}{\mathrm{d}t} + a_2 \frac{\mathrm{d}^2 S}{\mathrm{d}t^2} + \cdots + a_n \frac{\mathrm{d}^n S}{\mathrm{d}t^n} = b \tag{5.46}$$

式中:S 为固结沉降量;$a_1,a_2,\cdots,a_n,b$ 为系数,与土的固结系数和边界条件相关。

Asaoka 法是指利用已有的沉降资料求解出各未知系数,并根据这些参数分析总沉降。式(5.46)可简化为:

$$S_i = \beta_0 + \beta_i S_{i-1} \tag{5.47}$$

式(5.47)可以采用图解法求解。其步骤如下(见图 5.2):

(1)将时间划分成相等的时间段 Δt,在采用实测数据绘制的 $S-t$ 曲线上读出

$t_1, t_2, \cdots$ 时沉降值。

（2）在以 S_{i-1} 和 S_i 为坐标轴的平面上将沉降值 $S_1, S_2, \cdots$ 以点 (S_{i-1}, S_i) 画出，如图 5.2 所示，同时作出 $S_i = S_{i-1}$ 的 $45°$ 直线。

（3）过点 (S_{i-1}, S_i) 作直线 l，与 $45°$ 直线相交，交点对应的纵坐标值就是最终沉降值。

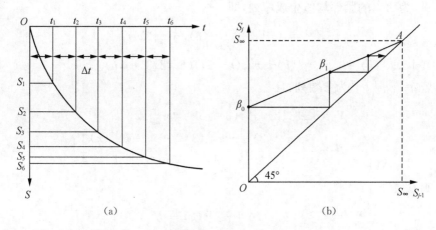

图 5.2　Asaoka 法

Asaoka 法可以计算出土固结系数和地基的最终沉降量，并且只需固结度达到 60% 就可以进行计算，也就是说，利用短期内的实测沉降数据就可以推算出比较准确的最终沉降量，并且还可以预测出地基沉降进入次固结阶段的时间点，用此方法进行最终沉降量的预测十分方便。然而最终沉降量的预测太依赖于时间间隔的划分。

5.3.4　灰色模型

1982 年学者邓聚龙提出了灰色系统模型，简称 GM 理论。专门分析贫信息以及小样本数据，对数据一般不需要假定服从某一特定的分布，而且直接从所面对的数据中提取信息。

灰色系统的理论基础是：利用合适的累加方式，将随机正数列转变成为非负递增的数据列，并以合适的方式逼近，将此曲线作为最终预测模型。灰色模型是灰色系统的核心内容，通常灰色模型用 $GM(n, h)$ 表示，其意义是用 n 阶微分方程将 h 个变量联系起来。目前一般用 $GM(n, 1)$ 灰色模型来进行预测分析，使用得较为广泛的 $GM(1, 1)$ 灰色模型，逼近方式采用一阶线性微分方程求解来进行逼近。

$GM(1, 1)$ 模型的基本理论：

设 $X^{(0)}$ 为非负序列：

$$X^{(0)} = (x^{(0)}(1), x^{(0)}(2), \cdots x^{(0)}(n)), x^{(0)}(k) \geqslant 0, 其中, k = 1, 2, \cdots n$$

$X^{(1)}$ 为 $X^{(0)}$ 的一阶累加生成序列：

$$X^{(1)} = (x^{(1)}(1), x^{(1)}(2), \cdots x^{(1)}(n)), x^{(1)}(k) = \sum_{i=1}^{k} x^0(i), k = 1, 2, \cdots n$$

$Z^{(1)}$ 为 $X^{(1)}$ 的紧邻均值生成序列，即

$$Z^{(1)} = (z^{(1)}(2), z^{(1)}(3), \cdots z^{(1)}(n))$$

其中, $z^{(1)}(k) = 0.5(x^{(1)}(k) + x^{(1)}(k-1))(k = 2, 3, \cdots, n)$。

若 $a = [a+b]^{\mathrm{T}}$ 为参数列，且

$$\boldsymbol{Y} = [x^{(0)}(2), x^{(0)}(3), \cdots x^{(0)}(n)]^{\mathrm{T}},$$

$$\boldsymbol{B} = \begin{bmatrix} -z^{(1)}(2) & -z^{(1)}(3) & \cdots & -z^{(1)}(n) \\ 1, & 1, & \cdots & 1 \end{bmatrix}^{\mathrm{T}}$$

则 GM(1,1)模型：

$$x^{(0)}(k) + az^{(1)}(k) = b$$

最小二乘估计参数列满足：

$$a = (\boldsymbol{B}^{\mathrm{T}}\boldsymbol{B})^{-1}\boldsymbol{B}^{\mathrm{T}}\boldsymbol{Y}$$

若假设 $\beta = \dfrac{b}{1+0.5a}, \alpha = \dfrac{a}{1+0.5a}$，则：

$$x^{(0)}(k) = (\beta - \alpha x^{(0)}(1))\mathrm{e}^{-a(k-2)} \tag{5.48}$$

依据式(5.48)可进行沉降预测分析。

5.3.5　组合预测

组合预测(Combination Forecasting)的本质就是把两个或两个以上的单个预测方法，以恰当的加权平均形式得到组合预测模型，从而可以整合各个单项预测方法的优势，使得沉降预测精度更高。由此可知，不同于单一的预测方法，组合预测可以很好地避免单一预测方法的短处，集组成中的单一预测方法的优势于一体。但是，如何才能够摒弃预测误差较大的方法，是组合预测的一大难点。因此，组合预测各单项预测方法的加权平均系数的求出是影响其精度的关键所在。

5.3.6　预测数据与实测数据的对比分析

安徽省青弋江分洪道工程石硊圩堤段，堤身采用满足规范要求的黏性土分层

填筑,分层厚度为 30～40 cm。堤身内外平台采用淤泥质土填筑,土层参数见表 5.2。内平台填筑土料为原河道或滩地开挖土料。采用自卸车沿堤身内侧坡面倾倒,采用挖掘机倒运 2～3 次,分层将开挖料铺满内平台,经晾晒、平整、推土机碾压后进行下一层填筑。填筑完成 3～6 个月后,按设计断面进行了二次平整、碾压。外平台填筑土料为老堤堤基淤泥质土、圩内滩地或农田疏挖土料。填筑采用推土机或铲运机直接推送土料至外平台填筑部位,边推送土料边碾压直至填筑高程。填筑完成 1～3 个月后进行表层碾压、平整。

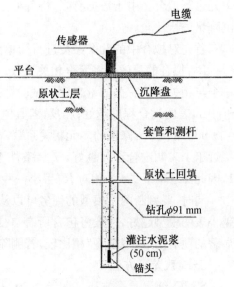

图 5.3　沉降计埋设大样图

　　沉降计埋设大样见图 5.3,沉降观测从 2015 年 10 月 21 日开始至 2016 年 1 月 7 日结束,采用从观测开始到第 200 天的沉降数据进行分析。由于实测数据为非等时距,因此需对观测数据进行等时距处理,处理后石跪圩堤段 Z34＋380 处的观测数据如表 5.3。

表 5.2　观测断面地基土物理力学指标

土层名称	湿容重 /(kN/m³)	压缩模量/MPa	直快		孔隙比	承载力标准值/kPa
			黏聚力/kPa	内摩擦角/(°)		
堤身填土	19.1	5.5	26.9	8	0.759	120
淤泥质土	18.2	3	13.0	5.7	0.754	50
砂层	19.0	5	6.3	18.5	—	100
粉质黏土	19.7	5.5	22	10	200	

表 5.3　实测沉降数据

时间/天	35	50	65	80	95
沉降量/mm	65.9	77.5	86.6	94.3	100.4
时间/天	110	125	140	155	170
沉降量/mm	104.4	111.2	115.6	121.4	126.9

　　本项目采用 MATLAB 2012b 进行曲线拟合,具体步骤为:录入数据至 MATLAB 2012b 软件中的 workspace 单元,最后用 APPS 菜单中的 curve fitting

单元进行拟合。由于数据有限,将各种方法拟合的最终沉降量与 Asaoka 法求得的沉降量进行比较。

首先对拟合中的几个参数进行简单介绍:

R^2:拟合的总效果多元全相关系数。当根据试验数据进行曲线拟合时,通常用一个与相关系数有关的量来评价试验数据与拟合函数之间的吻合程度,其值越趋近于 1,表明吻合程度越好;相反,若其值越接近 0,表明吻合程度越差。

adjusted R^2:修正的多元相关系数,在反映模型好坏时更加准确,同样,其值越接近于 1 表明吻合程度越好,实际条件下的回归方程,所含项数 p 一般大于等于 1,因此 adjusted 的 R^2 相对 R^2 偏小一些。

同时,要判断两个模型的优劣可以从和 adjusted 的接近程度来判断:二者之差越小表明模型越好,一般将包含所有自变量有关项的"全模型"与删去所有影响不显著的项后的"缩减模型"相比较,若删除之后二者更接近,表明模型得到改进。

SSE:残差平方和

SSPE:纯误差平方和

RMSE:均方根误差

5.3.6.1 传统预测方法

1. 双曲线法

根据实测数据,得拟合公式:

$$S = \frac{t}{52.6 + t} \times 158.3$$

2. 三点法

同样的,根据实测数据得三点法拟合公式:

$$S = 148.7 - 111.4e^{-0.008781t}$$

双曲线和三点法得出的预测值和实测值比较见表 5.4。

表 5.4　实测值与预测值比较

时间/天	实测值/mm	双曲线法			三点法		
		预测值/mm	误差/mm	相对误差/%	预测值/mm	误差/mm	相对误差/%
35	65.9	63.2	−2.7	−4.097	66.8	1.0	1.517
50	77.5	77.1	−0.4	−0.516	76.9	−0.6	−0.774
65	86.6	87.5	0.9	1.039	85.8	−0.8	−0.924
80	94.3	95.5	1.2	1.273	93.5	−0.8	−0.848
95	100.4	101.9	1.5	1.494	100.3	−0.1	−0.100

续表

时间/天	实测值/mm	双曲线法			三点法		
		预测值/mm	误差/mm	相对误差/%	预测值/mm	误差/mm	相对误差/%
110	104.4	107.1	2.7	2.586	106.3	1.9	1.820
125	111.2	111.4	0.2	0.180	111.5	0.2	0.180
140	115.6	115.1	−0.5	−0.433	116.1	0.5	0.433
155	121.4	118.2	−3.2	−2.636	120.1	−1.3	−1.071
170	126.9	120.9	−6	−4.728	123.7	−3.2	−2.522
总沉降/mm		158.3			148.7		

备注：误差＝预测值－实测值，相对误差＝$\dfrac{预测值－实测值}{实测值}\times100\%$

双曲线法和三点法作为传统的沉降预测方法,很早就运用在实际工程中,但不能很好地反映整个沉降过程,而从生物学中衍生的 S 型曲线相较于传统的预测方法,更加接近实际沉降曲线发展规律。

5.3.6.2　S 型曲线法预测值分析

1. Usher 曲线

$$S=\frac{147.2}{(1+0.008\,333e^{-0.011\,63\,t})^{1/0.007\,127}}$$

2. Logistic 曲线

$$S=\frac{140.2}{1+1.848e^{-0.016\,02\,t}}$$

3. Gompertz 曲线

$$S=147.2e^{-1.166e^{-0.011\,6\,t}}$$

S 型曲线预测值与实测值的比较见表 5.5。

表 5.5　S 型曲线实测值与预测值比较

时间/天	实测值/mm	Usher 曲线			Logistic 曲线			Gompertz 曲线		
		预测值/mm	误差/mm	相对误差/%	预测值/mm	误差/mm	相对误差/%	预测值/mm	误差/mm	相对误差/%
35	65.9	67.7	1.8	2.731	68.2	2.3	3.490	67.7	1.8	2.731
50	77.5	76.7	−0.8	−1.032	76.6	−0.9	−1.161	76.6	−0.9	−1.161
65	86.6	85.1	−1.5	−1.732	84.8	−1.8	−2.079	85.0	−1.6	−1.848
80	94.3	92.9	−1.4	−1.485	92.7	−1.6	−1.697	92.8	−1.5	−1.591
95	100.4	100.0	−0.4	−0.398	99.9	−0.5	−0.498	99.9	−0.5	−0.498

续表

时间/天	实测值/mm	Usher 曲线			Logistic 曲线			Gompertz 曲线		
		预测值/mm	误差/mm	相对误差/%	预测值/mm	误差/mm	相对误差/%	预测值/mm	误差/mm	相对误差/%
110	104.4	106.4	2.0	1.916	106.4	2.0	1.916	106.3	1.9	1.820
125	111.2	112.0	−0.2	−0.180	112.2	1.0	0.899	112.0	−0.2	−0.180
140	115.6	117.0	1.4	1.211	117.2	1.6	1.384	117.0	1.4	1.211
155	121.4	121.4	0.0	0.000	121.5	0.1	0.082	121.3	−0.1	−0.082
170	126.9	125.2	−1.7	−1.340	125.0	−1.9	−1.497	125.1	−1.8	−1.418
总沉降/mm		147.2			140.2			147.2		

综合比较两种传统方法与三种 S 型曲线,各个方法的预测精度见表 5.6。

表 5.6 预测模型精度指标比较

预测模型	双曲线	三点法	Usher 曲线	Logistic 曲线	Gompertz 曲线
R^2	0.989	0.997	0.994 8	0.993 2	0.994 8
SSE	29.49	8.054	17.94	23.39	17.9
SSPE	5.819e-03	1.552e-03	2.085e-03	2.962e-03	2.183e-03

大量研究资料表明,Asaoka 法预测最终沉降值的精确度较高,在缺乏实测数据的情况下,本项目以 Asaoka 法得出的最终沉降量为标准,将其他方法的预测结果与其进行比较。

5.3.6.3 Asaoka 法预测值分析

根据实测数据,此处选用 $\Delta t = 15$,绘制曲线图,如图 5.4。

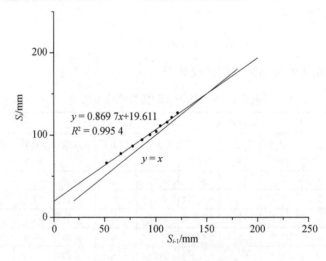

图 5.4 Asaoka 法计算结果图

由图可得,对两条曲线进行拟合得其交点为(150.5,150.5),即 Asaoka 法预测的最终沉降值为 150.5 mm。其中,$\beta_0 = 19.611$,$\beta_1 = 41.06°$。

由表 5.4、表 5.5、表 5.6 可知,三点法的拟合效果最好,且最终沉降量与 Asaoka 法得出的最终沉降量误差最小,其拟合精度高于其他方法。双曲线预测值则整体偏高,S 型曲线中 Logistic 曲线预测值较另外两种曲线偏低。

5.3.6.4 组合预测法预测值分析

分析表 5.4、表 5.5、表 5.6 中数据可知,双曲线的预测较其他方法偏大,此处选用双曲线与 Gompertz 曲线进行组合预测。

1. 采用预测误差平方和最小,运用 MATLAB 软件进行编程计算得组合预测公式为:

$$S = 0.256 \times \left(\frac{t}{52.6+t} \times 158.3 \right) + 0.744 \times (147.2 e^{-1.166 e^{-0.0116t}})$$

组合预测的预测误差平方和为 15.66,小于单项预测的误差平方和,相较于单项预测误差更小。

2. 基于有效度最大,并利用 MATLAB 进行编程计算得组合预测公式为:

$$S = 0.294 \times \left(\frac{t}{52.6+t} \times 158.3 \right) + 0.706 \times (147.2 e^{-1.166 e^{-0.0116t}})$$

单项预测双曲线有效度为 0.981,Gompertz 曲线有效度为 0.987,两者组合预测的有效度为 0.990,大于各个单项预测的有效度,故判定为优性组合预测。组合预测的预测值与实测值比较见表 5.7。

表 5.7 组合预测结果

时间/天	实测值/mm	误差平方和最小			有效度最大		
		预测值/mm	误差/mm	相对误差/%	预测值/mm	误差/mm	相对误差/%
35	65.9	66.6	0.648	0.983	66.4	0.477	0.724
50	77.5	76.73	−0.772	−0.996	76.7	−0.753	−0.972
65	86.6	85.6	−0.960	−1.109	85.7	−0.865	−0.999
80	94.3	93.5	−0.809	−0.858	93.6	−0.706	−0.749
95	100.4	100.4	0.012	0.012	100.5	0.088	0.088
110	104.4	106.5	2.105	2.016	106.5	2.1358	2.046
125	111.2	111.8	0.646	0.581	111.8	0.624	0.561
140	115.6	116.5	0.914	0.790	116.4	0.841	0.728
155	121.4	120.5	−0.894	−0.736	120.4	−1.011	−0.833
170	126.9	124.0	−2.875	−2.266	123.9	−3.035	−2.391

续表

时间/天	实测值/mm	误差平方和最小			有效度最大		
		预测值/mm	误差/mm	相对误差/%	预测值/mm	误差/mm	相对误差/%
总沉降/mm		150.0			150.8		
SSPE		1.446^{-3}			1.447^{-3}		
SSE		17.3			17.9		

各预测方法与实测数据的曲线图,以及各方法之后的预测曲线见图 5.5。

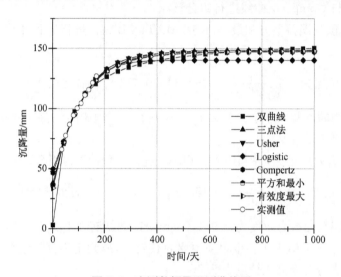

图 5.5　实测数据及预测曲线图

软基的沉降预测是一个极其复杂的问题,与很多因素有关,上述预测方法各有自身的优缺点。本章针对实际工程,通过多种预测方法进行沉降分析,并采用 MATLAB 软件辅助计算,得出单项预测时,三点法的拟合效果最佳,其次为 Usher 曲线和 Gompertz 曲线,而双曲线则偏大,Logistic 曲线则偏小。同时,本章选取两种单项预测进行最优组合预测,其预测的沉降误差小于参与组合的单项预测方法,预测精度和可靠性比单项预测方法要好,并使所得的拟合曲线更接近实测沉降曲线,可见最优组合预测模型对淤泥质土堤防沉降分析具有一定的参考价值。

5.4　基于 Abaqus 的淤泥质土堤防沉降变形分析

5.4.1　Abaqus 在岩土工程的适用性分析

Abaqus 公司成立于 1978 年,是世界知名的高级有限元分析软件公司,总部设在美国罗德岛普罗维登斯市,在法国 Suresnes 设有研发中心。其主要业务为非线性有限元软件 Abaqus 的开发、维护及售后服务。2015 年 10 月,Abaqus 公司成为三维建模和产品生命周期管理上享有盛誉的达索公司的一个子公司。SIMULIA 是达索公司的品牌,包括著名的 Abaqus 和 Catia 的分析模块等。它将把人们从以往不关联的分析仿真应用,带入协同、开放、集成的多物理场仿真平台。

Abaqus 是一套功能强大的工程模拟有限元软件,其解决问题的范围从相对简单的线性分析到复杂的非线性问题。Abaqus 包括一个丰富的、可模拟任意几何形状的单元库,并拥有各种类型的材料模型库,可以模拟典型工程材料的性能,其中包括金属、橡胶、高分子材料、复合材料、钢筋混凝土、可压缩超弹性泡沫材料以及土壤和岩石等地质材料。作为通用的模拟工具,Abaqus 除了能解决大量结构问题,还可以模拟其他工程领域的许多问题,例如热传导、质量扩散、热电耦合分析、声学分析、岩土力学分析及压电介质分析等。

与其他领域相比,岩土工程中的数值分析有其本身的特点,相应的有限元软件也需具备相应的功能,简要分析如下。

(1)拥有能够真实反映土体性状的屈服特性、剪胀特性等。Abaqus 拥有摩尔-库仑模型、Drucker-Prager 模型、Cam-Clay 模型等,可以真实反映土体的大部分应力-应变特点。

(2)土体是典型的三相体,普遍认为土体的强度和变形取决于有效应力,因此软件必须能够进行有效应力计算。Abaqus 中包含孔压单元,可以进行饱和土和非饱和土的流体渗透/应力耦合分析(如固结、渗透等),可以满足这一要求。

(3)岩土工程中经常涉及土与结构的相互作用问题,二者之间的接触特性需要得到正确的模拟。Abaqus 具有强大的接触面处理功能,可以正确模拟土与结构之间的脱开、滑移等现象。

(4)岩土工程数值分析需要软件具有处理复杂边界、载荷条件的能力。这一点 Abaqus 也是完全满足要求的,如 Abaqus 具有单元生死功能,可以精确地模拟填土或开挖造成的边界条件改变;Abaqus 还提供了无限元,可以模拟地基无穷远处的边界条件。

(5)岩土工程数值分析必须考虑初始应力的作用,Abaqus 专门提供了相应的分析步,可以灵活、准确地建立初始应力状态。

5.4.2　模型建立

5.4.2.1　基本假定

(1)由于堤防是线性建筑物,具有足够的长度,因此可将堤防变形简化为平面变形、空间渗流问题,即模型按平面应变问题进行分析。

（2）土中孔隙水的流动符合达西定律，即水、土为流固耦合体。

（3）土的渗透系数假定为常数，且土为饱和土。

（4）不考虑堤防施工过程中地下水位的变化。

5.4.2.2 堆载及分析步的确定

AB 段、CD 段为自由面，且所在水平面是地面线，其上为堤防填土，分层填筑，中间路堤填土一共分为 6 层填筑，从下往上填筑高度分别为 1.5 m，1.5 m，1 m，1 m，1 m，1 m。两边内外平台为淤泥质土，分两层填筑，每层均为 1.5 m。具体模型见图 5.6。

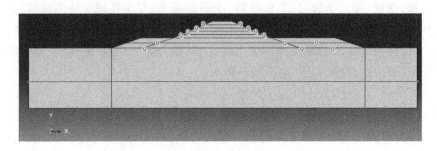

图 5.6　初始模型图

施工顺序为：先填筑堤防最底层 1.5 m，再填筑两边平台淤泥质土至 1.5 m；再填筑倒数第二层堤身填土，同样是 1.5 m；堤身填好后，填筑两边平台淤泥质土 1.5 m 厚，此时堤防高度为 3 m；最后依次填筑堤身剩下的四层，即每层一米至堤身顶部。

5.4.2.3 计算模型的选取

选取石跪圩堤段 Z34+380 断面进行有限元沉降模拟，为方便建模，对实际的断面图进行相应的简化，简化后计算模型图见图 5.7。

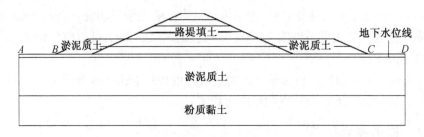

图 5.7　淤泥质土堤防计算模型

5.4.2.4 土体本构模型及材料参数的确定

淤泥质土的本构模型选择 Drucker-prager 模型，粉质黏土选取 Clay Plasticity

模型。具体参数见表 5.8 和表 5.9。

表 5.8　Drucker-prager 模型参数

材料类型	$\gamma_d/(kN/m^3)$	$c/(kPa)$	$\varphi/(°)$	E/MPa	μ	$\beta/(°)$	k	$\psi/(°)$
堤身填土	17.8	31.8	35.3	15.3	0.4	27.5	1.00	27.5
淤泥质土	17.3	8.6	23	15	0.35	34.1	1.00	34.1

表 5.9　Clay Plasticity 模型参数

材料类型	$\gamma_d/(kN/m^3)$	$c/(kPa)$	$\varphi/(°)$	κ	ν	λ	M	$\alpha_0/(N/m^2)$	β	K	e_1
粉质黏土	18.1	33	12	0.02	0.31	0.07	0.5	0.00	1	1	1.02

其中，变形模量 E 由式 (5.49) 确定：

$$E = E_s \left(1 - \frac{2\mu^2}{1-\mu} \right) \tag{5.49}$$

泊松比 μ 依据相关文献确定，由 μ 取值可认为变形模量近似于压缩模量的三倍。其他参数由土工试验及现场工程勘测报告获得。

5.4.2.5　边界条件及网格划分

模型底部约束水平和竖向位移，转角固定，为固定约束，模型左右两侧边界约束水平方向的位移，模型的顶部为自由边界。地基土层采用 CPE4P(四节点线性平面应变孔隙压力单元)，堤身填土采用 CPE4R(四节点线性平面应变减缩积分单元)，模型网格的划分如图 5.8 所示。

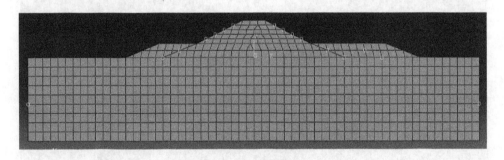

图 5.8　模型网格划分

5.4.3　计算结果及分析

5.4.3.1　位移分析

图 5.9 为未填筑堤防填土时的地基位移云图，最大沉降为 0.04 mm，对后续的

沉降分析影响极小,可忽略不计。图 5.10 为堤防竖向位移云图,从图 5.9 可看出,越靠近堤基中心,竖向位移越大,尤其是堤身连接内外平台的高程范围内,竖向位移达到最大值,为 63.9 cm。对于采用淤泥质土填筑的内外平台,从图 5.10 可看出,淤泥质土填筑的平台中心处竖向位移最大值为 15.3 cm。图 5.11 为堤防水平

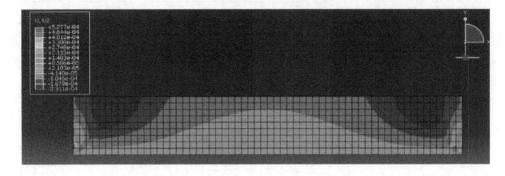

图 5.9　初始位移云图

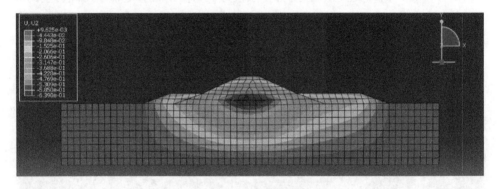

图 5.10　竖向位移云图

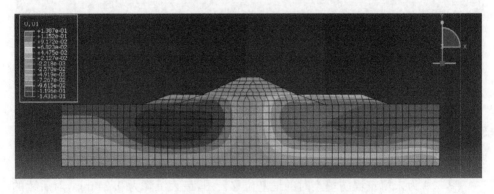

图 5.11　水平位移云图

位移云图,从图中可知,水平位移主要发生在堤防的内外平台下面的地基之中,水平位移最大值为 14.3 cm,方向远离堤身。图 5.12 为有限元模拟与实测值竖向沉降的对比关系,图中分别给出淤泥质土平台监测点处实测的沉降和有限元模拟出的沉降曲线,分析曲线变化特征可知,堤防一开始的沉降速度较快,在三百天的时候,沉降值已经是最终沉降量的 90% 左右,堤防的沉降固结在五百天内基本完成。有限元模拟过程中沉降收敛快于实际沉降,且计算出的最终沉降量小于实际值。这是因为模拟时渗透系数是恒定值,而在实际过程中随着固结的进行渗透系数在减小,且模拟过程中未考虑 D-P 模型次固结参数的输入。

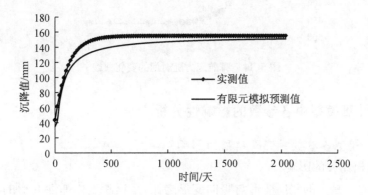

图 5.12　有限元模拟与实测值竖向沉降对比

5.4.3.2　应力分析

图 5.13 是沉降稳定后的最大应力云图,可知稳定后底部最大有效应力达到 457.6 kPa。图 5.14 反映了土层之中的有效应力随时间的变化关系,分析可知,地层中的土在 500 天左右有效应力达到最大,符合实际工程情况。

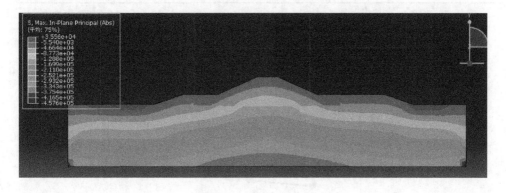

图 5.13　最大应力云图

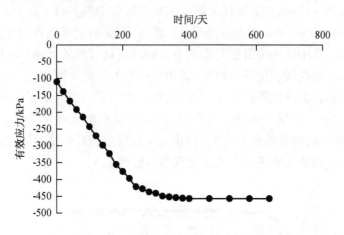

图 5.14　有效应力随时间的变化曲线

5.4.4　计算模型中各参数的影响性分析

5.4.4.1　模型各参数对沉降结果的影响

1. 泊松比 μ 的影响

泊松比 μ 是土的侧向变形与竖向变形之比,是反映土体弹性变形的参数。模拟时,保证土的其他材料参数不变,只改变 μ 的大小,选择淤泥质土内平台上某一点,对此特征点的位移值进行分析,具体值见表 5.10。

表 5.10　不同 μ 值对应的沉降值

μ	0.1	0.2	0.3	0.35	0.4
沉降量/m	0.182	0.176	0.163	0.152	0.144

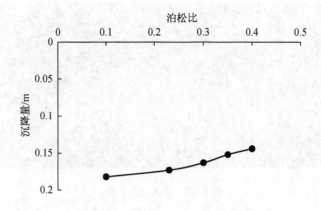

图 5.15　泊松比与沉降量的关系

由图 5.15 可知,随着泊松比的增加沉降值减小,实际泊松比为 0.35,通过计算表 5.10 中数值可知,当泊松比在 −40% ~ 20% 之间时,沉降量在 −6% ~ 15.8% 之间。因此,泊松比对沉降量的影响较小。

2. 初始孔隙比的影响

初始孔隙比是反映土体最初密实程度的重要物理性质指标,是确定初始屈服面大小的参数之一。表 5.11 是针对不同初始孔隙比,模拟计算出的特征点处沉降值。

表 5.11　不同初始孔隙比对应的沉降值

e_0	0.5	0.66	0.87	1.33	1.50
沉降量/m	0.152	0.152	0.152	0.152	0.152

从表 5.11 可知,沉降值不随着初始孔隙比 e_0 的变化而变化,始终保持不变,原因是 e_0 是通过压缩性来影响沉降值的,如果只是改变 e_0 而不改变 E,对土的沉降没有影响。

3. 变形模量 E 的影响

变形模量 E 是指在自然侧限条件下,土的竖向附加应力增量与相应的应变增量之比,可通过现场压板荷载试验获得,本项目采用式(5.49)近似取值。分析不同变形模量对应的沉降值如表 5.12。

表 5.12　不同变形模量对应的沉降值

E/MPa	12	13.5	15	16.5	18
沉降量/m	0.339	0.256	0.152	0.150	0.133

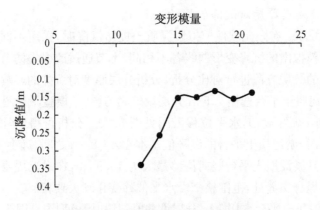

图 5.16　变形模量与沉降量的关系

由图 5.16 可知,变形模量增大,对应的最终沉降量会减小。变形模量减小时,其变化会导致沉降量出现较大变化;当变形模量增大到某一临界值时,其对沉降量的影响很小。

4. 摩擦角 β 和膨胀角 ψ

不同摩擦角 β 和膨胀角 ψ 对应的沉降值如表 5.13。

表 5.13　不同 β 和 ψ 对应的沉降值

β 和 ψ/(°)	17	28	34.1	41	50
沉降量/m	0.221	0.207	0.152	0.152	0.151

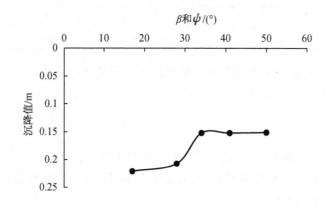

图 5.17　β 和 ψ 与沉降量的关系

由图 5.17 可知,β 和 ψ 的变化对最终沉降量的影响较小。

综上可知,D-P 模型各土体参数中,相较于其他参数,变形模量对沉降量的影响最大,其次是泊松比、β 和 ψ、初始孔隙比。

5.4.4.2　填筑分层厚度对沉降的影响

在采用 Abaqus 有限元软件模拟淤泥质土堤防沉降时,采用不同的施加方式、模型参数等所模拟出的沉降变形曲线各不相同,本节通过改变堤防分层填筑厚度,与 5.2 节采用的分层方法进行对比分析,分析分层厚度对沉降的影响。

(1) 当淤泥质土平台选用 0.5 m 分层填筑时,其初始模型图见图 5.18,计算出的竖向位移云图见图 5.19,水平位移云图见图 5.20。分析可得,当淤泥质土平台分层为 0.5 m 时,淤泥质土平台的沉降值基本在 4~8 cm 之间,远小于 1.5 m 填筑时的沉降。并且淤泥质土平台竖向位移最大为 13.9 cm,在靠近堤身的位置处,且基本分布在与堤身交界处,范围狭窄。水平位移变化则大致相似。

(2) 当淤泥质土平台选用 1 m 分层堆载时,其初始模型图见图 5.21,计算出的竖向位移云图见图 5.22,水平位移云图见图 5.23。分析可得,当淤泥质土平台分层为 1 m 时,淤泥质土平台沉降最大值为 14.2 cm。

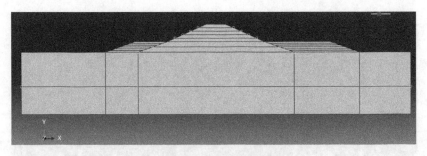

图 5.18　0.5 m 堆载初始模型

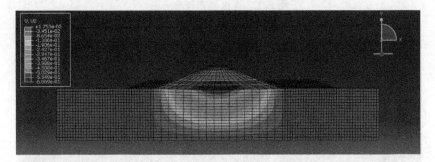

图 5.19　0.5 m 竖向位移云图

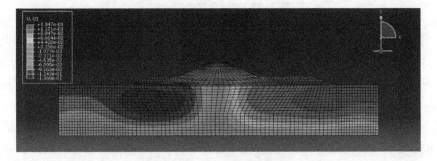

图 5.20　0.5 m 水平位移云图

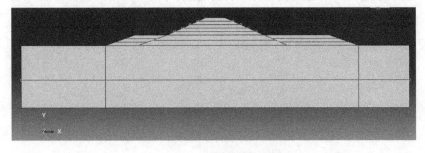

图 5.21　1 m 堆载初始模型

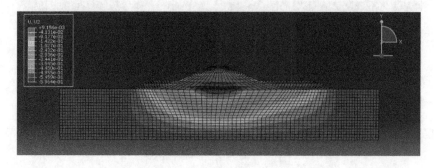

图 5.22　1 m 竖向位移云图

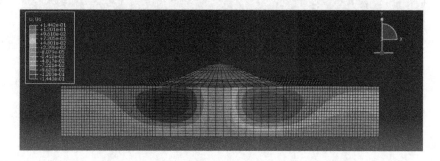

图 5.23　1 m 水平位移云图

　　将上述两种分层填筑方法与实际分层进行对比,可知分层填筑的厚度越小,淤泥质土平台的沉降量越小,符合实际情况。在堤防施工过程中,堤防堤基的分层厚度是影响沉降的主要因素之一,一般的填筑土料,其分层厚度的选取有相应的规范参考,将具有高含水率、高压缩性、低抗剪强度的淤泥质土作为填筑土料,其实并不符合工程安全要求,也没有相应的分层规范。若分层填筑厚度较小,沉降速率较小,沉降过程缓慢进行,堤基的整个施工过程越安全,但相应的施工周期很长,导致工程成本很高;若分层厚度较大,沉降速率则会很大,工程的安全性较低。因此,当采用淤泥质土进行堤防堤基填筑时,需要根据实际的地质情况选择分层厚度,来确保工程施工的安全性与施工效率。

第6章 淤泥质土堤防流变特性分析

6.1 引言

    土是一种三相体系的介质,土颗粒作为基本骨架,水和气体充填其中。由于土颗粒和水之间的物理化学作用,因而形成了强结合水和弱结合水,对于土这种介质具有一定的黏滞性。因此,应力-应变-时间的关系不是简单的函数关系。变形不仅仅取决于所受荷载的大小,同时与加载的时间有关系。20世纪50年代,荷兰学者 Geuze E. C. W. A. 和我国学者陈宗基首次对土体流变进行了系统的研究,之后流变学在岩土工程领域取得了巨大进展并逐渐发展成为工程力学的一个分支。

    土体应力-应变-时间关系统称为土的流变,在实际工程中主要包括以下四个方面:

    (1) 蠕变:在恒定应力作用下,变形随时间变化而发展的现象;

    (2) 应力松弛:变形保持不变的条件下,应力随时间衰减的现象;

    (3) 应变速率(或荷载)效应:不同的应变或加荷速率下,土体表现出不同的应力-应变关系和强度特性;

    (4) 长期强度:土的抗剪强度随时间而变化,即长期的强度不等于瞬时或短时的强度,在给定的(相对较长)时间内,土体阻抗破坏的能力称为长期强度。

    关于土体流变问题研究的侧重点主要有以下三个方面:

    (1) 本构模型的建立:主要分为微分型本构方程和积分型本构方程。根据土的应力-应变-时间之间的函数关系建立本构方程,使得本构方程既能够准确反映土的流变特性,又尽可能采用较少的参数以方便本构方程在实际工程中的应用。

    (2) 本构方程的解析:包括方程的解析解和数值解。由于流变问题的复杂性,只有对简单的流变模型才能得到解析解,其中,日本学者 Sakurai 在这方面取得了很多成果;随着电子计算机的发展,越来越多的流变问题采用数值解法,主要包括有限元法、边界元法、无限元法、拉格朗日元法以及有限差分法等。

（3）工程问题的应用：选用适当的本构模型和解析方法，可以解决工程中出现的各种问题，如建筑物的变形和长期沉降，边坡和护岸工程的变形，坑道和隧道的变形等。

土的流变学研究方法主要是以下两个方面：

（1）从土体的微细观角度出发，认为土的流变特性是因土颗粒骨架的微细观变化引起的，以土体的微细观构造的变化和机理来推导出整体的流变特性。自 20 世纪 20 年代，太沙基、普什、波迪斯、陈宗基、马斯特等人对自然状态的黏土提出过很多微结构模型和新概念。20 世纪 70 年代末期，随着高倍扫描电子显微镜在地质领域的广泛应用，出现了受荷作用下制备土颗粒结构在空间重排列的研究，这种方法对查明流变方程式中各参数的物理意义有特别的说服力，但由于目前研究手段、设备的不成熟和不完善，这种方法至今都只能对土体流变特性做定性分析，定量分析较少。

（2）从土体的宏观角度出发，假设土体为一均匀连续体，通过数学、力学的推导及解析，综合各条件下其所表现的流变现象，以此得出流变方程。这种方法运用弹塑性理论、黏弹塑性理论等已系统化的理论和为人们所认同的试验结果，得出土体新的流变理论，相继提出了老化理论、遗传理论和内时变量理论。不足的是对土体流变机理方面的认识尚不充分。

因此，对于土体流变的研究，必须将以上两种方法结合起来，将微观与宏观相结合，理性与物性相结合，研究土体微观结构与宏观流变特性的内在联系及相关规律，从而更加深刻地理解软土流变的发生和发展条件。

6.2　淤泥质土流变试验

芜湖地区位于长江中下游冲积平原，地形平坦，主要软土分为淤泥或淤泥质粉质黏土和淤泥质粉土加粉细砂，具有高压缩性、孔隙率大、低强度、欠固结和一定触变性等特点。本章主要研究芜湖地区淤泥质土的基本力学和流变特性，为工程设计和施工提供参考依据。通过基本力学试验得到相应参数，分析芜湖地区淤泥质土特性，并进行三轴流变试验，通过分析蠕变曲线从而研究芜湖淤泥质土的应力-应变-时间之间的关系，以揭示该地区淤泥质土的变形规律，为建立适合芜湖地区淤泥质土的流变模型提供基础。

为研究青弋江分洪道工程沿岸淤泥质土的基本力学特性，根据现场工程地质条件，选取三个典型断面共九个孔，采集土样一百多个，对采集土样开展一系列物理力学特性试验，以得到基本物理力学性质参数。

6.2.1　三轴固结不排水试验（CU 试验）

针对土样进行 CU 试验，围压等级为 100 kPa、200 kPa、300 kPa。进行 CU 试验的目的主要有两个，首先是确定土样的抗剪强度指标；其次可以得到不同围压下的破坏偏应力 q_f，根据所得的破坏偏应力为三轴不排水蠕变试验的分级提供依据。

三轴试样的直径为 39.1 mm，高度为 80 mm。各试样分别在 100 kPa、200 kPa、300 kPa 的围压作用下固结完成后，在不排水条件下再对试样施加偏应力进行剪切，剪切速率为 0.08 mm/min，直至试样轴向应变达到 16% 时结束试验。根据试验中采集的数据绘制出土样主应力差与轴向应变关系曲线如图 6.1 所示。

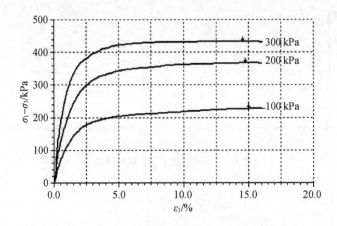

图 6.1　不同围压下三轴试验应力应变曲线

表 6.1　三轴试验结果汇总表

干密度 ρ_d/(g/cm³)	黏聚力 C_{cu}/kPa	内摩擦角 φ_{cu}/(°)	有效黏聚力 C'/kPa	有效内摩擦角 φ'/(°)	峰值强度/kPa		
					100 kPa	200 kPa	300 kPa
1.67	23	21.1	7	28.8	228	368	433

由三轴固结不排水试验和表 6.1 可知，土样在围压为 100 kPa、200 kPa、300 kPa 下的破坏偏应力 q_f 分别为 228 kPa、368 kPa、433 kPa，这些试验数据为下文的三轴不排水流变试验提供了依据。

6.2.2　三轴固结不排水流变试验

6.2.2.1　试验仪器

试验装置采用 TSZ-2 全自动三轴仪，该仪器的技术指标为：试样尺寸 ϕ39.1 mm×80 mm，周围压力 σ_3 的范围为 0～2 000 kPa，轴向变形 ΔL 的范围为

0～20 mm,体积变化可达 50%。本试验在空调房内进行,全程温度控制在(24±1)℃
范围内。

6.2.2.2 加载方法及加载增量

在土的室内流变试验中,有两种不同的加载方式:分级加载和分别加载。分别加
载是采用完全相同的土样,使用完全相同的仪器,在完全相同的试验条件下,仅采用
不同的偏应力或围压进行试验,所得曲线即为不同围压、不同偏应力下的蠕变全过程
曲线,如图 6.2 所示,从理论上来说,该方法所得到的曲线不需要经过处理,能够更加
直接地体现土体的蠕变现象,但对试验土样、试验条件的要求比采用分级加载更高。

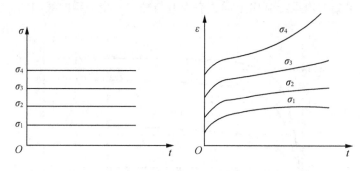

图 6.2 分别加载下的蠕变曲线

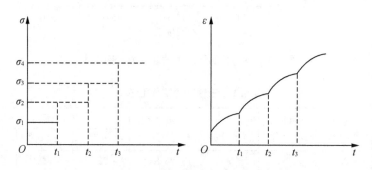

图 6.3 分级加载下的蠕变曲线

分级加载则是在同一土样逐级加上不同应力,即为当一级应力水平下的蠕变
达到指定的时间或已经稳定后,将应力提高到下一等级,直到达到最终设定的应力
水平,从图 6.3 可以看出分级加载下的应力水平随时间的变化曲线是呈阶梯形上
升的。同时,采用分级加载所得到的蠕变曲线并非最终的蠕变曲线,通常采用"坐
标平移"法或"陈氏加载"法,对所得到的蠕变曲线进行处理。"坐标平移"法是假定
土体为线性流变体,满足线性叠加原理,将每一级加载时刻作为这一级应力水平下
蠕变曲线的初始时刻,即将后一时刻的曲线直接平移到初始时刻,从而得到不同应
力水平下的蠕变曲线。"陈氏加载"法是由陈宗基教授提出并由其学生继续发展而

来的,目前在国内外岩土流变研究领域内使用广泛,与"坐标平移"法的不同之处在于该方法考虑到了真实的流变介质对加载历史具有记忆效应,采用适当的试验技术与方法,用作图法建立真实变形曲线。"陈氏加载"法较"坐标平移"法能够更真实地反映蠕变的全过程曲线。由于分级加载法使用的是同一土样,因此由于试样不同所带来的试验结果的影响可以忽略不计,但由于所得曲线并非最终的蠕变曲线,还需要进行处理,在处理过程中会带来一定的误差,因此,本章采用了最符合流变试验要求的分别加载法,采用在同一围压下应力水平分别为 0.2、0.4、0.6、0.8 的土样来进行试验,由此可以通过内插方式,推断出其余应力水平下的流变范围,同时,由于实际工程中当土样到达破坏应力时,坝体已达到失稳状态,因此本章并不考虑土样在破坏应力下的流变情况。

6.2.2.3 蠕变稳定标准

目前,对于土体的蠕变稳定还没有规范化的标准,根据经验一般在 10 000 秒内变形值小于 0.01 mm,则认为试样已达到稳定。在某级应力水平下,土样蠕变可能会出现两种情况:一是土样经过一段时间的蠕变后达到稳定,变形基本不发生变化;二是土样的蠕变变形速率为常数,由于所受偏应力较大,土样在变形量达到一定值后转为加速变形,直至土样破坏。为了更好地确定应变速率大小,一般把总观测时间定为 7～14 天。本次试验确定观察时间为 7 天。

6.2.2.4 试验过程

1. 试样制备

试验试样为人工制备样,试样的干密度为 1.67 g/cm³,根据《土工试验方法标准》(GB/T 50123—2019)规定,所有试样采取湿法制样。试样制备按如下步骤依次进行:

(1) 将土样烘干并碾散,过 5 mm 筛;

(2) 根据试验要求的干密度、试样尺寸,计算并称取所需土样,将备好的试样分成三等份,并将每份土样混合均匀,确保试样的均匀性;

(3) 将称取的每份烘干土样放入容器内,均匀喷洒水,充分拌匀,将其倒入压样器内,以静压力通过活塞将土样压至所需密度。

2. 试样饱和

试样采用抽气饱和法对其进行饱和。将装有试样的饱和器放入真空缸内,真空缸和盖之间涂一薄层凡士林,盖紧。将真空缸与抽气机接通,启动抽气机,当真空压力表读数接近一个大气压力值时,抽气时间不少于 1 h,然后将真空缸与抽气机断开,停止抽气,打开管夹,使清水徐徐注入真空缸,在注水过程中,真空压力表读数逐渐降低,直至真空缸注满水,压力表读数归零。试样在水中静止浸泡一夜,使试样充分饱和。

3. 流变试验

试样在全自动三轴仪上进行流变试验,试样尺寸为直径 39.1 mm,高度

80 mm。试验围压分别为 100 kPa、200 kPa、300 kPa，在每级围压下分别进行四种应力状态下的流变试验，应力情况见表 6.2。按要求施加围压，固结稳定后在不排水情况下剪切至预定的应力，保持围压和轴向应力恒定，测读不同时间试样的变形量，流变试验时间为 7 天。

表 6.2　流变试验结果汇总表

围压 σ_3/kPa	制样干密度 ρ_d/(g/cm^3)	偏应力 $(\sigma_1-\sigma_3)$/kPa	流变变形	
			$\Delta\varepsilon_1$/%	$\Delta\varepsilon_v$/%
100	1.67	45	0.11	1.43
		90	0.22	1.91
		135	0.32	2.22
		180	0.4	2.62
200	1.67	70	0.17	1.58
		140	0.29	2.02
		210	0.36	2.54
		280	0.51	2.91
300	1.67	80	0.27	1.76
		160	0.34	2.45
		240	0.49	2.82
		320	0.61	3.04

6.2.2.5　试验结果及分析

1. 全过程蠕变曲线图

首先得到了一系列不同围压下三轴蠕变全过程试验曲线如图 6.4～6.6 所示。

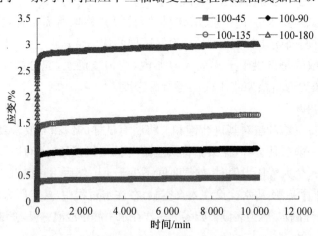

图 6.4　100 kPa 围压土样的三轴蠕变全过程试验曲线

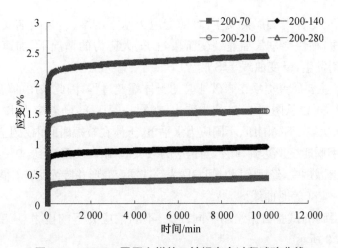

图 6.5　200 kPa 围压土样的三轴蠕变全过程试验曲线

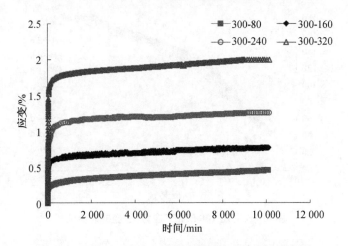

图 6.6　300 kPa 围压土样的三轴蠕变全过程试验曲线

　　蠕变变形分为衰减蠕变和非衰减蠕变两种情况,二者的变形都等于受到荷载后产生的相对瞬时变形和随时间发展的变形之和。衰减蠕变变形 $\varepsilon(t)$ 以减速发展,速度最后趋向于零,即 $d\varepsilon/dt \rightarrow 0$,变形值 $\varepsilon(t)$ 趋向于与荷载有关的有限值。非衰减蠕变变形除了瞬时变形外,还包括三个阶段:衰减蠕变、等速蠕变和加速蠕变。衰减蠕变阶段变形值增大,变形速率减小;等速蠕变阶段,变形值增大,变形速率基本恒定不变;加速蠕变阶段,变形速度增加,导致土体破坏,严格来说这个阶段可以分为发展塑性变形但还未引起土体破坏的第一阶段和微裂缝发展并导致土体崩溃急剧性破坏的第二阶段,这是由于在部分土体中,第一阶段会持续很长时间而不失去承载力。

　　蠕变阶段的持续时间取决于土的类型和所受荷载的大小。当应力水平较低时,一般只出现衰减蠕变;中高应力水平下,会出现衰减蠕变和等速蠕变两种情况;

高应力水平下,三种蠕变都会发生,且随着应力水平的增大,衰减蠕变和等速蠕变的时间会越短,很快会进入加速蠕变阶段,在很大应力的情况下,加速蠕变几乎在受荷载后立刻发生,蠕变曲线呈 S 形。

本次试验主要研究堤坝在未破坏时的土体蠕变过程,因此采用的应力水平均在破坏应力之下,可以从图 6.4~6.6 中看出,在同一围压下,随着应力水平的增长,变形值在不断增大,在不同围压、不同应力水平下,土体在较短时间内发生瞬时变形,当偏应力较小时,瞬时变形达到 50%,当偏应力较大时,瞬时变形达到 80%,且变形时间短,之后进入衰减蠕变,经过一段时间发展为等速蠕变变形并持续发展了很长时间。

2. 应力-应变等时曲线图

根据所得到的试验数据绘制不同围压、不同偏应力下的应力-应变等时曲线,如图 6.7~6.9 所示。

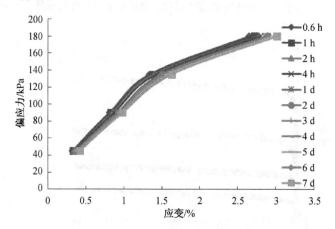

图 6.7　围压 100 kPa 下应力-应变等时曲线

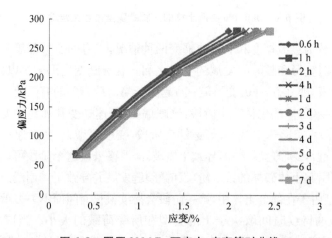

图 6.8　围压 200 kPa 下应力-应变等时曲线

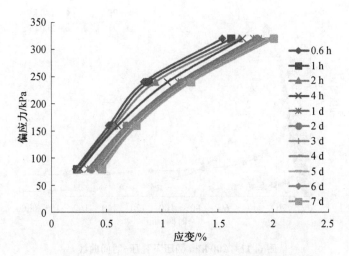

图 6.9　围压 300 kPa 下应力-应变等时曲线

当围压较小时,应力-应变曲线较为集中,同时随着偏应力的增长向外发散,当围压较大时,应力-应变曲线较为分散,同时随着偏应力的增长也逐渐向外发散。当应力水平较低时,应力-应变曲线近似为一条直线,表现出近似的线性流变特性,随着时间增长,应力水平越高,曲线表现出非线性的特征。因此,若采用传统的线性黏弹塑性元件模型来建立土样的蠕变方程就不合适。

3. 孔压和时间关系曲线

根据试验得到不同围压、不同偏应力下的孔压-时间曲线,如图 6.10～6.12 所示。

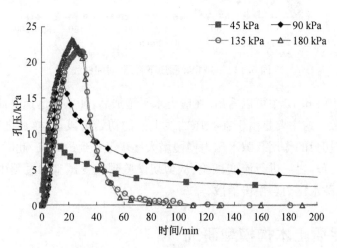

图 6.10　100 kPa 围压下孔压-时间曲线

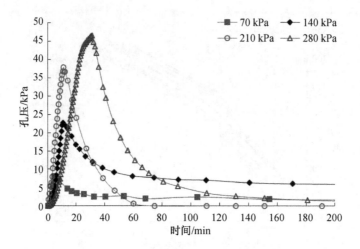

图 6.11　200 kPa 围压下孔压-时间曲线

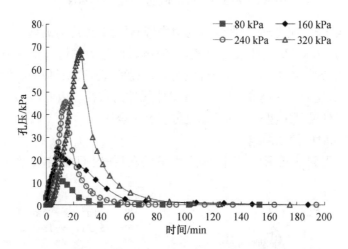

图 6.12　300 kPa 围压下孔压-时间曲线

从图 6.10～6.12 中可以看出，在应力水平施加后，孔压会迅速升高到最大值，然后慢慢消散。这主要是由于在孔压曲线上升的初始阶段，土样在进行三轴剪切试验，由于剪切力的作用孔隙水压力慢慢增大逐步上升到最高点，此时到达试验所设定的偏应力值，之后进行流变试验，从剪切试验到流变试验的过程中，排水阀被打开，因此孔隙水压力会慢慢消散。

6.3　淤泥质土本构模型研究

经验模型和理论模型相比，缺乏相应的理论推导，但其表达式相对简单明了同时容易通过试验确定表达式中的参数,可直接应用在实际工程中,为实际工程提供帮助。现阶段,国内外学者已经提出了很多经验型的岩土流变本构模型,这些模型大多是基于不同的试验结果总结分析得到的,在一定程度上能够揭示土体的流变规律。本章试验所采用土样均来自安徽芜湖,与上海地区同属于长江三角洲,孙钧课题组基于 Singh-Mitchell 经验模型,对上海淤泥质粉质黏土的蠕变特性进行了室内试验研究,得到了该黏土的蠕变模型,结果表明,Singh-Mitchell 经验模型能够较准确地描述上海淤泥质黏土的应力-应变-时间之间的关系。因此,本章基于 Singh-Mitchell 模型,根据 6.3 节中试验得到的蠕变曲线结果,修正该模型的应力-应变关系和应变-时间关系,建立符合安徽芜湖地区淤泥质土的经验模型。

6.3.1　典型的经验蠕变方程

蠕变的规律性可以写成应变速率 $\dot{\varepsilon}$ 或应变 ε、应力 σ 和时间 t 之间的关系,即

$$\dot{\varepsilon} = f_1(\sigma,t);\varepsilon = f_2(\sigma,t) \tag{6.1}$$

$$\sigma = \varphi_1(\dot{\varepsilon},t);\sigma = \varphi_2(\varepsilon,t) \tag{6.2}$$

式(6.1)对应的是不同应力值 σ 的 $\dot{\varepsilon}-t$ 或 $\varepsilon-t$ 曲线,式(6.2)对应的是不同时刻 t 的 $\sigma-\dot{\varepsilon}$ 或 $\sigma-\varepsilon$ 曲线。对应于不同 σ 下的 $\varepsilon-t$ 曲线称为蠕变曲线,而对应于不同 t 下的 $\sigma-\varepsilon$ 曲线称为等时曲线。当 $t=0$ 时等时曲线为瞬时变形曲线,而当 $t \rightarrow \infty$ 时等时曲线为稳定变形曲线,只有当衰减蠕变存在时这种曲线才存在。

1. 应力-应变等时曲线图

(1) 全部不相似曲线。每一根曲线都有自身的函数 $\sigma=\varphi_i(\varepsilon)$;

(2) 除 $t=0$ 的曲线外其他曲线相似,均可用同一函数 $\sigma=\varphi(\varepsilon)$ 表达,瞬时变形曲线函数为 $\sigma=\varphi_0(\varepsilon)$;

(3) 所有曲线均相似可用同一函数 $\sigma=\varphi(\varepsilon)$ 表达。

2. 等时曲线和蠕变曲线的相似

等时曲线的相似条件:

$$\varphi(\varepsilon) = \sigma\Psi(t) \tag{6.3}$$

蠕变曲线的相似条件:

$$\sigma = f(\varepsilon)\Phi(t) \tag{6.4}$$

其中:$\varphi(\varepsilon)$ 和 $f(\varepsilon)$ 为在任意时刻与应变和应力有关的函数;$\Psi(t)$ 和 $\Phi(t)$ 为时间函数,$\Phi(t)$ 也称为蠕变函数。

3. 变形函数 $\varphi(\varepsilon)$

对于传统材料,塑性变形仅在达到流限后开始,但对于土体,弹性和塑性变形几乎是在加载时同时出现,因此,应力和应变之间的关系可以用二项式(6.5)来描述:

$$\varepsilon = \sigma/G + f(\sigma) \tag{6.5}$$

其中:σ/G 表示弹性变形,$f(\sigma)$ 表示塑性变形。对于土体而言,在累计曲线中弹性变形较少,因此,曲线可能用一项非线性关系式 $\varepsilon = f(\sigma)$ 或 $\sigma = \varphi(\varepsilon)$ 来描述。对于土体而言,最适用的是幂函数和双曲线函数。

4. 时间函数

一般情况下,时间函数为几个函数的总和,但通常为简化起见采用单项式,这对不大的应力范围来说是正确的。其中最为普遍的是幂函数、对数函数和分数-线性函数。

本章研究在恒定应力下随时间发展的剪切变形方程,为了研究蠕变规律,本章从试验中按等时曲线确定 $\varphi(\varepsilon)$ 或 $f(\varepsilon)$,按蠕变曲线确定 $\Psi(t)$ 或 $\Phi(t)$。通常采用幂函数、对数函数、双曲线函数及指数函数来确定等时曲线和蠕变曲线。

6.3.2 Singh-Mitchell 蠕变模型及其应用

6.3.2.1 Singh-Mitchell 蠕变模型

1968 年,Singh. A 和 Mitchell J. K. 提出了广泛应用的 Singh-Mitchell 蠕变模型。在总结了单级常应力加载,排水与不排水三轴压缩试验数据的基础上,对于应力-应变关系采用指数函数,应变-时间则采用幂函数。Singh-Mitchell 蠕变模型可表示为:

$$\dot{\varepsilon} = A\exp(\alpha D_r)(t_1/t)^m \tag{6.6}$$

其中:$\dot{\varepsilon}$ 为任一 t 时刻的应变速率;$A = \dot{\varepsilon}(t_1, D_0)$ 理论上是在单位时间 t_1 时刻,且偏应力 $D = \sigma_1 - \sigma_3 = 0$ 时的应变速率;α 为应变速率对数与剪应力关系图中线性段的斜率;$D_r = (\sigma_1 - \sigma_3)/(\sigma_1 - \sigma_3)_f$;$t_1$ 为单位时间;m 为 $\ln\dot{\varepsilon} - \ln t$ 关系图中直线斜率绝对值,从已有的数据来看,m 值介于 $0.75 \sim 1.0$ 之间,控制着应变速率随时间减小的速度,尽管对参数 m 还没有明确的物理解释,但根据研究发现,对于一定的土,其 m 值不是唯一的,并且固结和超固结都会引起 m 的变化。

对上式积分可分为两种情况,分别为 $m=1$ 和 $m \neq 1$

(1) $m=1$

$$\varepsilon = Ae^{\alpha D_r}t_1\ln t \tag{6.7}$$

（2）$m \neq 1$

$$\varepsilon = Ae^{aD_r}t_1^m \frac{1}{1-m}t^{1-m} \tag{6.8}$$

即

$$\varepsilon = \frac{At_1}{1-m}e^{aD_r}\left(\frac{t}{t_1}\right)^{1-m} \tag{6.9}$$

$$\varepsilon = Be^{aD_r}\left(\frac{t}{t_1}\right)^n \tag{6.10}$$

令 $t = t_1 = 60$ min

$$\varepsilon = Be^{aDr} \tag{6.11}$$

对式（6.11）取对数

$$\ln\varepsilon = \ln B + \alpha D_r \tag{6.12}$$

根据式（6.12）可知，α、B 可从直线 $\ln\varepsilon - D_r$ 中得到，其中 α 为斜率，$\ln B$ 为截距。

6.3.2.2　试验曲线的 Singh-Mitchell 模型验证

1. 参数 n 的确定

根据式（6.10）可知：

$$\varepsilon = \varepsilon_1\left(\frac{t}{t_1}\right)^n \tag{6.13}$$

$$\ln\varepsilon - \ln\varepsilon_1 = n(\ln t - \ln t_1) \tag{6.14}$$

则参数 n 为蠕变曲线 $\ln\varepsilon - \ln t$ 的斜率。根据三轴蠕变试验结果，可拟合出不同情况下 $\ln\varepsilon - \ln t$ 曲线，如图 6.13 所示。

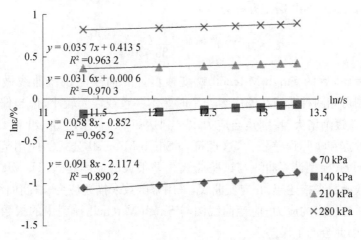

图 6.13　200 kPa 围压下土样的 $\ln\varepsilon - \ln t$ 曲线

对不同情况下 $\ln\varepsilon - \ln t$ 曲线拟合后斜率 n 的值见表 6.3。

表 6.3 不同偏应力下的参数 n

偏应力/kPa	70	140	210	280
n	0.091 8	0.058 8	0.031 6	0.035 7

n 的平均值为：$n = 0.054\ 475$

2. 参数 B 和 α 的确定

对应不同围压下 D_r 均为 0.2、0.4、0.6、0.8，取 $t=1$ d 绘制 $\ln\varepsilon - D_r$ 曲线，如图 6.14 所示。

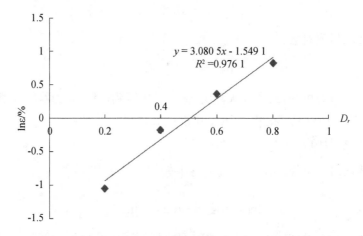

图 6.14 200 kPa 围压下土样的 $\ln\varepsilon - D_r$ 曲线

则 Singh-Mitchell 蠕变方程为

$$\varepsilon = 0.212e^{3.080\ 5D_r}\left(\frac{t}{86\ 400}\right)^{0.054\ 475} \tag{6.15}$$

取 $t_1 = 1$ d 后的 Singh-Mitchell 蠕变模型计算曲线与试验曲线做比较见图 6.15。由图可知两种曲线在偏应力较小时基本一致或误差较小，但当偏应力逐渐增大时，误差逐渐增大，特别是当应力水平到达 80% 后，采用 Singh-Mitchell 公式拟合出的数据和实际误差较大，这也符合 Singh-Mitchell 公式的应用范围。造成 Singh-Mitchell 模型计算曲线与试验曲线相差很大的原因是 Singh-Mitchell 模型中采用指数函数来描述应力-应变曲线，采用幂函数来描述应变-时间曲线，但通过三轴流变试验得出的应力-应变曲线图与 Singh-Mitchell 模型中的指数函数有一定的差距，因此会产生误差。

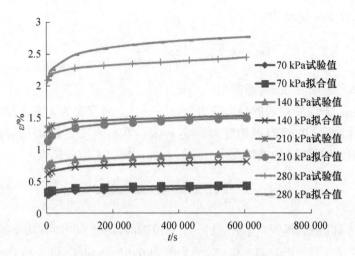

图 6.15　试验与 Singh-Mitchell 模型计算曲线

6.3.3　Mesri 蠕变模型及其应用

6.3.3.1　Mesri 蠕变模型

1981 年,Mesri 在 Singh-Mitchell 模型的基础上进行了改进,将应力-应变曲线由指数函数改为幂函数,应变-时间曲线由幂函数改为 Konder 双曲线,由此提出了著名的 Mesri 模型,足以描述土体从零应力到破坏应力全过程的蠕变曲线。

1. 应变-时间关系

时间函数可以选用不同的函数形式,包括幂函数、对数函数、双曲线函数和指数函数。Mesri 选用幂函数来表达应变-时间关系:

$$\varepsilon = \varepsilon_1 \left(\frac{t}{t_1} \right)^n \tag{6.16}$$

式中,ε_1 为 $t = t_1$ 时的应变。绘制 $\ln\varepsilon - \ln t$ 曲线图,斜率为 n。

2. 应力-应变关系

Mesri 模型中应力-应变关系采用由 Konder(1963)提出的双曲型应力-应变方程,用以模拟土在常速率轴向变形条件下的应力-应变曲线,该等轴双曲线写作:

$$\sigma_1 - \sigma_3 = \frac{\varepsilon}{a + b\varepsilon} \tag{6.17}$$

由式(6.17)可知初始切线模量 E_u 为

$$E_u = \frac{\mathrm{d}(\sigma_1 - \sigma_3)}{\mathrm{d}\varepsilon} \Big|_{\varepsilon=0} = \frac{1}{a} \tag{6.18}$$

最终应力差 $\sigma_1-\sigma_3$ 为

$$(\sigma_1-\sigma_3)_{\text{ult}}=\lim_{\varepsilon\to\infty}\frac{\varepsilon}{a+b\varepsilon}=\frac{1}{b} \tag{6.19}$$

3. Mesri 应力-应变-时间模型

双曲型应力-应变曲线的最大应力差 $(\sigma_1-\sigma_3)_{\text{ult}}$ 当应变为无穷大时才能达到，然而，对土体所观测的实际破坏应力差 $(\sigma_1-\sigma_3)_f$ 在有限应变 ε_f 时即可达到。为了使双曲线通过所观测到的破坏点 $[\varepsilon_f,(\sigma_1-\sigma_3)_f]$，特引入拟合比 R_f：

$$R_f=\frac{(\sigma_1-\sigma_3)_f}{(\sigma_1-\sigma_3)_{\text{ult}}}=\frac{(\sigma_1-\sigma_3)_f}{1/b} \tag{6.20}$$

Konder(1963)测得 R_f 值在 0.89～1.0 范围内，均值为 0.95；从文献有关数据计算所得的 R_f 值位于 0.85～0.98，平均值为 0.91；Daniel & Olson(1974)发表的 R_f 值位于 0.71～1.0，平均值为 0.88。

将式(6.18)～(6.20)代入(6.17)可得

$$\varepsilon=\frac{(\sigma_1-\sigma_3)_f}{E_u}\cdot\frac{D_r}{1-R_fD_r} \tag{6.21}$$

将式(6.21)和式(6.16)组合可得

$$\varepsilon=\frac{(\sigma_1-\sigma_3)_f}{E_u}\cdot\frac{D_r}{1-R_fD_r}\left(\frac{t}{t_1}\right)^n \tag{6.22}$$

式(6.22)为不排水条件下的 Mesri 蠕变模型。

当 $t=t_1$ 时，

$$\frac{\varepsilon}{D_r}=\left(\frac{2}{E_u/S_u}\right)_1+(R_f)_1\varepsilon \tag{6.23}$$

其中，$S_u=\frac{1}{2}(\sigma_1-\sigma_3)_f$，由式(3.23)可知，$\left(\dfrac{2}{E_u/S_u}\right)_1$ 为 t_1 时刻下 $\dfrac{\varepsilon}{D_r}$-ε 关系图中的截距，$(R_f)_1$ 为斜率。

6.3.3.2　试验曲线的 Mesri 模型验证

采用 Mesri 蠕变方程处理 200 kPa 围压下的三轴流变试验数据。

1. 参数 n 的确定

参数 n 的确定方法同 Singh-Mitchell 蠕变方程，因此，$n=0.054\ 475$。

2. Mesri 公式确定

取 $t=t_1$ 绘制 $\dfrac{\varepsilon}{D_r}$-ε 关系曲线，如图 6.16。

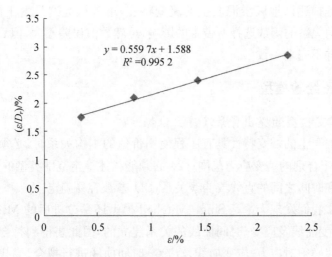

图 6.16　200 kPa 围压下土样的 $\dfrac{\varepsilon}{D_r}$-ε 关系曲线

则 Mesri 蠕变方程为

$$\varepsilon = 1.588 \cdot \frac{D_r}{1 - 0.559\,7D_r}\left(\frac{t}{t_1}\right)^{0.054\,475} \tag{6.24}$$

取 $t_1 = 1$ d 的 Mesri 蠕变模型计算曲线与试验曲线做比较,见图 6.17。

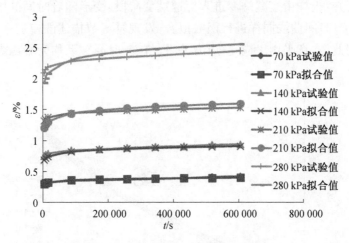

图 6.17　试验与 Mesri 模型计算曲线

由图可知两种曲线在应力水平较小时基本一致,当应力水平较大时,二者存在一定误差,但相对比 Singh-Mitchell 模型与试验曲线来看误差较小。从图中还可以发现,Mesri 经验模型曲线会从试验曲线中穿过,这说明虽然 Mesri 经验模型与试验误差不大,但随着时间的增长,曲线后期的误差会慢慢增大,因而 Mesri 模型

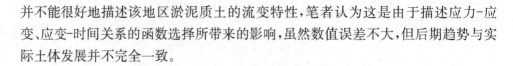

并不能很好地描述该地区淤泥质土的流变特性,笔者认为这是由于描述应力-应变、应变-时间关系的函数选择所带来的影响,虽然数值误差不大,但后期趋势与实际土体发展并不完全一致。

6.3.4　修正经验模型

6.3.4.1　蠕变模型的提出背景及建立依据

在建立关于土的蠕变特性具有工程使用价值的本构关系时,必须满足以下准则:(1)适用于合理的蠕变应力范围;(2)必须能描述一定范围类型的土;(3)必须考虑到应力和时间之间的直线或曲线关系;(4)参数容易确定。

根据上文我们发现无论是 Singh-Mitchell 模型还是改进后的 Mesri 模型都是基于应力-应变曲线及应变-时间曲线的关系建立的,因此要得到符合芜湖淤泥质土的蠕变规律必须对应力-应变曲线及应变-时间曲线进行拟合,寻找符合其规律的函数。文献研究发现,应力-应变曲线的关系可以由幂函数、双曲函数表示,应变-时间曲线的关系可以由幂函数、对数函数、指数函数及双曲函数来表示。

根据图 6.18 应力-应变等时曲线可知:轴向应变随着偏应力的增大而加速增大,对应变-应力等时曲线分别进行了幂函数、双曲函数及指数函数的拟合,最终发现幂函数描述的有关应变-应力的等时曲线较为合适。根据图 6.19 应变-时间曲线可知:土样由衰减蠕变进入等速蠕变阶段,变形随着时间的增长而缓慢增长,对应变-时间曲线同样进行函数拟合,发现幂函数描述的应变-时间曲线较为合适。因此,本章采用以应变-应力关系、应变-时间关系均为幂函数的曲线进行拟合。

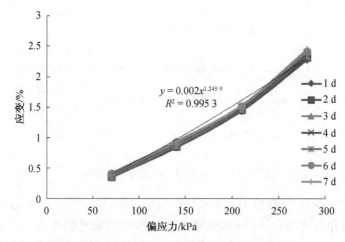

图 6.18　200 kPa 围压下应力-应变等时曲线

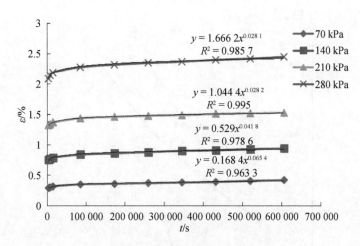

图 6.19　200 kPa 围压下应变-时间曲线

6.3.4.2　蠕变模型的建立及参数的确定

维亚洛夫根据试验所得的等时曲线和蠕变曲线，得到了不同关系的蠕变方程，其中包括幂次关系、对数关系、指数关系及分数-线性关系等。在建立蠕变方程的过程中维亚洛夫会将应力-应变关系和应变-时间关系选择相同的函数表达方式，在实际建立蠕变方程的过程中应力-应变和应变-时间可选用不同的函数形式进行组合。根据前文所描述的应力-应变、应变-时间关系，本章所建立的蠕变方程如下：

$$\varepsilon = A D_r^m \left(\frac{t}{t_1} \right)^n \tag{6.25}$$

其中，$D_r = (\sigma_1 - \sigma_3)/(\sigma_1 - \sigma_3)_f$，为应力水平，$t_1$ 为单位时间。需要确定的模型参数为 A、m、n。下面分别介绍这三个参数的确定方法。

1. 参数 A、m 的确定

当 $t = t_1$ 时，式(6.25)可表示为 $\varepsilon_1 = A D_r^m$，取 $t_1 = 1$ d 时的应力-应变等时曲线，见图 6.20，通过数值拟合可以确定 $A = 2.948\,6$，$m = 1.337\,7$。

2. 参数 n 的确定

参数 n 的确定同 Singh-Mitchell 经验方程，则 $n = 0.054\,475$。

则蠕变方程为

$$\varepsilon = 2.948\,6 D_r^{1.337\,7} \left(\frac{t}{t_1} \right)^{0.054\,475} \tag{6.26}$$

6.3.4.3　蠕变模型验证

取 $t_1 = 1$ d 的修正经验蠕变模型曲线与试验曲线、Singh-Mitchell 模型曲线及

Mesri 模型曲线做比较,见图 6.21。

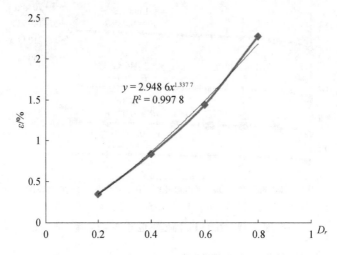

$$y = 2.948\ 6x^{1.337\ 7}$$
$$R^2 = 0.997\ 8$$

图 6.20　200 kPa 围压下应变与应力水平的关系

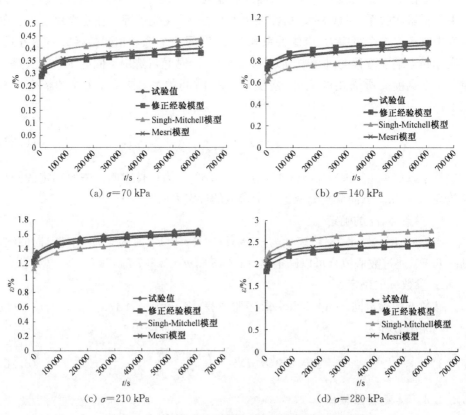

（a）$\sigma = 70$ kPa

（b）$\sigma = 140$ kPa

（c）$\sigma = 210$ kPa

（d）$\sigma = 280$ kPa

图 6.21　200 kPa 围压下试验与三种模型计算曲线

由图可知修正后的经验模型曲线,相较 Singh-Mitchell 模型曲线和 Mesri 模型曲线更能够准确地反映该地区淤泥质土流变特性,特别是在偏应力较大时,Singh-Mitchell 模型与试验曲线相比虽然开始的变形近乎相等,但之后的趋势相差越来越大,Mesri 模型虽然与试验曲线在开始阶段相差不大,但后期变形逐渐大于试验曲线,而修正后的经验模型虽然在开始阶段与试验曲线有一定的误差,但从图中可以发现后期基本与试验曲线保持一致,因此修正后的经验蠕变模型能够很好地反映该地区的淤泥质土流变的工程特性。

6.3.5　Abaqus 蠕变模型建立及参数确定

6.3.5.1　扩展 Drucker-Prager 模型

Abaqus 中扩展的 Drucker-Prager 模型是对修正 Drucker-Prager 模型进行了进一步扩展,在其中嵌入了相应的蠕变法则和固结理论,能较好地反映土体的非线性特性,而且该模型的参数较少在实际工程中能得到广泛的应用。Drucker-Prager 模型的屈服准则取决于屈服面在子午面中的形状,分为线性模型、双曲线模型和指数模型,三种模型在子午面的屈服轨迹如图 6.22 所示。

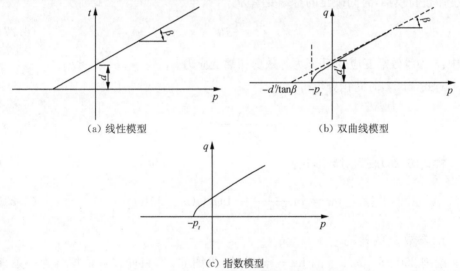

（a）线性模型　　　　　　　　（b）双曲线模型

（c）指数模型

图 6.22　子午面上的屈服轨迹

模型的选取主要取决于以下一些影响因素:分析类型、材料种类、用于标定模型参数的试验数据以及材料所承受的围压应力水平。通常,通过试验可获得在不同围压下的三轴试验数据,或者以黏聚力和内摩擦角形式给出的试验数据,或者三轴拉伸试验数据。如果提供了三轴试验数据,首先要根据这些试验数据对模型参数进行标定。如果试验数据是以黏聚力和内摩擦角的形式给出,那么可以采用线性模型。如果提供的是 Mohr-Coulomb 模型参数，那么必须将这些参数转换为 Drucker-Prager 模型的参数。线性模型主要适用于应力大部分为受压状态的情况，如果计算模型中的拉应力明显，那么应该提供静水围压拉伸试验数据并且采用双曲线模型。本次试验模型采用线性 Drucker-Prager 与蠕变模型进行耦合。

一旦同时激活蠕变和 D-P 塑性，Abaqus 会自动采用耦合解，耦合解采用如下的计算假定：

(1) 弹性阶段是各项同性的线弹性；

(2) 双曲线塑性流动势；

(3) 塑性屈服面采用子午线为线性的 D-P 屈服面，在 π 平面上是闭合的($k=1$)。

6.3.5.2 蠕变模型及参数确定

在荷载作用下，混凝土、软岩及土都具有某种程度的变形。随时间逐渐增加的特性即蠕变特性。Abaqus 扩展的 Drucker-Prager 模型中嵌入了相应的蠕变法则和固结理论，能较好地反映土体的非线性特性。在子程序中包含了时间硬化的幂蠕变率、应变硬化的幂蠕变率及 Singh-Mitchell 蠕变模型。本章采用时间硬化幂蠕变率进行模拟，时间硬化的幂蠕变率为：

$$\dot{\varepsilon} = A\sigma^n t^m \tag{6.27}$$

其中：$\dot{\varepsilon}$ 为等效蠕变应变率，σ 为等效剪切蠕变应力。

对式(6.27)时间积分可得

$$\varepsilon = \frac{A}{m+1}\sigma^n t^{m+1} \tag{6.28}$$

将式(6.28)改为对数形式：

$$\ln\varepsilon = \ln\frac{A}{m+1} + n\ln\sigma + (m+1)\ln t \tag{6.29}$$

1. 参数 m 的确定

绘制 200 kPa 围压下的 $\ln\varepsilon - \ln t$ 曲线，见图 6.23，将曲线数值拟合为一条直线，其中斜率为 $m+1$，截距为 $\ln\frac{A}{m+1} + n\ln\sigma$。

由图 6.23 可知：$m+1=0.054\,475$ $m=-0.945\,525$。

2. 参数 n 的确定

绘制 200 kPa 围压下当时间为定值时的 $\ln\varepsilon - \ln t$ 曲线，见图 6.24，将曲线拟合为一条直线，其中斜率为 n，截距为 $\ln\frac{A}{m+1} + (m+1)\ln t$。

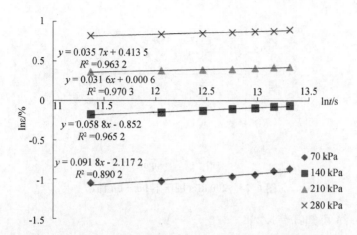

图 6.23　200 kPa 围压下 $D_r = 0.2$ 时 $\ln\varepsilon$ - $\ln t$ 曲线

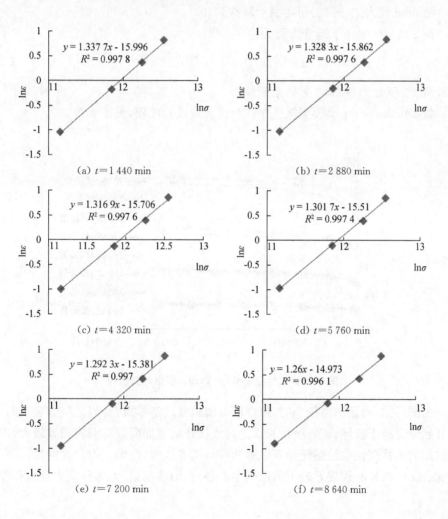

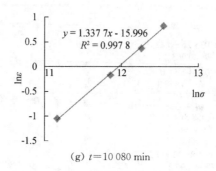

(g) $t=10\,080$ min

图 6.24　200 kPa 围压下 lnε - ln$t$ 曲线

由图 6.24 可知:$n=1.298$。

3. 参数 A 的确定

将 m、n 代入式(6.28)可得 $A=5.27\times10^{-9}$。

则 200 kPa 围压下蠕变方程为:

$$\varepsilon = 9.67\times10^{-8}\sigma^{1.298}t^{0.054\,475} \tag{6.30}$$

6.3.5.3　试验曲线的蠕变模型验证

将 Drucker-Prager 模型蠕变曲线与试验曲线做比较,见图 6.25。

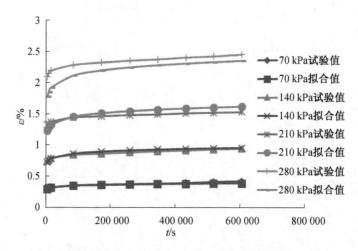

图 6.25　试验与 Drucker-Prager 模型计算曲线

由图可知,当偏应力较小时,拟合值与试验曲线基本重合;当偏应力较大时,土样开始慢慢趋于破坏,试验曲线和理论曲线在开始施加荷载的瞬间误差较大,但随着时间的推移理论曲线慢慢趋于试验曲线。笔者认为,在偏应力较大的情况下,造成加载初期两种曲线误差较大的原因主要是:在加载初期,大部分应力是由孔隙水压力承担,土样变形也主要是由于孔压消散引起,当偏应力较大时,土样产生的瞬时变形较大,而理论公式中所得到的变形,则是土样在长期荷载作用下的变形,因此在加载初期,二者会产生一定的误差,随着时间的推移,土样的变形主要是蠕变变形,则误差慢慢减小。通过试验曲线和理论曲线对比,可以发现该模型所采用的拟合参数少并且能够在一定荷载范围内较好地反映该地区淤泥质土的流变特性,为实际工程提供依据。因此,本章采用 Drucker-Prager 蠕变模型对安徽芜湖青弋江淤泥质土进行有限元分析。

6.4　考虑淤泥质土流变特性的堤防沉降分析

6.3 节根据室内流变试验结果建立了流变本构方程,为获得实际工程中考虑土体流变特性的堤防沉降数据,本节以安徽芜湖青弋江工程为研究对象,通过有限元数值模拟的方法,研究淤泥质土流变特性对沉降量的影响,并分析蠕变参数对最终沉降的影响。

6.4.1　有限元模型建立

本章对安徽芜湖青弋江工程石跪圩堤段 Z34+380 断面进行有限元沉降模拟,建立两个有限元模型,一是不考虑土体的流变,土体采用 D-P 塑性模型模拟;二是考虑土体的流变特性,对土体采用时间硬化与扩展 D-P 塑性耦合的蠕变模型进行计算。边界约束及有限元网格见 5.4.2.5 节。

6.4.1.1　计算模型基本假定

(1) 由于堤防是线性建筑物,具有足够的长度,因此可将堤防变形简化为平面变形,即模型按平面应变问题进行分析。

(2) 土中孔隙水的流动符合达西律,即水、土为流固耦合体。

(3) 土的渗透系数假定为常数,且土为饱和土。

(4) 不考虑堤防施工过程中地下水位的变化。

6.4.1.2　模型几何参数

整个计算模型下部宽为 120 m,高为 18 m,上部为堤防填土,堤防填土高度为 8 m,分层填筑,中间路堤填土一共分为 7 层填筑,下往上填筑高度分别为 1.5 m、1.5 m、1 m、1 m、1 m、1 m、1 m。两边内外平台为淤泥质土,分两层填筑,每层均为 1.5 m,如图 6.26。

6.4.1.3　堆载及荷载步的确定

载荷主要是土体自重和水压力,由于土体的自重荷载会使土体产生沉降,故要进行初始地应力平衡。平衡后土体的初始位移几乎为零,可忽略不计,这样能有效

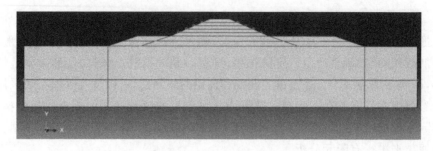

图 6.26   ABAQUS 模型图

地模拟土体在填筑前的初始状态。首先填筑堤坝最底层 1.5 m,再填筑两边平台淤泥质土至 1.5 m;再填筑倒数第二层堤身填土,同样是 1.5 m;堤身填好后,填筑两边平台淤泥质土 1.5 m 厚,此时堤防高度为 3 m;最后依次填筑堤身剩下的五层,即每层 1 m 至堤身顶部。水压力按照《安徽省青弋江分洪道工程南陵渡—三埠管段利用河道开挖料填筑堤防内外平台施工技术总结》中的设计洪水水位进行模拟。

6.4.1.4   计算参数选取

淤泥质土和堤防的本构模型选择 Drucker-Prager 模型,粉质黏土选取 Clay Plasticity 模型。除了勘察报告及室内试验提供的数据外,还有部分数据需要经过转换才能用于 ABAQUS 的计算。具体参数见表 6.4 和表 6.5。

表 6.4   Drucker-Prager 模型参数

材料类型	$\gamma_d/(kN/m^3)$	c/kPa	$\varphi/(°)$	E/MPa	μ	$\beta/(°)$	k
堤身填土	17.8	31.8	35.3	20	0.25	45	1.00
淤泥质土	17.3	23	21.1	15	0.35	31.94	1.00

表 6.5   Clay Plasticity 模型参数

材料类型	$\gamma_d/(kN/m^3)$	c/kPa	$\varphi/°$	κ	ν	λ	M	$\alpha_0/(N/m^2)$	β	K	e_1
粉质黏土	18.1	33	12	0.02	0.31	0.07	0.5	0.00	1	1	1.02

土体蠕变参数为 $A=5.27×10^{-9}, m=-0.945\,525, n=1.298$。

1. 弹性模量 E 和泊松比 μ

弹性模量 E 是在无侧线压缩试验和不排水三轴剪切试验经过反复加荷—卸荷得到。一般在数值分析时,根据经验选取压缩模量的 3~5 倍。压缩模量 E_s 是土体在完全侧限条件下的有效应力与应变的比值,一般可通过压缩曲线得到。根据室内压缩试验和现场勘察报告,取 $E_s=5$ MPa,$E=15$ MPa。

泊松比 μ 是土侧向应变和竖向应变的比值,查阅相关文献,取 $\mu=0.35$。

2. D-P 模型参数确定

由于堤防是线性建筑物,具有足够的长度,因此模型按平面应变问题进行分析。根据三轴试验所得到的数据为 M-C 模型参数,D-P 模型与 M-C 模型的参数并不相等,可以通过公式进行互换。

由于是平面应变问题,可以假定 $k=1$。D-P 与 M-C 模型的参数关系如下:

$$\sin\varphi = \frac{\tan\beta\,\sqrt{3(9-\tan^2\psi)}}{9-\tan\beta\tan\psi} \tag{6.31}$$

$$\cos\varphi = \frac{\sqrt{3(9-\tan^2\psi)}}{9-\tan\beta\tan\psi} \tag{6.32}$$

对于相关联的流动法则,$\psi=\beta$,从而得到:

$$\tan\beta = \frac{\sqrt{3}\sin\varphi}{\sqrt{1+\frac{1}{3}\sin^2\varphi}} \tag{6.33}$$

$$\frac{d}{c} = \frac{\sqrt{3}\cos\varphi}{\sqrt{1+\frac{1}{3}\sin^2\varphi}} \tag{6.34}$$

对于非相关联的流动法则,由 $\psi=0$,可得:

$$\tan\beta = \sqrt{3}\sin\varphi \tag{6.35}$$

$$\frac{d}{c} = \sqrt{3}\cos\varphi \tag{6.36}$$

其中,c、φ 分别为 Mohr-Coulomb 模型中的黏聚力和摩擦角,β 为 Drucker-Prager 模型中的 p-q 平面上的摩擦角,ψ 为膨胀角,d 为 Drucker-Prager 模型的黏聚力,采用非相关联流动法则进行。

6.4.2　沉降计算结果分析

分别计算不考虑流变和考虑流变两种情况下的沉降,如图 6.28、图 6.29。具体结果分析如下。

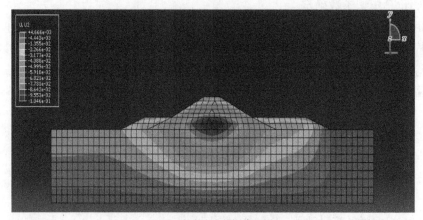

（a）不考虑流变的沉降云图

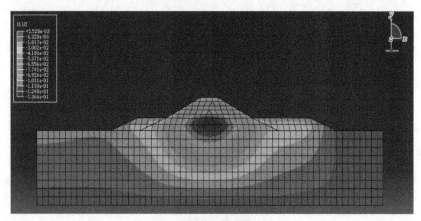

（b）考虑流变的沉降云图

图 6.28　$t=10$ 年时的沉降云图

　　由 ABAQUS 数值模拟得到的沉降云图如上述所示。图中竖向位移的单位是 m，负号表示位移方向沿 y 轴反方向，即为沉降。由图可知，在考虑流变和不考虑流变两种情况下，二者的沉降趋势是一致的，从外到内，说明位移从小到大，其中沉降最大值在堤坝底部中心处，不考虑流变的情况下，历时十年后的沉降最大值是 10.46 cm，考虑流变的情况下，历时十年后的沉降最大值是 13.67 cm，可以发现蠕变沉降约占总沉降量的 25%，由此可以说明在进行沉降分析时，流变作用不可忽视。

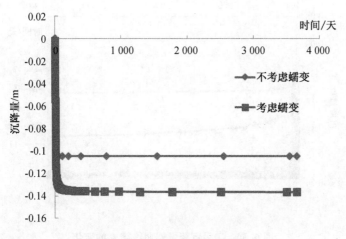

图 6.29　$t=10$ 年时沉降曲线

6.4.3　不同参数对沉降量的影响

在 Drucker-Prager 模型的时间硬化法则与塑性耦合中,一共有七个参数,分别为 E、μ、c、φ、A、m、n。其中,E、μ、c、φ 为扩展 D-P 模型的参数,A、m、n 为时间硬化蠕变模型的参数。E 为杨氏模量,μ 为泊松比,c 是土体的黏聚力、φ 表示摩擦角,A 反映了土蠕变速率的数量级,m 控制了蠕变随时间增长而减小的速度,n 反映了偏应力对于蠕变的影响。其中 E、μ、c、φ、A、m、n 均由室内试验或现场勘察报告得到,因此,参数的选择影响了模型的计算结果。下文分别对 E、μ、c、φ、A、m、n 参数进行分析。

6.4.3.1　蠕变参数 A 的影响

参数 A 的取值与蠕变应变率的时间单位有关,其中时间单位可以是秒,也可以是年,相差的量级较大,A 可以取很小的值,但当 A 小于 10^{-27} 时,材料计算会出现较大的数值误差,因此,A 的数值不能过小。分别取不同数量级的参数 A 为代表,考虑蠕变参数 A 对沉降的影响,见图 6.30。

由图 6.30、图 6.31 可以发现:

(1)最终沉降随蠕变参数 A 数量级的增大而增大,这是由于 A 越大,土体的蠕变速率就越大。因此,在相同荷载作用下,经过相同的时间,蠕变速率越大,产生的沉降就越大。

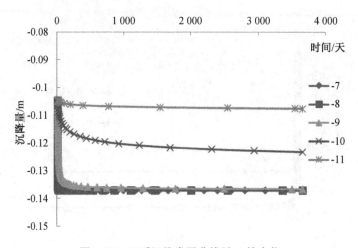

图 6.30 工后沉降发展曲线随 A 的变化

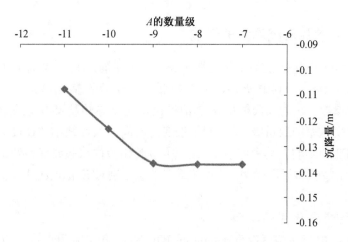

图 6.31 最终沉降量随 A 的变化曲线

（2）当 A 的数量级从 10^{-7} 降低到 10^{-9} 时，对沉降影响较小；但当 A 的数量级从 10^{-9} 降低到 10^{-10}、10^{-10} 降低到 10^{-11} 时，可以明显发现沉降变化明显，此时蠕变参数 A 对沉降的影响较大。

（3）随着 A 数量级的增大，沉降稳定所需的时间较短，由图 6.30 可知，当 A 的数量级为 10^{-10} 时，十年后土体的沉降依然没有结束，而随着 A 数量级的增大，土体在一年左右基本完成沉降。

蠕变是一个缓慢的过程，因此 A 的值一般来说比较小。通过室内三轴流变试验得到安徽芜湖地区淤泥质土的 A 的数量级在 10^{-8} 到 10^{-9} 之间。A 的取值主要是根据土体的组成、结构及应力历史。当土体内含有的软粒成分较多或土体的含水量较大时，土体的粘滞性就比较明显，因此 A 的数量级相对比较大。根据试验和有关文献可知，对于淤泥质黏土 A 的数量级在 10^{-9} 到 10^{-8} 之间。

6.4.3.2　蠕变参数 m 的影响

根据 $\dot{\varepsilon}=A\sigma^n t^m$ 可知，在一定应力水平下，应变速率和时间为幂函数关系。通过蠕变试验可以发现，应力水平未达到屈服应力时，蠕变曲线仅有加速蠕变和稳定蠕变两个阶段，从蠕变曲线可以看出，土体的蠕变速率随着时间的增长在慢慢减小，因此，指数 m 应小于 0。根据 $\varepsilon=\dfrac{A}{m+1}\sigma^n t^{m+1}$ 可知，在一定应力水平下，应变和时间也为幂函数关系。根据蠕变曲线可知，应变随时间的增长而增长，因此，$m+1>0$，$m>-1$。取不同 m 值观测沉降随蠕变参数 m 的变化，如图 6.32。

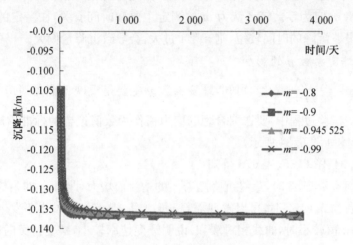

图 6.32　工后沉降发展曲线随 m 的变化

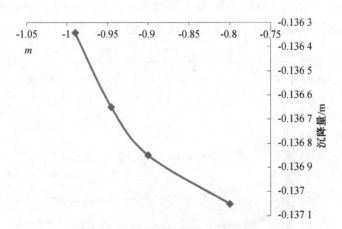

图 6.33　最终沉降量随 m 的变化曲线

由图 6.32、图 6.33 可知:

(1) 最终沉降值随 m 的增大而增大,但可以发现 m 值的变化对最终沉降的影响并不大;

(2) 当 m 值较小时,在一定应力水平下,蠕变速率较小,曲线相对比较缓和,因此蠕变持续的时间较长,由上述曲线可知当 $m=-0.99$ 时,十年后工后沉降仍在持续,随着 m 的增大,当 $m=-0.8$ 时,沉降在 3 年左右已经基本结束。m 值越大,到达最终沉降所需的时间越短。

综上所述可知,随着蠕变参数 m 的增大,沉降逐渐增大,同时达到最终沉降的时间逐渐减小,但 m 值对沉降的影响并不大,因此,在很多文献中并不考虑 m 对蠕变的影响,将 m 定为零。笔者认为 m 的测定主要和时间有关,在一定的应力水平下,若达到最终沉降的时间较短,则 $m+1$ 过大,会导致沉降量偏大。

6.4.3.3 蠕变参数 n 的影响

根据公式 $\varepsilon=\dfrac{A}{m+1}\sigma^{n}t^{m+1}$ 可知,蠕变参数 n 主要是反映偏应力对应变的影响,因此,在室内试验过程中,要选取合理的应力值作为数值拟合的标准。蠕变参数 n 对沉降的影响如图 6.34 所示。

由图 6.34、图 6.35、表 6.6 可知:

(1) 当 $1<n<1.3$ 时,最终沉降随着 n 的增大而增大,此时,n 对最终沉降的影响比较明显;当 $n>1.3$ 时,可以发现随着 n 的增大,最终沉降基本不发生变化。

(2) 当 n 值较小时,曲线相对缓和,说明蠕变速率较小,蠕变持续时间较长;随着 n 值增大,到达最终沉降值的时间逐渐减小,蠕变速率逐渐增大。

综上所述,可知当 n 值较小时,对沉降的影响比较大,随着 n 的增大,对沉降的灵敏度相对减小,因此,数据拟合时要选取合理的 n 值。

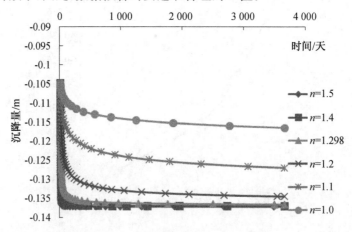

图 6.34 工后沉降发展曲线随 n 的变化

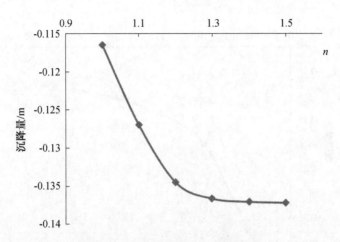

图 6.35　最终沉降量随 n 的变化曲线

表 6.6　最终沉降量随 n 的变化

n	沉降量/m	n 的变化率/%	沉降量变化率/%
1	−0.116 46	−22.96	−14.77
1.1	−0.126 98	−15.25	−7.08
1.2	−0.134 51	−7.55	−1.57
1.298	−0.136 65	0	0
1.4	−0.137 08	7.86	0.32
1.5	−0.137 21	15.56	0.41

6.4.3.4　弹性模量 E 的影响

弹性模量 E 对沉降的影响如图 6.36 所示。

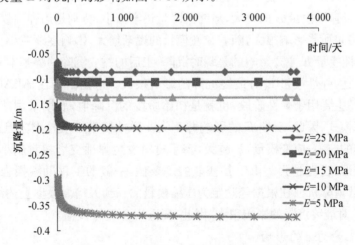

图 6.36　工后沉降发展曲线随 E 的变化

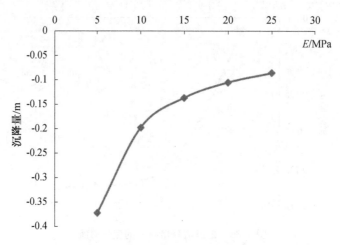

图 6.37　最终沉降量随 E 的变化曲线

表 6.7　最终沉降量随 E 的变化

E	沉降量(m)	E 的变化率(%)	沉降量变化率(%)
5	$-0.372\ 92$	-66.67	172.9
10	$-0.197\ 73$	-33.33	44.70
15	$-0.136\ 65$	0	0
20	$-0.105\ 44$	33.33	-22.84
25	$-0.086\ 45$	66.67	-36.74

由图 6.36、图 6.37、表 6.7 可知：

（1）随着弹性模量 E 的增大，最终沉降量逐渐减小，特别是当弹性模量 E 较小时，最终沉降量所受影响很大，随着弹性模量的逐渐增大，影响逐渐减小。

（2）弹性模量 E 主要影响的是瞬时沉降，工后的蠕变沉降趋势基本一致。

综上所述，弹性模量 E 对最终沉降的影响很大。这是由于在 ABAQUS 的计算过程中，E 主要用于弹性阶段，也就是初始阶段的沉降值，后期采用塑性与蠕变耦合的计算模式，因此，后期 E 的影响并不大。弹性模量 E 是土体在无侧限条件下瞬时压缩的应力-应变模量，E 越大，表示材料发生弹性变形相对越小，刚度大，材料不易变形，脆性越强。由于其获取的复杂性，一般的工程勘察报告中不会给出，一般的数值分析往往根据经验定为压缩模量的三到五倍。根据上述结论，我们可以发现 E 对最终沉降的影响很大，因此，要选用合理的 E 值。

6.4.3.5　黏聚力 c 的影响

黏聚力 c 对沉降的影响如图 6.38 所示。

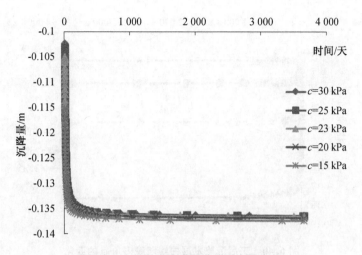

图 6.38　工后沉降发展曲线随 c 的变化

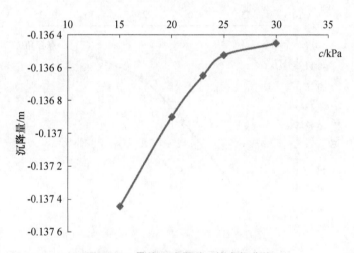

图 6.39　最终沉降量随 c 的变化曲线

由图 6.38、图 6.39 可知：

(1) c 值越大，最终沉降越小，但总体影响并不大；

(2) 当 $c>25$ kPa 时，对沉降的影响慢慢减小。

这是由于土体的黏聚力主要控制的是土体屈服面的形状，c 值越小，屈服面也越小，土体进入塑性较早；c 越大，屈服面越大，土体进入塑性越晚。因此，c 对沉降的影响并不大。

6.4.3.6　摩擦角 φ 的影响

摩擦角 φ 对沉降的影响如图 6.40 所示。

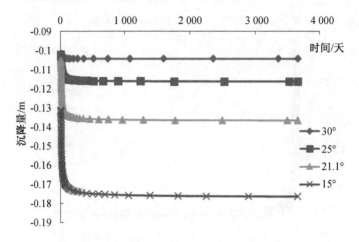

图 6.40　工后沉降发展曲线随摩擦角 φ 的变化

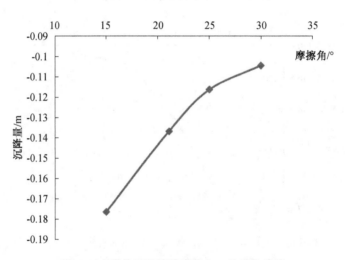

图 6.41　最终沉降量随摩擦角 φ 的变化曲线

表 6.8　最终沉降量随 φ 的变化

φ	沉降量/m	φ 的变化率/%	沉降量变化率/%
15	−0.176 45	−28.91	29.13
21.1	−0.136 65	0	0
25	−0.116 27	18.48	−14.92
30	−0.104 33	42.18	−23.65

由图 6.40、图 6.41、表 6.8 可知：

(1) 摩擦角 φ 越大，沉降越小；

（2）随着摩擦角 φ 的增大，沉降的变化率逐渐减小。

综上所述，摩擦角和黏聚力是土体的抗剪强度指标，这两个指标可通过现场实测或室内三轴试验得到。摩擦角和黏聚力越大，土体的抗剪强度越大，土体的沉降就会越小。因此，合理地选取摩擦角的参数很重要。

6.4.3.7　泊松比 μ 的影响

泊松比 μ 对沉降的影响如图 6.42 所示。

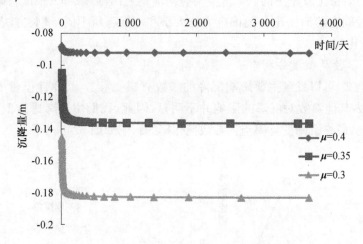

图 6.42　工后沉降发展曲线随泊松比 μ 的变化

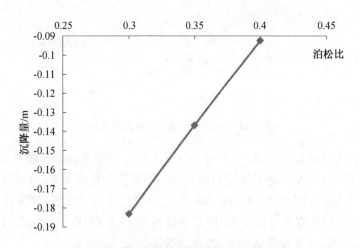

图 6.43　最终沉降量随泊松比 μ 的变化曲线

表 6.9　最终沉降量随 μ 的变化

μ	沉降量/m	μ 的变化率/%	沉降量变化率/%
0.3	-0.1868	-14.28	34.03

续表

μ	沉降量/m	μ 的变化率/%	沉降量变化率/%
0.35	$-0.140\,36$	0	0
0.4	$-0.095\,74$	14.28	-32.37

由图 6.42、图 6.43、表 6.9 可知土体的最终沉降量随着泊松比 μ 的增大而减小。土体的泊松比 μ 是土的侧向应变与竖向应变之比，可以由三轴试验确定，但由于三轴试验确定的泊松比 μ 随偏应力的大小和范围有所不同，试验方法对泊松比 μ 也有很大影响。

6.4.3.8　参数灵敏度分析

根据上文，可以发现主要影响沉降的参数有蠕变参数 n、弹性模量 E、摩擦角 φ、泊松比 μ，其他参数对沉降的影响并不明显，因此，我们主要考虑这四个参数对沉降的影响，最终沉降变化率与各参数变化率的影响如图 6.44。

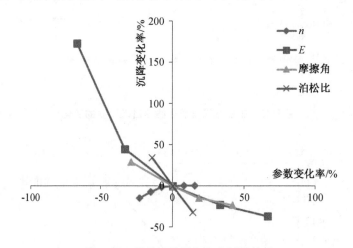

图 6.44　最终沉降量与各参数的关系

由图 6.44 可以发现，在运用扩展 Drucker-Prager 塑性模型与蠕变时间硬化法则耦合计算时，对堤坝沉降灵敏度影响最大的参数是弹性模量 E，摩擦角 φ、泊松比 μ 以及蠕变参数 n 的影响相对弹性模量较小。同时，还可以发现，弹性模量 E，摩擦角 φ、泊松比 μ 与沉降成反向关系，随着参数的增大，沉降逐渐减小；蠕变参数 n 与沉降成正向关系，随着参数的增大，沉降也逐渐增大。

第7章 考虑复合硬壳层的淤泥质土堤防稳定性分析

7.1 引言

岩土材料组成的各种工程结构(如边坡、隧洞、地基基础等),是岩土工程、水利工程的重要组成部分。但由于这种材料本身的特性和所处环境的复杂性,对其力学行为的研究一直是现代计算固体力学中一个极具挑战性的领域(张楚汉,2008)。与金属材料相比,岩土类材料的物理力学特性更为复杂,具有明显的结构性、时效性、应变软化等特性(蒋明镜,2015),基于连续性假设的有限元理论已很难描述其复杂的非线性、大变形的力学特性。

近年来,人们对于岩土材料的研究和认识开始从连续介质力学向非连续的离散力学发展,从宏观介质力学的研究向微观、细观力学的探索转变,而这主要得益于现代计算水平的提升。基于通用离散单元模型框架,以颗粒结构相互作用为基础的离散元颗粒流方法(PFC)在岩土材料的理论和工程应用方面得到了广泛的使用。该方法的计算不受变形量限制,可以轻松地处理非线性、大变形的工程问题,可以从微细观角度揭示结构的累计损伤与变形破坏的机理。岩土工程的许多研究对象,如边坡、堆石坝、路基、垫层、岩石等,本质上均为散体介质胶结或堆积形成,而这些问题能够利用颗粒流方法得到较好的解决。

在我国沿海和内陆地区,软土广泛分布。同时水利工程的建设从未停止,堤坝作为主要的防洪工程之一,为人类的长足发展提供了有效的安全保障。由于堤坝建设土料的运输量大,导致工程造价过高,很多工程都采用就地取土的方式进行堤坝的填筑。因此在软土含量较大的地区,不可避免地需要采用软土作为填筑土料。淤泥质土属于软土的一种,具有软土的一般特性,其含水量高、强度低、固结慢等工程特性,使得淤泥质土土层上的堤基沉降较大,安全性较其他土体较低,影响堤基的正常使用。目前,越来越多的河堤、海堤水利工程等均采用软土进行堤基的填筑,由于软土特殊的性质,需要对其进行变形监测及稳定性分析,以保证工程的安全稳定。

　　本章以芜湖青弋江堤防工程为研究对象,根据土工试验结果标定了两种填土的 PFC 细观力学参数。建立了与实际堤坝基本一致的 PFC 数值模型,利用强度折减法分析了边坡的稳定性能,并得到了相应的安全系数。同时,根据施工过程中分层填筑的特点,探讨了天然复合硬壳层对边坡结构稳定性的影响,主要分析了硬壳层厚度、层数、强度等因素,最终得到了一些有益于指导现场施工的结论。

7.2　颗粒流 PFC 基本原理

7.2.1　简介

　　离散元是将工程中的实体离散为一个个单元,不再符合有限元连续力学介质的宏观假设。离散元的提出最初是为了解决岩石力学问题,后来又扩展到了土体的研究领域。PFC 作为离散元理论的一种代表性软件,基本原理来源于分子动力学,是从微细观角度研究介质力学特性和行为的工具。它的基本构成是圆盘和圆球颗粒,然后利用边界墙(Wall)进行约束,颗粒介质之间通过接触(Contact)黏结在一起,每个小颗粒的运动服从牛顿第二定律,以此来模拟复杂的变形关系和力学行为。这里的"颗粒"并不直接与介质中是否存在颗粒状物质有关,只是用来描述介质特性的一种方式。颗粒为具有一定质量的刚性体,可以移动和转动。软件计算过程中,不需要定义宏观本构关系和参数,而是采用局部接触来反映宏观问题,只需要定义颗粒和接触的几何和细观力学参数。

　　颗粒流软件 PFC 与其他数值软件有一些不同之处:(1) 不能将宏观力学参数直接赋予颗粒流模型,需要对颗粒几何参数、接触模型和细观力学参数进行设置,使数值模型的宏观力学性质与实际介质的性质相吻合。(2) 颗粒材料物理力学特性与其细观结构特征有关,初始条件如地应力场分布,均能影响模型的细观结构特征。不同于其他数值模型软件,体现了应力环境对介质物理力学性质的影响。(3) PFC 在进行建模分析时,不需要为材料给定宏观的本构关系,PFC 是采用细观的接触来反映宏观的力学问题。因此只需选择合适的接触模型,并为模型赋予相应的细观参数。模型的本构性质由颗粒的相互作用体现,如接触的破坏和颗粒的相互错动表示模型进入非线性和弹塑性阶段,黏结接触的破坏。

　　Cundall 认为 PFC 在描述岩土体介质的特性有着独特的优势,主要表现为以下方面:(1) 能自动模拟介质基本特性随应力环境的变化。(2) 能够实现岩土体对历史应力-应变记忆特性的模拟。(3) 反映剪胀及其对历史应力等的依赖性。

（4）自动反映介质的连续非线性应力-应变关系屈服强度和应变软化和应变硬化过程。（5）能描述循环加载条件下的滞后效应。（6）描述中间应力增大时介质的脆性、塑性转化。（7）能考虑增量刚度对中间应力和应力历史的依赖性。（8）能反映应力-应变路径引起的刚度和强度的各向异性问题。（9）描述了强度包络线的非线性特征。（10）介质材料微裂纹的自然产生过程。（11）介质破裂时声能的自然扩散过程。

7.2.2　PFC 基本假设

在颗粒流软件 PFC 中，主要给出了以下基本假设：

（1）模型中的颗粒单元都被视为刚体；

（2）颗粒间的接触只发生在很小的区域，可近似地视为点接触；

（3）接触刚体颗粒间允许有一部分的重叠，但重叠量远小于颗粒半径；

（4）颗粒间接触力与颗粒间的重叠量根据力-位移定律来建立联系；

（5）颗粒间的接触部分可以以一定量的胶结物来建立黏结特性。

7.2.3　颗粒流的求解过程

离散单元法的颗粒动力学方程为：

$$mx''(t) + cx'(t) + kx(t) = f(t) \qquad (7.1)$$

式中：m 为颗粒单元的质量；x 为位移；t 为时间；c 为黏性阻尼系数；k 为刚度系数；f 为颗粒单元所受外荷载。

可利用动态松弛法来求解式（7.1），假定 $t + \Delta t$ 时刻前的变量 $f(t)$、$x(t)$ 和 $x(t - \Delta t)$ 等已知，利用中心差分法将式（7.1）转化为：

$$m[x(t + \Delta t) - 2x(t) + x(t - \Delta t)/(\Delta t)^2 + c[x(t + \Delta t) - x(t - \Delta t)]/(2\Delta t) + kx(t) = f(t) \qquad (7.2)$$

式中：Δt 为计算时间步。

由式（7.2）可解出：

$$x(t + \Delta t) = \left\{ (\Delta t)^2 f(t) + \left(\frac{c}{2} \Delta t - m \right) u(t - \Delta t) + [2m - k(\Delta t)^2] u(t) \right\} \Big/ \left(m + \frac{c}{2} \Delta t \right) \qquad (7.3)$$

再将式（7.3）代入前式，可以得到颗粒在 t 时刻的速度与加速度：

$$x'(t) = [x(t + \Delta t) - x(t - \Delta t)]/(2\Delta t) \qquad (7.4)$$

$$x''(t) = [x'(t + \Delta t) - 2x(t) + x(t - \Delta t)]/(\Delta t)^2 \qquad (7.5)$$

离散单元法是利用中心差分理论进行动态松弛求解，是一种显式的解法。不需要求解大型矩阵，计算量相对较小。模型中每个颗粒只需满足牛顿第二定律，没有有限元中连续性的假设，所以可以处理一些非线性、大变形的工程问题，同时黏结接触的破坏也能反映材料的损伤特性。

7.2.4　PFC 的接触模型

PFC 中各种离散单元是通过接触黏结在一起的，颗粒体系、簇单元、墙体以及接触(Contact)共同构成复杂的数值模型。PFC 模型受力变形时，其宏观力学行为与接触的变形、破坏过程有着重要的关联，接触力学行为是整个 PFC 求解过程的关键。PFC5.0 中主要提供了以下几种接触模型(石崇，2018)。

(1) 线性模型(Linear)

(2) 线性接触黏结模型(Linear c-bond)

线性接触黏结模型为点接触，可以视为一组弹簧，只能传递力，不能传递弯矩。每个弹簧有特定的抗拉、抗剪强度。线性接触黏结模型广泛地用于土体材料的数值模拟。

(3) 平行黏结模型(Linear p-bond)

为了进行黏结材料的数值模拟，在颗粒之间添加一定量的黏结材料，黏结键可以传递力和弯矩。如果作用在接触上的应力超过其黏结强度，平行黏结会断裂破坏。这种模型适合模拟岩石、混凝土类准脆性材料。

(4) 赫兹接触模型(Hertz)

主要用于分析光滑、弹性球体在摩擦接触中的变形产生的法向和切向力。

(5) 滞回阻尼模型(Hysteretic)

该模型采用弹性赫兹模型，法向阻尼换为非线性黏滞阻尼。

(6) 光滑节理模型(Smooth Joint)

该模型忽略界面上局部颗粒的方位，模拟平面界面的剪胀力学行为。

(7) 平缝节理模型(Flat Joint)

平缝节理模型用于模拟两个表面之间的力学行为，每一个接触与其他物体都是刚性连接。平缝节理材料由平缝黏结的物体构成，每个物体的有效表面由片的名义表面定义，并与接触片上名义表面接触相互作用。

(8) 抗滚动线性接触模型(Rr-linear)

该模型与线性接触模型相似，只是内部弯矩随着接触点上累积的相对转动线性增加。当该累积量达到法向力与滚动摩擦系数和有效接触半径乘积最大时，达到极限值。

(9) 伯格斯蠕变模型(Burgers)

伯格斯蠕变模型是用开尔文模型和麦克斯韦尔模型在法向和剪切方向串联的

模型,用于模拟颗粒体系间的蠕变机制。

PFC 中内置的这些接触模型各有特点,选取合理的接触模型是得到准确计算结果的前提,用户在进行模拟时需要深入了解每种接触模型的特点,分析不同的介质材料应选择相应的接触模型。为了模拟某些特殊材料特性,用户也可自行开发接触模型。

7.2.5　颗粒流 PFC 应用现状

朱焕春(2006)将颗粒流软件 PFC 应用到矿山崩落法开采问题的模拟中,较为详细地给出了 PFC 计算的基本步骤以及实际工程中崩落开采时围岩的破坏形式和应力变化情况等。作者认为,颗粒流软件使用过程中一个实际问题是细观参数的选取。周健(2009)模拟了砂性土坡和黏性土坡的力学行为,分析 PFC 模型细观参数的取值与边坡破坏形式的关系。随着颗粒间黏结强度的增加,土坡的破坏形式会从塑性破坏向脆性破坏过渡,说明土体性质对土坡的破坏模式有很重要的影响。吴顺川(2010)利用 PFC^{3D}模拟了卸载岩爆试验,瞬时岩爆发生时颗粒间黏结键的破坏以张拉破坏为主。数值方法的计算结果与室内试验的结果较为吻合,说明离散元颗粒流方法是研究岩爆试验的一种有效的方法。宿辉等(2011)采用 PFC 模拟不同均质度岩石的单轴压缩试验,通过研究其声发射特性来探索其力学性能。随着不均质度的增加,试样的抗压强度会下降,声发射的分布更为广泛,持续时间较长。蒋明镜(2015,2017)对颗粒流软件 PFC 的颗粒间胶结模型做了大量的研究工作,提出的微观胶结接触模型很好地反映了颗粒间的受力特性。该研究将岩体的环境劣化程度等效为试样的质量损失比,进行节理岩体的直剪试验。研究表明:环境劣化会影响裂纹的扩展形式,降低岩体试样的黏聚力和内摩擦角,从而导致岩样的强度劣化。以上这些研究工作都极大地促进了 PFC 在我国各科研领域的应用。

Matuttis(2000)对颗粒的静态堆积问题进行了研究,利用离散元建立了颗粒堆积的模型,分析了摩擦系数、刚度等对堆积摩擦角的影响。J. F. Hazzard(2000)在 PFC 中利用 fish 语言编写了声发射算法,可以对岩石受力变形破坏过程中的声事件进行记录,主要是声事件的位置、范围和幅度等信息,以此来探究岩石的受力变形破坏特性。为了更好模拟岩石类材料,D. O. Potyondy(2004)提出了 PFC 中的平行黏结模型,是将颗粒通过黏结材料黏结在一起。可以很好地体现出岩石的很多性能,包括弹性、压裂、声发射、损伤累积产生的材料各向异性、迟滞性、扩容性、峰值后软化特性等。最后通过二维和三维的双轴、三轴试验、巴西劈裂试验和隧洞开挖模拟来说明这种模型的优异特性。Al-Busaidi(2005)在对 Lau du Bonnet 花岗岩物理试验的基础上,利用 PFC^{2D}建立直径 60 cm 的花岗岩数值试样,在其中心 10 cm 直径的孔洞中注入高压流体,对水力劈裂的发生机制进行了深入的研究。

Collop(2006)为了明晰颗粒的堆积特征,最大程度减小颗粒间内锁效应,采用单一粒径球形颗粒建立了沥青混凝土数值模拟,进行了单轴和三轴蠕变试验,分析了PFC^{3D}模型的细观参数对宏观物理性能的影响规律。Vacek(2009)基于PFC^{2D}建立煤矿巷道模型,对煤矿开采中的岩爆问题进行了分析。Chen(2011)从微观细观角度对沥青混凝土刚度各向异性进行了研究,通过复合剪切模量试验和抗拉强度试验确定了数值模型的细观参数,分析了骨料的长轴方向分布对沥青混凝土刚度的影响规律。

综上,颗粒流软件PFC已被广泛应用于采矿工程、边坡工程、地下隧洞、岩土力学试验、岩土类材料的宏细观力学特性的研究中,证明其在土木工程的科学研究中具有巨大的潜力,利用PFC来进行边坡稳定性分析是切实可行的。颗粒流PFC的计算不受变形量的限制,在研究大变形、裂隙扩展方面具有独特的优势。其使用过程中的难点在于参数标定的过程,细观参数的合理性决定了计算结果的准确与否。

7.3 土体硬壳层理论及研究现状

采用大面积吹填砂进行围海造地的过程中,会产生淤泥集中区,对大面积超厚淤泥层的地基处理,尤其是地表持力层形成是一项亟待解决的工程难题(叶军,2012)。在沿海地区的道路建设中,经常遇到数米至数十米厚、抗剪强度很低的淤泥层,其上覆盖有性质较好但厚度不大的地表硬壳层(王锡朝,1996)。大面积硬壳层可在淤泥区形成一个有效的表面持力层,硬壳层的强度要显著地高于淤泥层。通过硬壳层的应力扩散效应和连片整体效应,可以为上表面施工人员和设备提供稳定的支撑。土体硬壳层具有如下几种工程效应。

(1)应力扩散效应:硬壳层可以将所受荷载传递到较大的面积上,起到应力扩散的作用。由于硬壳层的存在,软土中的应力影响范围明显增大,详见图7.1。曹海莹(2012)提出了表征硬壳层应力扩散效应的应力扩散系数,并将应力扩散系数引入地基沉降计算中。

(2)壳体效应:具有硬壳层的软土地基在荷载作用下,硬壳层与其下的软土层形成一整体的承力体系,软土层的承载力与硬壳层有着密切的关系,当硬壳层的平面范围足够大时,一方面硬壳层的存在限制了其下软土层向四周挤出及周围软土向上鼓起,使软土层需要较大的外荷载才能使其发生剪切变形;另一方面,硬壳层本身密度较大,具有一定的刚度,因此,它可分担荷载产生的一部分剪力,即在一定的荷载剪力作用下不产生剪切变形或变形很小,使得硬壳层与其下软土层间的荷载传递方式有了变化,此时的硬壳层已有了类似板体的作用,此作用也可称为硬壳层的"壳体效应"。壳体效应可使外荷载传到较大的软土面积上,使其下软土层上的附加应力低于按经典扩散方法计算出的附加应力,且分布更加均匀,分布的范围更大。正是上述两原因,使得具有硬壳层的软土地基承载力大于无硬壳层的软土地基承载力。

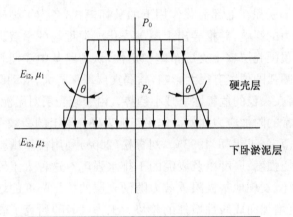

图 7.1　硬壳层应力扩散示意图

(3) 封闭作用:当软土层上具有硬壳层时,硬壳层与软土层形成了较为鲜明的强度差和刚度差,硬壳层相对其下的软土既是一种柔性的却又类似板体的结构,它不仅能够将其下部承受的荷载传递到较大的面积上去,起到应力扩散的作用,而且同时对下卧淤泥土的变形具有较强的封闭作用。(徐艳,2007)

(4) 沉降滞后效应:硬壳层具有支撑作用,使得下卧软土沉降与硬壳层不同步,双层地基沉降变缓,对地基不利。当荷载较大,硬壳层厚度不大时,沉降盆对硬壳层的支撑作用危害较大,相应的滞后效应就会更明显;如果硬壳层所受的荷载小而厚度较大,支撑力就起主要作用。工程实践中,沉降对于硬壳层的影响不大,滞后效应也不明显。硬壳层支撑作用和滞后效应同时存在,前者影响总沉降量,后者影响沉降速率,滞后效应伴随支撑作用有着产生—减弱—消失的过程。

(5) 反压护道作用:当硬壳层在荷载作用下剪切破坏后,双层地基进入整体剪切状态,此时在基础周围硬土层对其下卧软土的封闭作用下,由于软土层的压缩变形,软土层会向上隆起从而挤压上覆硬土层,使基础周围的硬土层受到向上的力变大。基础下部的硬壳层相当于设了高度等于下沉量的反压护道。只要地基没有整体破坏,反压效应就会随着下沉量的增加而增强。(姚超,2018)

(6) 类帕斯卡效应:由于上覆硬壳层的封闭作用以及淤泥层周围低强度区的约束,当硬壳层承受荷载而变形后,淤泥土便出现类似液体那样向周围挤压的现象,在一定范围内产生较大的水平压力,并且这种压力影响的范围较大。这种现象

被称为类帕斯卡效应,类帕斯卡效应会对工程结构产生很大的危害,需要引起设计和施工人员的注意。(王锡朝,1996)

赵四汉(2018)研究了在路堤荷载作用下含有硬壳层软土地基的破坏模式,得到了硬壳层连续或非连续时地基的破坏模式。刘青松(2017)通过二维模型槽试验分析硬壳层和下部淤泥在上部荷载作用下的破坏模式,考虑了硬壳层的封闭作用对提高淤泥承载力的影响,并推导出上覆硬壳层淤泥堆场的承载力公式。武崇福(2014)研究了上覆硬壳层软土夹层路基稳定性,认为路基中浅埋软弱夹层的存在对于最危险滑动圆弧的位置有很大影响,软弱夹层埋深越大,滑动圆弧位置与地表的距离越大,其潜在失稳的危害性呈减小趋势。由于硬壳层对淤泥土的封闭,能使淤泥层中产生超常的附加应力并使得作用于地表硬壳层上的荷载在下卧淤泥层内具有较大的影响范围(王锡朝,1996)。刘青松(2008)利用模型试验研究了人工硬壳层的无侧限抗压强度、厚度以及淤泥的不排水强度对这种人工硬壳层地基极限承载力的影响规律,发现地基极限承载力随硬壳层的抗压强度的增加而成指数增加,随硬壳层厚度增加而成线性增加的趋势。王桦(2015)研究了硬壳层对低路堤软土地基动力响应的影响,利用快速傅里叶逆变换方法对动力响应进行数值求解,详细分析了硬壳层厚度、模量和泊松比对动应力扩散作用的影响。研究结果表明,软土地基表面的动力响应对硬壳层厚度和模量的变化十分敏感,硬壳层的存在大大地减弱了软基顶面的竖向动应力,并且增大了竖向动应力的分布范围,可见硬壳层对交通荷载引起的动力响应有明显的扩散作用。

在淤泥区形成硬壳层的方式主要有两种:(1)通过长时间日晒,上部覆盖积水自然蒸发、淤泥表层含水缓慢渗出蒸发,淤泥表层土体缓慢固结,形成硬壳层;(2)尽可能快地排出淤泥区表面积水,人为铺设能够浮搁在淤泥上的具有隔离、排水功能的土工材料,其上载一定厚度、且能快速排水甚至硬化的材料,共同形成硬壳层。硬壳层可为单一层间结构或叠合层间结构,但叠合层间结构较单一层间结构提供的承载力更强、适应变形能力更强。蒋科(2018)提出了运用强夯法形成表面硬壳来处治深层软土地基的新思路及设计施工关键技术。其中强夯设计参数的确定对形成有效硬壳相当重要,强夯有效加固深度、夯能大小、夯点布置与夯距的选取直接关系到最终的处治效果。

淤泥土表面硬壳层对于工程施工有着重要意义,近些年已经引起学者和施工人员的广泛关注。由于硬壳层的应力扩散效应,可将土体表层荷载传递到更大的范围内,减小软弱土层所受应力。同时,由于硬壳层的壳体效应和封闭作用,下层淤泥土变形受到抑制,可有效提高土体结构承载能力。但硬壳层也会为工程带来例如沉降滞后效应、反压护道作用和类帕斯卡效应等不良效应,也需要引起足够的重视。目前对于硬壳层的研究多集中于地基承载力和路堤稳定方面,已经取得了丰富的研究成果。硬壳层广泛存在于岩土工程中,今后的研究可将硬壳层相关理论扩展到其他工程问题中,充分利用硬壳层的有利效应,克服硬壳层带来的不良效应。本章将研究复合硬壳层对于青弋江堤防边坡稳定性的影响,在 PFC 中建立了堤坝的数值模型,探讨硬壳层层数、强度、厚度等因素对边坡稳定性的影响规律,主要以边坡关键点位移和安全系数作为评价标准。研究结果表明:边坡硬壳层能有效控制边坡变形,提高边坡的稳定性能;粉质黏土、淤泥质土用于堤坝的填筑是切实可行的,工程中可采取一定的技术手段来形成复合硬壳层,以此提高边坡的稳定性。

7.4　工程实例

青弋江分洪道工程全长约 47.28 km,堤防工程级别为 3 级,设计防洪标准为 20~40 年一遇;设计分洪流量:上段十甲任—三埠管 2 500 m^3/s,下段三埠管—澛港 3 600 m^3/s;建设内容主要包括:(1) 分洪河道及两岸堤防工程;(2) 青弋江干流节制闸枢纽,八尺口、房周及分洪道沿线排水涵闸和排水泵站,支叉河连通闸等建筑物工程;(3) 跨越分洪道的交通工程,堤防总长 97 389 m,其中新堤防 14 545 m,退建堤防 29 771 m,加固堤防 17 647 m,利用已达标堤防 35 696 m。

由于该工程土方工程量大、地质条件复杂和土地资源稀缺等因素的影响,该地区符合规范的填筑土料总量有限,严重制约了工程施工进度。工程地质勘察报告显示,工程沿线分布大量③₁层土,该层土为淤泥质粉质壤土,呈软塑-流塑状,河道开挖料主要为该土料。施工单位利用该土层填筑堤防内外平台,以此弥补土方缺口。

此外,河道疏挖土料中大部分料源的淤泥质粉质壤土含量较大,含水率较高(普遍在 30% 以上),如果按 0.9 的压实度指标控制,则需要长时间对土料进行晾晒,不能满足施工进度及安全度汛的要求。为了满足工程进度的要求,以确保安全度汛,节约土地资源和控制工程造价,最大限度地满足堤身填筑的质量要求,2013年上半年芜湖市水务局要求中国水电十三局芜湖建设有限责任公司开展了对淤泥质含量较高、含水量较高的河道开挖料填筑堤防内外平台的试验,选择堤段为南陵渡—三埠管段左岸退建堤段(堤防桩号 Z24+010~Z27+569)。堤防的堤身、内平台及外平台的划分按以下原则确定:堤身指堤顶内外侧 1∶3 边坡至地面之间的堤防;内平台指堤身往堤内侧(背水侧)部分的堤防;外平台指堤身往堤外侧(迎水侧)部分的堤防。

堤防退建后,堤身位于原水塘位置,堤基土层为③₁层淤泥质粉质壤土,水塘底高程约 3.4 m,地面高程约 6.0 m,根据工程地质勘查报告,该段土层划分如下:堤身为粉质黏土;堤防两侧平台为淤泥质粉质壤土;③₁层淤泥质粉质壤土层顶高程 3.4 m;③₃粉质黏土层顶高程 −5.2 m。

7.4.1　PFC 细观参数标定试验

　　颗粒流 PFC 在计算时不需要给材料介质定义宏观本构关系和对应的参数,而是采用局部接触来反映宏观问题,只需要定义颗粒和黏结接触的几何和力学参数。对于土体材料,采用点接触的接触黏结模型(Linear c-bond)可以得到更好的模拟效果。而室内试验得到的宏观土工参数并不能直接应用于软件计算,需要经过参数标定的过程来得到相应的细观参数。参数标定是指不断调整数值模型的细观参数,使数值模型的计算结果与物理试验结果相匹配的过程,这样数值模型就能反映实际材料的宏观物理力学性能,最终得到一组最优的细观力学参数。

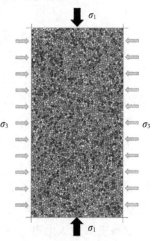

　　为了确定两种填土的细观力学参数,利用双轴压缩数值试验进行参数标定。PFC²D中有侧向约束的压缩试验称为双轴压缩试验,如图 7.2 所示。其中上下墙以恒定的速度相向移动来模拟应变控制的加载效果,而左右墙利用伺服机制来维持固定的侧向压力模拟围压作用。每个运算周期调用一次内部伺服函数来确定应力,并用数值伺服控制方式来调节侧向墙的速度,从而减少当前应力与目标应力之间的差距,整个加载过程中侧向围压基本保持不变,始终监测并记录轴向应力、应变等信息。

　　对于堤身填土和侧平台填土,分别进行了多次 10 kPa、20 kPa、30 kPa、40 kPa 围压下的双轴压缩试验,通过调整数值试样的细观参数,直到数值试样的强度包络线与室内物理试验的结果基本一致为止。根据前人的

图 7.2　双轴压缩数值试验模型

研究成果:PFC 接触黏结模型中试样的内摩擦角主要受摩擦系数影响,而试样的黏聚力主要受摩擦系数和黏结强度所影响。利用这些规律,最终得到了两种填土的 PFC²D细观力学参数,表 7.1 为数值计算结果与土工试验结果对比。数值计算结果与室内试验基本一致,即可认为该组细观参数和颗粒体系组成的数值模型能够基本反映两种土质的宏观力学性能。表 7.2 为该模型部分 PFC 细观力学参数。

表 7.1　数值计算结果与土工试验结果对比

参数	填土类别	数值试验结果	室内土工试验结果
黏聚力/kPa	堤身填土	21.87	22
	侧平台填土	14.21	14.1
内摩擦角/(°)	堤身填土	11.5	11
	侧平台填土	6.67	6.5

表 7.2　数值试样细观力学参数

细观参数	堤身填土	侧平台填土
颗粒半径/mm	5～8.33	5～8.33
颗粒模量/Pa	$4.2×10^7$	$4.2×10^7$
刚度比	2	2
摩擦系数	0.19	0.10
接触黏结法向强度/kPa	52	32
接触黏结切向强度/kPa	52	32

图 7.3(a)、图 7.4(a)是两种填土不同围压下双轴压缩的应力-应变曲线,根据试验结果绘制了莫尔圆和强度包络线(如图 7.3(b)、图 7.4(b)),数值试样与路堤填土和侧平台填土的物理力学性质基本一致,可以将这两组细观参数用于后续建模和计算。

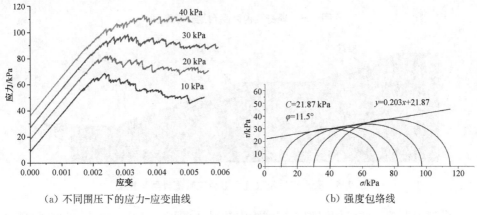

（a）不同围压下的应力-应变曲线　　　（b）强度包络线

图 7.3　路堤填土

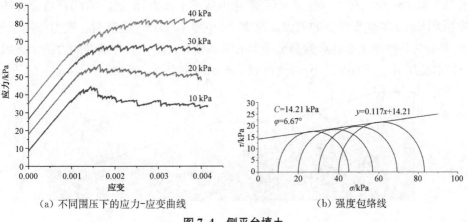

（a）不同围压下的应力-应变曲线　　　（b）强度包络线

图 7.4　侧平台填土

经过了上述参数标定的过程,确定了两种土样的细观力学参数,细观参数主要用于后续堤坝数值模型的建模,这样计算结果才能反映实际的工况。

7.4.2 青弋江堤坝数值模型

根据《青弋江分洪道工程稳定性分析报告》中试验段堤坝的示意图(图 7.5),建立了 PFC 数值模型,为了降低计算量,只选取堤坝的右半部分进行计算,数值模型见图 7.6。其中堤身填土高度为 10 m,坡度比为 1∶3;堤基取厚度为 5 m 进行计算;侧平台高度为 6 m,坡度比为 1∶3,平台宽度为 10 m。

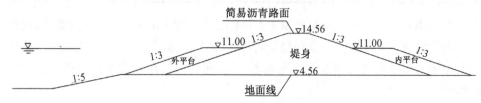

图 7.5　堤身及内外平台划分示意图

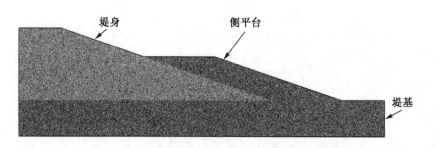

图 7.6　青弋江试验段堤坝颗粒流数值模型示意图

模型中颗粒尺寸沿用双轴压缩试验中的尺寸,即 5～8.33 mm 随机分布,整个模型共 30 839 个颗粒。颗粒生成后,消除内部不平衡力,形成均质的颗粒集合体。接着为体系添加竖直向下的重力加速度,大小为 10 m/s²,让模型在重力作用下平衡,最后为几种填土添加参数标定得到的细观参数。图 7.7 为模型的力链示意图,力链的宽度对应着力的大小,可近似表示初始地应力场分布情况。

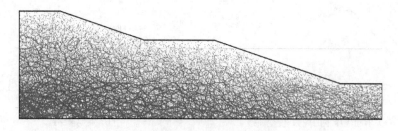

图 7.7　堤坝模型力链分布图

然后删除模型上部墙体,让模型在重力作用下循环运行 50 000 个时间步。由于侧平台填土土质相对较差,所以滑坡一般由该部分最先开始,所以在循环计算过程中始终监测侧平台右上角角点的位移情况。监测点位移是通过计算该点附近 40 个颗粒的平均位移实现的,如图 7.8 所示,该监测点的位移可为边坡稳定提供一定的参考。

图 7.8　关键点位移监测

通过上述参数标定、建立颗粒集合体、消除内部不平衡力、添加重力以及位移监测等过程,完成了该堤坝数值模型的建立以及变形监测的工作。虽然相较于实际堤坝该模型有所简化,但数值模型的计算结果还是可以为该工程提供一些参考和建议。

7.4.3　计算结果与分析

7.4.3.1　边坡安全系数及位移分析

强度折减法是将土的抗剪强度除以折减系数 F_r,然后进行稳定性分析,若边坡刚好失稳破坏,则当前的折减系数就等于土坡安全系数。土坡的强度折减公式为:

$$\varphi_r = \arctan \frac{\tan\varphi}{F_r}, C_r = \frac{C}{F_r} \tag{7.6}$$

式中:φ、φ_r 与 C、C_r 为折减前后的强度参数,F_r 为强度折减系数。

由于 PFC 中定义的参数均为细观力学参数,因此上述宏观力学参数不能直接用于软件计算。根据 PFC 模型中宏细观参数的特性,PFC 模型的摩擦系数影响土体材料的内摩擦角,模型的接触黏结强度影响土体材料的黏聚力,因此提出可用于 PFC 的强度折减公式:

$$\mu_r = \arctan \frac{\tan\mu}{F_r}, T_r = S_r = \frac{T}{F_r} = \frac{S}{F_r} \tag{7.7}$$

式中:μ、μ_r 为折减前后的摩擦系数,T、S 与 T_r、S_r 为折减前后的法向、切向接触黏结强度。常规的强度折减法通过折减土样的黏聚力和内摩擦角,而本书折减的参数是 PFC 中的细观参数,均运用了强度折减的思想理念。

计算结果表明,素土堤坝在重力作用下,经过了 10 000 个时间步左右即达到了平衡状态,不再有颗粒的滑动。为了得到土坡的安全系数,采用不断折减模型细观强度参数的强度折减法来实现。如果强度折减到某一程度时,土坡突然出现了滑动,认为此时的折减系数为土坡的安全系数。关于土坡稳定情况的评判,是通过监测点水平位移是否出现突变以及整个模型位移场的分布综合判定的。图 7.9 为该堤坝在不同折减系数下,监测点水平位移随时间步的变化趋势图。图 7.10 为50 000 个时间步后,土坡在不同折减系数下的位移场分布图。

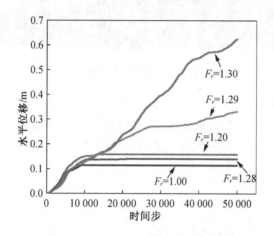

图 7.9 监测点水平位移变化示意图

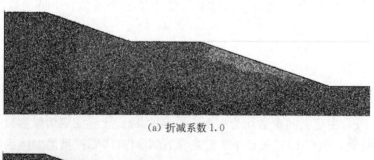

(a) 折减系数 1.0

(b) 折减系数 1.28

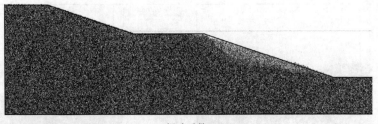

(c) 折减系数 1.29

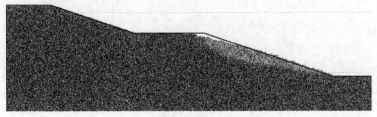

(d) 折减系数 1.30

图 7.10　土坡位移场分布图

强度折减系数 F_r 取 1.0、1.20 和 1.28 时,堤坝监测点水平位移在 10 000 时间步左右就保持不变,可认为这些土坡都是处于稳定状态。当强度折减系数为 1.29 时,监测点水平位移出现了突变,在 10 000 时间步仍然以较快的速度在发展,甚至在 50 000 时间步时依然没有稳定下来。在折减系数为 1.30 时,监测点的运动速度更快,认为此时堤坝发生了滑坡。观察土坡位移场分布图,在折减系数小于 1.29 时,土坡发生了一定的变形,但此时其量值较小,并不能看到明显的滑动迹象。当折减系数为 1.29 和 1.30 时,侧平台填土上部颗粒位移显著高于其他位置位移,可以清晰地看到滑裂面。因此,土坡变形在折减系数为 1.29 时达到了突变,可选取 1.29 作为该土坡的安全系数。

颗粒流 PFC 的一个重要的优势是可以处理非线性、大变形问题,从上述分析中可以看到,由于土坡的失稳,滑动土体发生了很大的变形。而在分析土坡稳定问题时,PFC 不需要事先假设滑动面,是通过颗粒体系的运动来呈现的。图 7.11 为折减系数为 2.0 时,不同时间步边坡的位移场分布图,其中红色曲线为监测点水平位移,模型共运行了 150 000 步。堤坝中颗粒每 30 000 步滑动的最大距离分别为: 2.6 m、2.8 m、2.8 m、1.3 m 和 0.1 m,说明土坡的滑动有着由快及慢的变化过程。

最终滑动颗粒位移明显高于未滑动的颗粒,由此可得到土坡的滑动面。根据这一系列图片的对比和位移曲线的变化,可以清晰地看到土坡滑动发生、发展、滑动以及结束的全过程,体现了颗粒流方法模拟边坡稳定问题的可行性和优越性。

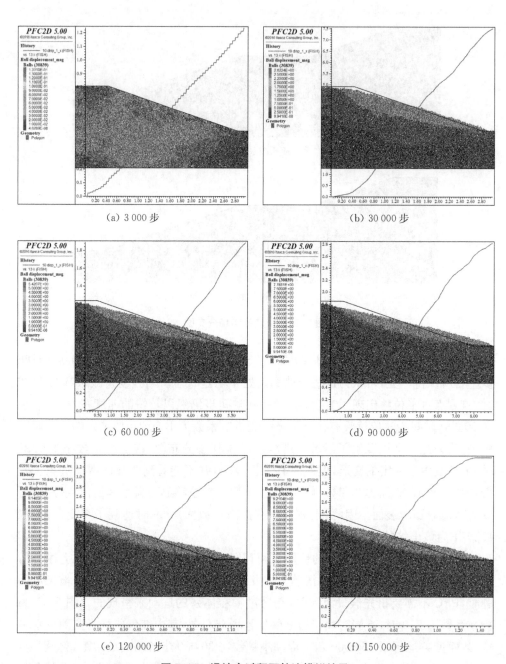

(a) 3 000 步　　　　　　　　　　　　　　(b) 30 000 步

(c) 60 000 步　　　　　　　　　　　　　　(d) 90 000 步

(e) 120 000 步　　　　　　　　　　　　　　(f) 150 000 步

图 7.11　滑坡全过程颗粒流模拟结果

7.4.3.2　考虑复合硬壳层的边坡稳定性分析

　　侧平台填筑土料为老堤堤基淤泥质土、圩内滩地或农田淤泥质土。填筑方法为：先采用合格黏性土填筑主堤身至平台高程，然后采用推土机或铲土机直接推送土料至侧平台填筑部位,边推送土料边碾压直至填筑高程,填筑完成后一般需要 1~3 月后进行表层碾压、平整,图 7.12 为工程施工现场硬壳层形成过程图片。

图 7.12　侧平台施工及硬壳层形成过程

　　工程现场采取分层填筑的施工方式,每层填土均有一定的时间间隔。在自然条件下,土坡周围会形成一定厚度的硬壳层(图 7.13 中绿色部分)。这种硬壳层类似于强夯法在地基表面形成的硬壳层,硬壳层的土质和厚度受碾压参数和晾晒时间等因素所控制,而硬壳层的层数受填筑施工时的分层数所控制。

图 7.13　土坡硬壳层分布示意图

　　硬壳层的土体参数会明显优于素土,同时硬壳层具有应力扩散效应和封闭作用,对土坡的变形有着很好的限制作用。因此,硬壳层的存在会加强土坡的稳定性,并对土坡的变形有一定的影响。在本次数值模型中,主要考虑侧平台硬壳层的厚度、强度和层数对土坡稳定性和变形的影响,通过改变这三个变量来探究硬壳层对土坡稳定性的影响规律,土坡稳定性主要以安全系数、监测点位移来评估,而安全系数沿用上节所采用的强度折减法。

1. 硬壳层厚度

　　硬壳层强度会高于原淤泥质土,为了合理地设置 PFC 模型的硬壳层参数,提出可用于 PFC 模型的强度增强公式:

$$\mu_n = \arctan(F_n \cdot \tan\mu), T_n = S_n = F_n \cdot T \tag{7.8}$$

式中：μ_n 为增强后的摩擦系数，T_n、S_n 为增强后的黏结法向、切向强度，F_n 为土体强度放大系数。与强度折减相反，硬壳层的参数会在原细观参数的基础上进行放大，放大倍数为 F_n。

为了分析硬壳层厚度对土坡稳定性的影响规律，设置硬壳层强度放大系数 F_n 为 2，硬壳层的层数为三层，然后调整硬壳层厚度为 0.3 m、0.6 m 和 0.9 m，计算此时土坡变形情况和安全系数。图 7.14 为不同硬壳层厚度下土坡的位移和安全系数变化图。

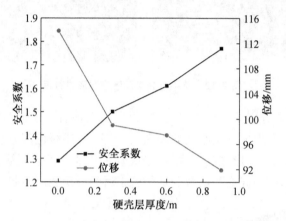

图 7.14　不同硬壳层厚度下边坡变形和稳定性能

由计算结果可以看出：硬壳层的存在对于控制土坡变形有一定的促进作用，随着硬壳层厚度的增加，土坡变形不断减小。同时，硬壳层可以增强土坡的稳定性，硬壳层的厚度越大，土坡的安全系数也在逐渐增加，土坡安全系数与硬壳层厚度几乎成线性相关的关系。当折减土体强度后，淤泥土会有向下流动的趋势，但由于硬壳层的封闭作用，淤泥土就被封闭在硬壳层所形成的骨架中。最终土坡的变形和稳定性均有所改善。

2. 硬壳层强度

硬壳层的强度与原土强度的比值同样会改变土坡的稳定性能，保持硬壳层厚度为 0.3 m、硬壳层层数为 3 层，分别调整硬壳层强度放大系数 F_n 为 1.5、2 和 2.5。计算不同情况下土坡监测点水平位移和相应的安全系数，计算结果见图 7.15。

由计算结果可看出：硬壳层强度增强后可有效地提高土坡安全系数，但其在控制土坡变形的作用有限，说明硬壳层强度增强的主要作用还在于维持土坡的稳定。

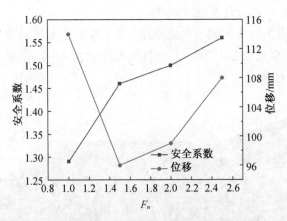

图 7.15　不同强度放大系数下边坡变形和稳定性能

3. 硬壳层层数

硬壳层的层数对应着填土分层填筑过程中的分层数,这一因素也会对土坡的稳定和变形有较大的影响。设置硬壳层的强度放大系数为 2,硬壳层厚度为 0.3 m,改变硬壳层的层数为 1、2 和 3 层,计算此时土坡的安全系数和位移情况。图 7.16 为不同硬壳层层数下土坡的位移和安全系数变化趋势图。

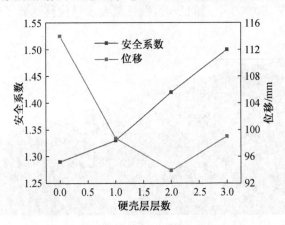

图 7.16　不同硬壳层层数下边坡变形和稳定性能

硬壳层层数增加后,土坡的变形受到了限制,监测点的水平位移有所降低。同时,土坡的安全系数也在逐渐增加,土坡的稳定性得到了加强。

硬壳层对土坡的稳定有很大的促进作用,实际工程中可以合理安排各层填土时间间隔、压实效果和填土的分层数,充分利用硬壳层的加强作用。后续也可补充硬壳层厚度和强度的试验,探究硬壳层厚度和强度随时间的变化规律,这对于指导现场施工有着重要的意义。

7.4.3.3 硬壳层对边坡坡度控制作用

青弋江分洪道工程堤坝侧平台坡度比为 1：3，根据上述计算可知该土坡是处于稳定状态的，安全系数为 1.29。现在将坡度比改为 1：2，再进行稳定性的计算分析，如图 7.17 所示。

图 7.17 坡度比为 1：2 土坡

数值模型循环运行了 50 000 步后，侧平台部分填土发生了滑坡，图 7.18 为侧平台局部放大图。侧平台填土为土质较差的淤泥质土，当坡度比为 1：3 时，该土坡可保持稳定。但当坡度增加时，边坡就无法维持稳定，将发生严重的滑坡事故。根据数值计算结果，50 000 个时间步后，颗粒最大水平位移达到了 9.2 m，监测点的水平位移为 3.4 m。

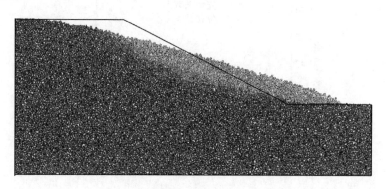

图 7.18 侧平台滑坡示意图

下面将考虑土体硬壳层对该边坡的加固作用，在侧平台设置 3 层硬壳层，硬壳层厚度为 0.5 m，硬壳层强度为原淤泥土强度的 5 倍。进行边坡的稳定性计算，图 7.19 为 50 000 个时间步后模型的水平位移云图，曲线为监测点的水平位移变化趋势。当侧平台拥有 3 层硬壳层后，边坡的稳定性得到了提高，由不稳定状态转变为稳定状态。同时边坡变形受到了限制，监测点最大水平位移仅为 0.207 m。

对于青弋江分洪道工程堤坝，当侧平台拥有一定层数和厚度的硬壳层后，边坡的坡度可适当提高而边坡仍能保持稳定。青弋江分洪道工程堤坝全长约 47.28 km,坡度的提高可以减少工程占地面积,具有很大的经济效益。实际工程中可考虑采用一定的手段,形成强度更高、厚度更大的硬壳层。

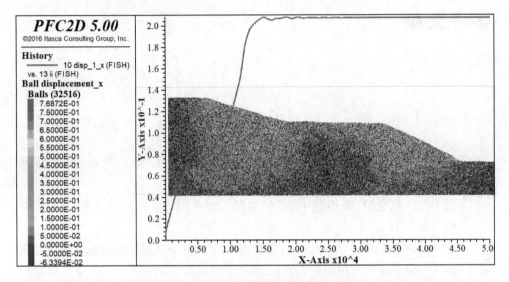

图 7.19　含硬壳层的边坡位移云图

本章针对青弋江分洪道工程试验段堤坝进行了离散元 PFC 的数值分析。利用 PFC 中双轴压缩试验标定了两种填土的细观参数,然后根据实际堤坝示意图建立了数值模型。采用强度折减法分析该堤坝的安全系数,通过监测侧平台角点位移情况和模型位移场来对堤坝的稳定性做出判断,得到了堤坝的安全系数为 1.29,根据模型分析证明了利用 PFC 研究边坡稳定的可行性。

根据实际工程中填土采用分层填筑的特点,分析了侧平台中硬壳层的存在对土坡变形和稳定性的影响规律。结果表明:硬壳层厚度的增加会有效控制土坡的变形和提高土坡的安全系数,但硬壳层强度的增强对于减小土坡变形的作用有限,但其可增强土坡的稳定性,提高土坡安全系数。硬壳层层数对应施工过程中的分层数,硬壳层层数增加可控制边坡变形,提高稳定性。利用硬壳层的加固作用,可适当增加边坡的坡度,能够减少堤坝的填土量和占地面积,具有很高的经济效益。工程中应充分考虑硬壳层的加固作用,合理安排各层填土时间间隔、压实效果和填土的分层数。

参考文献

［1］王保田. 高含水率淤泥的固结特性与改良技术［M］. 北京:科学出版社,2015.

［2］沈珠江. 软土工程特性和软土地基设计［J］. 岩土工程学报,1998,20(1):100-111.

［3］李三明,阎波,安海堂,等. CFG 桩软基加固质量缺陷原因分析及处理方法探讨［J］. 岩土工程学报. 2017,39(S2):215-219.

［4］龚一鸣,叶广金. 福州盆地第一层淤泥质土的主要力学指标工程应用取值［J］. 福建建筑. 2000,70(S2):3-6.

［5］王亮,谢健,张楠,等. 含水率对重塑淤泥不排水强度性质的影响［J］. 岩土力学,2012,33(10):2973-2978.

［6］熊桂香,向先超. 海滩区淤泥物理力学指标间的相关性研究［J］. 公路,2014,12(4):193-196.

［7］朱益军,荆伟伟,施颖,等. 乐清湾滨海深厚淤泥工程特性试验研究［J］. 工程勘察,2014,42(8):10-14.

［8］陈剑平,钱鑫,徐茵,等. 大连大窑湾区吹填淤泥质土三轴剪切试验［J］. 吉林大学学报(地球科学版),2012,42(S3):226-231.

［9］顾利军. 宁波地区淤泥质黏土的三轴蠕变模型［J］. 中国市政工程,2012(3):89-91.

［10］戴慧丽. 宁波淤泥质软土流变特性 3 轴试验研究［J］. 上海建设科技,2012(2):32-35.

［11］牛明智. 丹东滨海平原淤泥类土的特性及在工程中应用［J］. 山西建筑,2014,40(27):81-82.

［12］林之航,黄真萍,蔺保云. 应用双桥静力触探试验确定淤泥承载力［J］. 岩土工程界,2006,9(4):30-32.

［13］蔡国军,刘松玉,童立元,等.基于孔压静力触探的连云港海相黏土的固结和渗透特性研究［J］.岩石力学与工程学报,2007,27(4):846-852.

［14］王钟琦.我国的静力触探及动静触探的发展前景［J］.岩土工程学报,2000,22(5):517-522.

［15］范家骅,祝刘文,衡涛.珠江口区淤泥质土微观结构性研究［J］.中国港湾建设,2014(2):7-10.

［16］李彰明,曾文秀,高美连,等.典型荷载条件下淤泥孔径分布特征核磁共振试验研究［J］.物理学报,2014,63(5).

［17］吕德君.CFG桩复合地基处理在淤泥质土中的应用研究［J］.科技创新导报,2014(26):102-103.

［18］王大明,高明生,赵维炳.CFG桩在高速公路桥头深厚软基处理中的应用［J］.南京林业大学学报(自然科学版).2006,30(3):59-62.

［19］王宏伟,王东星,贺扬.MgO改性淤泥强化土压缩特性试验［J］.中南大学学报(自然科学版),2017,48(8):2133-2141.

［20］李佳.海相淤泥质土性指标的相关性分析［J］.南水北调与水利科技,2011,12(2):71-74.

［21］林永杰,刘玉刚,徐宝财,等.湖相淤泥质软土固结系数确定方法的研究［J］.2013,35(6):91-95.

［22］邹维.新疆淤泥质土的工程性质［J］.西北水电.2002(4):56-57.

［23］ARILD PALMSTRM, HAKAN STILLE. Ground behaviour and rock engineering tools for underground excavations ［J］. Tunnelling and Underground Space Technology, 2007,22:363-376.

［24］阎长虹,吴焕然,许宝田,等.不同成因软土工程地质特性研究——以连云港、南京、吴江、盱眙等地四种典型软土为例［J］.地质论评,2015,61(3):561-569.

［25］王宁.浅谈淤泥质软土地基［J］.改革与开放,2010(4):114-114.

［26］赵学民,张宗德,王卫平,等.金鸡湖水下地形与淤泥分布信息采集和处理［J］.河海大学学报(自然科学版),2001,29(1):55-58.

［27］张新华.辽宁高速公路软土分布特点及主要处理方法［J］.北方交通,2008(4):68-70.

［28］郑轶轶,朱剑锋,刘干斌,等.宁波软土物理力学参数概率分布及相关性研究［J］.中国科技论文,2013,8(5):367-373.

［29］任君梅.泉州湾软土分布特征及工程特性［J］.福建地质,2010,29(2):146-151.

［30］杜军,张亚柳.萧山北部平原软土分布规律及物理力学性质研究[J].建筑工程技术与设计,2015,4:1955.

［31］赵维炳,施健勇.软土固结与流变[M].南京:河海大学出版社,1996.

［32］魏汝龙.软黏土的强度和变形[M].北京:人民交通出版社,1987.

［33］张贤奎.汕头市软土的分布及工程地质特征[J].西部探矿工程,2001,4(9):20-24.

［34］周学明,袁良英,蔡坚强,等.上海地区软土分布特征及软土地基变形实例浅析[J].上海地质,2005,4:6-9.

［35］范成新,刘元波,陈荷生.太湖底泥蓄积量估算及分布特征探讨[J].上海环境科学,2000,19(2):72-75.

［36］陆澄,别社安.天津软土土性指标的统计关系及概率分布模型研究[J].水道港口,2013,34(2):163-168.

［37］陆澄.天津海积软土的强度增长规律研究[J].中国水运(下半月),2016,16(2):300-304.

［38］徐惠芬.武汉市城区软土场地的分布类型及动态反应特征[J].土工基础,1997,11(3):8-12.

［39］牛作民.渤海湾海相淤泥质土工程物理性质的初步研究[J].海洋地质与第四纪地质,1986,6(3):35-42.

［40］孔令伟,吕海波,汪稔,等.湛江海域结构性海洋土的工程特性及其微观机制[J].水利学报,2002(9):82-88.

［41］侯树刚,陈静.软土的工程特性研究及软基处理——以连云港地区为例[J].岩土工程界,2003,6(10):35-36.

［42］王煜霞,许波涛.连云港海相沉积软土的工程特性[J].岩土工程界,2002,5(7):39-40.

［43］张长生.深圳后海湾海相沉积淤泥固结变形特性研究[D].广州:中国科学院研究生院(广州地球化学研究所),2005.

［44］李志华,陈文辉,于志华,等.饱和流塑淤泥的次固结特性研究[J].水利与建筑工程学报,2012,10(3):30-33.

［45］褚峰,邵生俊,陈存礼.饱和淤泥质砂土动力变形及动强度特性试验研究[J].岩石力学与工程学报,2014,33(S1):3299-3305.

［46］沈珠江.饱和粘土抗剪强度的变化规律及其在土工建筑稳定分析中的应用[J].土木工程学报,1963(2):31-38.

［47］刘永强,王峰,吴能梅,等.爆破挤淤处理深厚淤泥在蚂蚁岛造船厂围堤项目中的应用[J].船海工程,2013,42(5):204-207.

［48］刘永,张新华.爆炸法固结淤泥软基的试验研究[J].爆破器材,2003,32(4)：
　　　24-27.

［49］杨振声.爆炸排水加固淤泥地基的实验、判断与展望[J].水运工程,1997
　　　(5)：1-6.

［50］林辉,苏红秀,吴建银.北溪河北沙角段淤泥软基处理实践经验[J].水利科
　　　技与经济,2014,20(6)：155-156.

［51］李战国,张务民,潘凤文,等.滨海吹填砂和淤泥路基的固化及施工研究[J].
　　　武汉理工大学学报(交通科学与工程版),2012,36(2)：252-256.

［52］张小泉.滨海防洪堤海相软土地基固结特性研究[J].水利建设与管理,
　　　2017,37(7)：23-26.

［53］李友东,王国辉.滨海复杂地层超深旋挖钻孔灌注桩质量问题改进技术[J].
　　　探矿工程(岩土钻掘工程),2016,43(11)：80-83.

［54］刘凯,陈雷.滨海类型区 PM 固化剂对淤泥固结的试验研究[J].公路与汽运,
　　　2014,164(5)：109-112.

［55］陈大可,周婷婷,关许为.波浪作用对淤泥质河口边滩促淤后淤积影响研究
　　　[J].水运工程,2014(7)：12-36.

［56］王国林,周雷,余能海.不同应力路径下固化河道疏浚淤泥力学特性探究
　　　[J].水利规划与设计,2017(11)：132-134.

［57］叶军.超厚淤泥层地表持力层形成技术的试验研究[J].水运工程,2012(9)：
　　　164-169.

［58］蔡邦国,尹利华.超深厚软土地基海堤与桥梁叠交区沉降及稳定监测研究
　　　[J].中外公路,2017,37(6)：32-35.

［59］雷国辉,张惠敏,刘芳雪,等.成层软土地基上土堤填筑稳定性的塑性极限分
　　　析[J].岩土工程学报,2018,40(8).

［60］徐杨,阎长虹,许宝田,等.城市河道淤泥特性及改良试验初探[J].水文地质
　　　工程地质,2013,40(1)：110-114.

［61］史燕南,俞炯奇,周剑锋,等.吹填淤泥固化室内试验研究[J].水运工程,
　　　2014(5)：138-142.

［62］彭涛,葛少亭,武威,等.吹填淤泥填海造陆技术在深圳地区的应用[J].水文
　　　地质工程地质,2001(1)：68-72.

［63］罗文迪,杨海燕,杨传波,等.底部残余淤泥层对围堰稳定性的影响研究[J].
　　　山西建筑,2017,43(5)：111-113.

［64］刘晓立,张友恒,付旭,等.典型内陆平原冲积地区公路软基土体工程特性研
　　　究[J].四川理工学院学报(自然科学版),2017,30(4)：41-46.

［65］万勇,杨庆,杨钢.电势梯度对海相淤泥电渗试验的影响［J］.水利与建筑工程学报,2014,12(4):94-98.

［66］张丽娟,李彰明.动静力排水固结法处理淤泥地基的现场试验研究［J］.路基工程,2012(2):81-85.

［67］张丽娟,李彰明.动静力排水固结法加固淤泥地基的技术及效果［J］.沈阳建筑大学学报(自然科学版),2011,27(5):898-903.

［68］杨秀竹,王星华,雷金山,等.洞庭湖区淤泥物质成分和粒度分布试验研究［J］.长沙铁道学院学报,2002,20(1):56-59.

［69］张小龙,刘宝臣,吴名江,等.短程超载真空预压动力排水固结法加固深厚淤泥软基工法研究［J］.工程地质学报,2012,20(1):109-115.

［70］丁晓峰,鲍胜国,秦志光.堆载预压法处理湛江地区吹填淤泥软基加固效果分析［J］.中国水运,2011,11(1):226-227.

［71］蒋艳芳,吴子龙.堆载预压法加固吹填淤泥地基效果评价［J］.港工技术,2014,51(3):68-71.

［72］张立钢,揣亚光.对超高含水量淤泥质土一种处理方式的研究［J］.中国水运(下半月),2013,13(1):179-180.

［73］阴可,顾洋洋,姜道旭.非饱和软土路基在长期荷载作用下的一维固结沉降研究［J］.路基工程,2017(6):1-5.

［74］周琦玮,姚庆军,成晟,等.粉煤灰强化淤泥在普通干线公路路堤填筑中的应用［J］.现代交通技术,2010,7(S2):27-30.

［75］安智.粉喷桩施工技术在高速公路软土路基中的应用［J］.华东公路,2017(5):45-46.

［76］刘小勇.粉喷桩在流塑状淤泥中沉井地基处理中的应用［J］.基础工程设计,2016(9):53-54.

［77］罗旺兴,陈繁忠,叶挺进,等.佛山市汾江河疏浚淤泥强化试验研究［J］.中国给水排水.2013,29(19):92-96.

［78］龚一鸣,叶广金.福州盆地第一层淤泥质土的主要力学指标工程应用取值［J］.福建建筑.2000(S2):3-6.

［79］赖夏蕾,简文彬,许旭堂,等.福州淤泥质土动力特性室内试验研究［J］.工程地质学报,2016,24(6):1302-1308.

［80］刘朝权,李国维.腐木、淤泥混合土地基固结变形特征分析［J］.中外公路,2006,26(3):62-65.

［81］吴月龙,朱方方,张红,等.改进型真空预压法在沿海吹填淤泥地基处理中的应用［J］.土工基础,2014,27(5):4-8.

［82］邹维列,贺扬,张凤德,等.改性淤泥固化土非饱和渗透特性试验研究[J].浙江大学学报(工学版),2017,51(11):2182-2188.

［83］王哲,严莉莉,周阳敏,等.高含水量淤泥的固化及其收缩性研究[J].中国水运(下半月),2013,13(8):334-335.

［84］桂跃,高玉峰,李振山,等.高含水率疏浚淤泥材料化土击实时机选择研究[J].地下空间与工程学报,2010,6(5):334-335.

［85］丁建文,刘铁平,曹玉鹏,等.高含水率疏浚淤泥固化土的抗压试验与强度预测[J].岩土工程学报.2013,35(S2):55-60.

［86］文延庆.高流塑性淤泥地层中地下连续墙成槽辅助措施[J].山西建筑,2014,40(5):58-60.

［87］雷华阳,王铁英,张志鹏,等.高黏性新近吹填淤泥真空预压试验颗粒流宏微观分析[J].吉林大学学报(地球科学版),2017,47(6):1784-1794.

［88］郭天惠,李再高.高速公路软土地基室内试验分析[J].公路,2017,62(8):53-56.

［89］曾长贤,程寅,吴大龙,等.高速铁路上覆厚砂层下卧厚淤泥层地基不同处理方法的加固效果对比[J].中国铁道科学,2014,35(4):1-8.

［90］王国辉,祁建永,靳力勇,等.高压旋喷锚索在淤泥质地层基坑支护工程中的应用[J].勘察科学技术,2017(S1):104-107.

［91］桂跃,余志华,张庆,等.固化磷石膏-疏浚淤泥混合土的工程性质研究[J].四川大学学报(工程科学版),2014,46(3):147-153.

［92］黄英豪,朱伟,周宣兆,等.固化淤泥压缩特性的试验研究[J].岩土力学.2012,33(10):2923-2928.

［93］王东星,徐卫亚.强化淤泥长期强度和变形特性试验研究[J].中南大学学报(自然科学版),2013,44(1):333-339.

［94］田洪圆,邱敏,孙秀丽.关于淤泥质土的工程特性及其处理利用的综述[J].山西建筑,2013,39(24):87-88.

［95］徐光波.广东省平兴高速公路山区软土物理力学特性及相关性分析研究[J].价值工程,2017,36(23):126-128.

［96］徐芙蓉,吕秋鸿.广州市某轨道线淤泥软土物理力学指标选取试验研究[J].铁道建筑,2012(6):89-91.

［97］杨国荣,魏弋锋,张合青.广州新白云国际机场场道地基淤泥、淤泥质土夹层注浆处理设计[J].岩土工程界,2004,7(4):46-49.

［98］熊桂香,向先超.海滩区淤泥物理力学指标间的相关性研究[J].公路,2011(4):193-196.

［99］沈珠江,易进栋.海滩软土路基的固结变形分析［J］.岩土工程学报,1987,9(6):39-45.

［100］魏宗玉.海相淤泥滩地现浇桥梁临时支架体系地基沉降的分析研究［J］.天津建设科技,2014,24(1):26-28.

［101］李佳.海相淤泥质土性指标的相关性分析［J］.南水北调与水利科技,2014,12(2):71-74.

［102］管健,张晶,上官子昌.海相淤泥质土力学参数的实验研究［J］.价值工程,2013,32(24):86-88.

［103］王振红,陈美,张昆,等.海洋饱和软土UU测试值与原位测试值相关性分析［J］.土工基础,2017,31(5):606-609.

［104］王浩斌,白兴兰,周上博.海洋疏浚淤泥管中固化处理试验系统［J］.中国水运(下半月),2014,14(2):163-167.

［105］顾炳伟,赵龙伟,胡杰,等.海淤河淤的特征差异及对烧土制品制备工艺的影响［J］.粉煤灰综合利用,2016(6):33-36.

［106］王亮,谢健,张楠,等.含水率对重塑淤泥不排水强度性质的影响［J］.岩土力学,2012,33(10):2973-2978.

［107］王燕.河湖库塘清淤工作中淤泥处置的探究［J］.水资源开发与管理,2017(11):37-39.

［108］邓志勇,张翠兵,杨岸英.厚层淤泥中的爆炸定向滑移法原理及工程实例［J］.岩土力学,2004,25(10):1677-1681.

［109］李怀玉,滕金花,徐飞.厚淤泥层条件下的桩基施工探讨［J］.山东水利,2014(7):32-33.

［110］刘敏,钟继承,余居华,等.湖泊疏浚堆场淤泥污染及潜在生态风险评价［J］.湖泊科学,2016,28(6):1185-1193.

［111］刘秋燕,吴道祥,蓝天鹏,等.灰土桩处理厚层淤泥质新填土地基的效果分析［J］.合肥工业大学学报(自然科学版),2010,33(11):1694-1706.

［112］张明,蒋敏敏,赵有明.基于GDS固结仪的吹填淤泥非线性渗透性及参数测定［J］.岩石力学与工程学报,2013,32(3):625-632.

［113］叶观宝,饶烽瑞,张振,等.基于监测数据反演的软土高填方地基性能分析［J］.岩土工程学报,2017,39(S2):62-66.

［114］蔡国军,刘松玉,童立元,等.基于孔压静力触探的连云港海相黏土的固结和渗透特性研究［J］.岩石力学与工程学报,2007,26(4):846-852.

［115］畅帅,徐日庆,李雪刚,等.基于响应面法的淤泥质土固化配方优化研究［J］.岩土力学,2014,35(1):106-110.

[116] 尹春辉,陈二龙.加固高含水量含有机质淤泥质土的设计优化分析[J].珠江水运,2014(13):72-74.

[117] 李洪峰,麻健鹏.加载速率及加固措施对寒区湿地软土地基沉降的影响——以国道 G111 富裕—讷河段 A1 标段为例[J].东北林业大学学报,2018(2):93-97.

[118] 刘嘉,罗彦,张功新,等.井点降水联合强夯法加固饱和淤泥质地基的试验研究[J].岩石力学与工程学报,2009,28(11):2222-2227.

[119] 尤立新,李源伟.昆明地区淤泥及淤泥质粘土地基振冲加固[J].水利水电技术,1995(6):45-51.

[120] 李国维,蒋华忠,钱尼贵,等.冷冻法取样对腐木淤泥混合土变形参数的影响试验研究[J].岩土工程学报,2006,28(12):2072-2076.

[121] 柴春阳,张广泽,胡婷.丽香铁路冰水沉积型泥炭土特性及工程对策分析[J].地下空间与工程学报,2017,13(S2):757-761.

[122] 蔡志达,张建智,李隆盛,等.利用地基基础工程淤泥制备冷结型再生粗骨料[J].岩土工程学报,2010,32(S2):619-622.

[123] 占鑫杰,高长胜,朱群峰,等.连云港港区深厚淤泥地基筑堤数值分析[J].岩土工程学报,2017,39(11):2109-2115.

[124] 李越,孙德安.炉渣改良淤泥质粉质黏土力学性质试验研究[J].矿冶,2017,26(6):85-88.

[125] 陈仁东.妈湾跨海通道前海湾隧道工法方案比选[J].地下空间与工程学报,2017,13(5):1319-1328.

[126] 张正浩,林柏,章华,等.模型试验与软土地区疏桩桩基工程之原位实测土抗力的主要区别[J].建筑结构,2017(S2):469-472.

[127] 周小文,王晓亮,汪明元,等.膜袋砂围堰荷载下软土地基破坏分区特性研究[J].岩土工程学报,2017,39(S2):45-48.

[128] 彭维雄,项雨略.某工程袋装砂围堤的边坡稳定分析[J].水运工程,2017(11):167-171.

[129] 富威.某海堤工程软基加固及原型观测和施工安全监控[J].珠江水运,2017(19):62-63.

[130] 蒋明镜,李志远,黄贺鹏,等.南海软土微观结构与力学特性试验研究[J].岩土工程学报,2017,39(S2):17-20.

[131] 顾利军.宁波地区淤泥质黏土的三轴蠕变模型[J].中国市政工程,2012(3):89-91.

[132] 叶琪,王国权,杨兰强,等.宁波软土地区 MJS 工法桩施工对临近既有建筑物

的影响分析[J].隧道建设(中英文),2017,37(11):1379-1386.

[133] 郑轶轶,朱剑锋,刘干斌,等.宁波软土物理力学参数概率分布及相关性研究[J].中国科技论文,2013,8(5):367-373.

[134] 戴慧丽.宁波淤泥质软土流变特性3轴试验研究[J].上海建设科技,2012(2):32-35.

[135] 唐彤芝,盛东升,黄家青,等.排水管扁瘪状态下吹填淤泥排水固结效果研究[J].施工技术,2013,42(19):75-84.

[136] 闫志霞.抛石挤淤技术在公路工程路基施工中的应用[J].华东公路,2017(5):39-40.

[137] 高祥宇,高正荣,窦希萍.破碎波作用下淤泥含沙量分布试验研究[J].水利水运工程学报,2014(4):38-43.

[138] 丁明武,陈平山,林涌潮.浅表层加固技术在新吹填淤泥地基处理中的应用[J].水运工程,2011(10):120-124.

[139] 林涌潮.浅层加固技术处理新吹填淤泥的施工质量控制[J].水运工程,2010(10):105-108.

[140] 吴延平,王军,刘建民,等.浅埋暗挖法改良淤泥地层注浆方案选取的试验研究[J].岩石力学与工程学报,2013,32(S2):3575-3583.

[141] 高占勇.浅谈旋喷桩与碎石褥垫层结合技术在淤泥质软基加固中的应用[J].科学之友,2013(12):55-56.

[142] 李冰,孙刚.浅谈淤泥地质条件下人工挖孔桩的关键工艺[J].青岛理工大学学报,2010,31(6):74-76.

[143] 毛丹红,袁文喜,曾甄.浅析淤泥质地基上堤塘工程沉降预留控制[J].浙江水利科技,2012(2):46-47.

[144] 吴国永,伍金城,钟俊平.浅议淤泥及淤泥质土的液塑限规律[J].大坝观测与土工测试,1998,22(3):44-45.

[145] 银剑,方辉宜,高德贵.全淤泥地质和夹淤泥地质的软基处理[J].湖南交通科技,2006,32(2):49-51.

[146] 沈珠江.软土变形的计算参数及其室内测定[J].水利水运科学研究,1985(2):77-84.

[147] 孙爱萍.软土地基上高速公路扩建工程变形研究[J].华东公路,2017(5):41-42.

[148] 张晓静,吴刚.软土地区基坑支护工程案例分析与总结[J].中国水运(下半月),2016,16(12):173-174.

[149] 张立明,朱敢平,郑习羽,等.软土地区深基坑对临近地铁结构影响的实测与

分析[J].岩土工程学报,2017,39(S2):175-179.

[150] 邱体军,崔方胜.软土地质条件对桥梁结构安全的影响[J].工程与建设.2016,30(4):517-519.

[151] 沈珠江.软土工程特性和软土地基设计[J].岩土工程学报.1998,20(1):100-111.

[152] 常二阳,洪宝宁,刘鑫,等.软土物理力学指标对差异沉降的影响数值分析[J].河南科学,2017,35(11).

[153] 薛翔,卫宏,蔡贝特.砂与淤泥互层地基中基坑边坡变形特征[J].海南大学学报(自然科学版),2014,32(2):164-170.

[154] 邵杰.上覆强化层淤泥地基承载力分析[J].建筑结构,2016,46(S1):828-832.

[155] 况勇,朱永全,贾晓云.上海地铁2#线淤泥质地层地铁隧道浅埋暗挖施工技术方案研究[J].岩石力学与工程学报,2006,25(S1):2946-2951.

[156] 王宇辉,张强,施风英,等.上海奉贤区淤泥质粉质黏土工程性质指标的统计分析[J].土工基础,2009,23(1):29-31.

[157] 李硕,王常明,吴谦,等.上海淤泥质黏土固结蠕变过程中结合水与微结构的变化[J].岩土力学.2017,38(10):2809-2816.

[158] 林其乐.深层搅拌法处理海相淤泥质软土效果研究[J].低温建筑技术,2014,36(9):151-153.

[159] 闫澍旺,陈静,孙立强,陈浩,朱福明.深厚软土地基上充灌袋围堰下沉计算研究[J].岩土力学,2016,37(12):3537-3552.

[160] 闻怀瑞,阎长虹,丁倩文.深厚软土地区基坑开挖主要工程地质问题与对策[J].地质论评,2015,61(1):149-154.

[161] 李新,马娟,李昊雨,等.深厚淤泥爆破挤淤振动效应[J].水利水运工程学报,2016(1):71-77.

[162] 祝卫东,张瑛颖,吴蕾.深厚淤泥层上大型综合型海堤地基处理分析[J].南昌工程学院学报.2013,32(3):56-59.

[163] 黄玮.深厚淤泥层应用爆破排淤填石法修筑护岸堤[J].水利科技,2013(4):42-45.

[164] 张长生,高明显,强小俊.深圳后海湾海相淤泥固结系数变化规律研究[J].岩土工程学报,2013,35(S1):247-252.

[165] 张丽华,范昭平.石灰-粉煤灰改良高含水率疏浚淤泥的试验[J].南京工业大学学报(自然科学版).2013,35(1):91-95.

[166] 丁建文,吴学春,李辉,等.疏浚淤泥固化土的压缩特性与结构屈服应力[J].

工程地质学报,2012,20(4):627-632.

[167] 朱伟,姬凤玲,马殿光,等.疏浚淤泥泡沫塑料颗粒轻质混合土的抗剪强度特性[J].岩石力学与工程学报,2005,24(S2):5721-5726.

[168] 赵多建,郝猛.水泥-废石膏加固海相淤泥的土工性质研究[J].交通标准化,2010(11):10-14.

[169] 金裕民,郑旭卫,蔡纯阳,等.水泥粉煤灰强化滩涂淤泥的强度与固化机理研究[J].科技通报,2014,30(7):66-71.

[170] 吴智军.塑料带排水法在八里湖堤淤泥基础处理中的应用[J].江西水利科技,2012,38(1):11-15.

[171] 张志敏,王常明,张兆楠.天津淤泥质粉质黏土一维固结蠕变特性[J].中国水运(下半月),2014,14(6):216-217.

[172] 王海亮,李云华.填海工程吹填淤泥地基固结沉降研究[J].广东土木与建筑,2012,19(1):17-19.

[173] 余竞,邹余,林君辉.通长砂袋基础抛石斜坡堤在淤泥软基筑堤工程中的应用[J].水运工程,2017(11):156-160.

[174] 吴雪婷.温州浅滩淤泥固结系数与固结应力关系研究[J].岩土力学,2013,34(6):1675-1680.

[175] 沈祖安,赵传海.武汉湖相淤泥的蠕变特性与模型研究[J].施工技术,2014,43(S1):89-92.

[176] 鲍树峰,娄炎,董志良,等.新近吹填淤泥地基真空固结失效原因分析及对策[J].岩土工程学报,2014,36(7):1350-1359.

[177] 王浩然,项培林,王其伟.循环荷载作用下超固结软黏土的累积变形研究[J].路基工程,2017(5):90-93.

[178] 闫林强,黎建宁,胡昆鹏,等.沿海饱和流塑状淤泥地质条件下桩基施工关键技术[J].公路,2014,59(7):6-10.

[179] 曹俊伟.沿海大厚度淤泥地基上模袋砂围堰设计与施工[J].中国水运(下半月),2013,13(2):273-274.

[180] 严正春,孙浩,梁同好,等.盐城港滨海港区高含水率淤泥水力渗透固结特性研究[J].安徽理工大学学报(自然科学版),2016,36(4):33-38.

[181] 章荣军,郑俊杰,程钰诗,等.养护温度对水泥固化淤泥强度影响试验研究[J].岩土力学,2016,37(12):3463-3471.

[182] 王朝辉,孙晓龙,王新岐,等.有机膨润土对水泥固化淤泥填筑路基性能影响[J].河北工业大学学报,2013,42(4):95-99.

[183] 范昭平,朱伟,张春雷.有机质含量对淤泥固化效果影响的试验研究[J].岩

土力学,2005,26(8):1327-1334.

[184] 王莉,谭卓英,朱博浩,等.淤泥冲击挤压作用下软基土石坝动力响应分析[J].岩土力学,2014,35(3):827-834.

[185] 王路军,李锐,卢永金.淤泥堤基上粉细砂排水垫层特性研究[J].岩土力学,2012,33(S1):129-135.

[186] 王启叶楠,丰土根,宋健,等.淤泥海砂混合料动力特性试验研究[J].水运工程,2017(10):96-100.

[187] 黄朝煊.淤泥搅拌固化法在海堤工程基础处理中的应用[J].施工技术,2017,46(S1):105-109.

[188] 沙志贵,肖华,罗保平,等.淤泥脱水固结技术在环保清淤工程中的应用[J].人民长江,2013,44(11):64-66.

[189] 王旭东,刘朝明,刘纯洁,等.淤泥质黏土层盾构推进的地层扰动分析[J].地下空间与工程学报,2016,12(2):471-476.

[190] 孔令伟,吕海波,汪稔,等.湛江海域结构性海洋土的工程特性及其微观机制[J].水利学报,2002(9):82-88.

[191] 樊耀星,陈合爱,张长生.真空预压法加固淤泥地基的效果分析[J].南昌大学学报(工科版),2006,28(4):397-400.

[192] 刘爱民.真空预压联合饲灰拌合法加固新吹填超软土地基技术[J].岩土工程学报,2017,39(s2):149-152.

[193] 周建民.振动沉管碎石桩在淤泥质土地基中的应用研究[J].岩土力学,2003,24(S2):569-571.

[194] 唐建亚,罗宇文,刘永林.珠海大面积吹填淤泥超软土地基处理技术[J].施工技术,2014,43(7):72-75.

[195] 孟令福,徐小明,王德水.珠海地区淤泥和淤泥质软土的工程地质特性[J].港工技术,2013,50(1):68-70.

[196] 王良民.滨海相城市道路软基综合加固措施与效果评价研究[D].长沙:中南大学,2011.

[197] 安徽省青弋江分洪道工程项目履约工作汇报[R].中国水电十三局芜湖建设有限公司,2016.

[198] 平原圩区内河道堤防开挖与填筑施工工法[R].中国水电十三局芜湖建设有限公司,2015.

[199] GB 50021—2001.岩土工程勘察规范[S].北京:中国建筑工业出版社,2009.

[200] 朱丽娟,王琦.广州南沙地区淤泥固化筑堤试验研究[J].人民长江,2008,39(6):64-67.

[201] 张春雷,朱伟,李磊,等.湖泊疏浚泥固化筑堤现场试验研究[J].中国港湾建设.2007(1):27-29.

[202] 谢荣星,何宁,周彦章,等.土工织物充填泥袋筑堤现场试验研究[J].工程勘察,2013,41(6):6-11.

[203] 刘斯宏,蒋亚清.围垦筑堤新材料与新工艺研发与应用[J].水利经济,2012,30(3):35-40.

[204] 陶挺.深厚淤泥爆炸挤淤围堤稳定与沉降预测研究[D].厦门:华侨大学,2012.

[205] 何林.田湾河仁宗海水库电站坝基淤泥质壤土处理技术[D].成都:四川大学,2006.

[206] 杜永明.超软淤泥地基上岳城水库主坝二期加固工程的施工[J].水利水电技术,1983(11):40-49.

[207] 张钧铭.从淤泥层上加高土坝的经验[J].农田水利与小水电,1989(3):30-32.

[208] 王桂青.陡河水库软土坝基分析[J].海河水利,2013(6):48-50.

[209] 杨宏忠.江苏海岸滩涂资源可持续开发的战略选择[D].北京:中国地质大学,2012.

[210] 刘纪远,匡文慧,张增祥,等.20世纪80年代末以来中国土地利用变化的基本特征与空间格局[J].地理学报,2014,69(1):3-14.

[211] 恽文荣,崔健,陈玉荣.浅谈河湖疏浚淤泥资源化的研究现状与展望[J].江苏水利,2015(3):15-17.

[212] GB 50286—2013.堤防工程设计规范[S].北京:中国计划出版社,2013.

[213] GB 50201—2014.防洪标准[S].北京:中国计划出版社,2014.

[214] GB 50287—2008.水利水电工程地质勘察规范[S].北京:中国计划出版社,2009.

[215] SL 260—2014.堤防工程施工规范[S].中国水利水电出版社,2014.

[216] SL 435—2008.海堤工程设计规范[S].中国水利水电出版社,2008.

[217] SL 197—2013.水利水电工程测量规范[S].中国水利水电出版社,2014.

[218] SL 188—2005.堤防工程地质勘察规程[S].中国水利水电出版社,2005.

[219] SL 171—1996.堤防工程管理设计规范[S].中国水利水电出版社,1996.

[220] SL 595—2013.堤防工程养护修理规程[S].中国水利水电出版社,2013.

[221] JGJ 79—2012.建筑地基处理技术规范[S].中国建筑工业出版社,2012.

[222] TERZAGHI K. Erdbaumechanik auf bodenphysikaliseher Grundlage[M]. Lpz. Deuticke,1925.

[223] SCHIFFMAN R L, CHEN A, JORDAN J C. An analysis of consolidation theories[J]. ASCE Soil Mechanics and Foundation Division Journal, 1969, 95(1).

[224] 沈珠江. 用有限单元法计算软土地基的固结变形[J]. 水利水运科技情报, 1977, 2(1): 7-11.

[225] 殷宗泽. 饱和软黏土平面固结问题有限元法[J]. 华东水利学院学报, 1978, 10(1): 12-18.

[226] 曾国熙, 龚晓南. 软土地基固结有限元法分析[J]. 浙江大学学报, 1983, 17(1): 12-20.

[227] 龚晓南. 土工计算机分析[M]. 北京: 中国建筑工业出版社, 2000.

[228] ATKINSON M S, ELDRED P J L. Consolidation of soil using vertical drains[J]. Géotechnique, 1981, 31(1): 33-43.

[229] 曾国熙, 王铁儒, 顾尧章. 砂井地基的若干问题[J]. 岩土工程学报, 1981, 3(3): 74-81.

[230] 陈祥福. 沉降计算理论及工程实例[M]. 北京: 科学出版社, 2005.

[231] 刘忠玉, 孙丽云, 乐金朝, 等. 基于非 Darcy 渗流的饱和黏土一维固结理论[J]. 岩石力学与工程学报, 2009, 28(5): 973-979.

[232] 邓岳保, 谢康和, 李传勋. 考虑非达西渗流的比奥固结有限元分析[J]. 岩土工程学报, 2012, 34(11): 2058-2065.

[233] 孙立强, 闫澍旺, 邱长林. 考虑新近吹填土固结系数为变量的固结理论研究[J]. 岩土工程学报, 2013, 35(S1): 312-316.

[234] 章为民, 顾行文. 一维固结理论一般解与固结沉降过程简便计算[J]. 岩土工程学报, 2016, 38(1): 35-42.

[235] 钱家欢, 殷宗泽. 土工原理与计算(第二版)[M]. 北京: 中国水利水电出版社, 1995.

[236] 折学森. 软土地基沉降计算[M]. 北京: 人民交通出版社, 1998.

[237] 卢廷浩, 刘祖德. 高等土力学[M]. 北京: 机械工业出版社, 2005.

[238] 黄文熙, 张文正, 俞仲泉. 水工建筑物土壤地基的沉降量与地基中的应力分布[J]. 水利学报, 1957(3): 1-60.

[239] 周镜. 软土沉降分析中的某些问题[J]. 中国铁道科学, 1999, 20(2): 17-29.

[240] 刘宁, 郭志川, 罗伯明. 地基沉降的概率分析方法和可靠度计算[J]. 岩土工程学报, 2000(2): 143-149.

[241] 董汉刚, 胡建军. 高速公路软土路基沉降机理及计算方法[J]. 岩土力学, 2002, 23(S1): 96-98.

[242] 王军,高玉峰.扰动结构性软土地基的沉降特性分析[J].岩土力学,2006,27(8):1384-1388.

[243] 杨光华.地基沉降计算的新方法[J].岩石力学与工程学报,2008,27(4):679-686.

[244] 董志良,陈平山,莫海鸿,等.真空预压下软土渗透系数对固结的影响[J].岩土力学,2010,31(5):1452-1456.

[245] 许永明,徐泽中.一种预测路基工后沉降量的方法[J].河海大学学报(自然科学版),2000,28(5):111-113.

[246] 宰金珉,梅国雄.泊松曲线的特征及其在沉降预测中的应用[J].重庆建筑大学学报,2001,23(1):30-34.

[247] 潘林有,谢新宇.用曲线拟合的方法预测软土地基沉降[J].岩土力学,2004(7):1053-1058.

[248] 夏江,严平,庄一舟,等.基于遗传算法的软土地基沉降预测[J].岩土力学,2004(7).

[249] 赵明华,刘煜,曹文贵.软土路基沉降变权重组合S型曲线预测方法研究[J].岩土力学,2005(9).

[250] 彭涛,杨岸英,梁杏,等.BP神经网络-灰色系统联合模型预测软基沉降量[J].岩土力学,2005(11).

[251] 王丽琴,靳宝成,杨有海.黄土路堤工后沉降预测新模型与方法[J].岩土力学与工程学报,2007,11(11):2370-2376.

[252] 朱志铎,周礼红.软土路基全过程沉降预测的Logistic模型应用研究[J].岩土工程学报,2009,31(6).

[253] 黄文熙.土的工程性质[M].北京:水利电力出版社,1983.

[254] JTJ 017—96.公路软土地基路堤设计规范与施工技术规范[S].北京:人民交通出版社,1997:25-30,112-116.

[255] DUNCAN J M, CHANG C Y. Nonlinear analysis of stress and strain in soils [J]. Journal of the Soil Mechanics and Foundations, 1970, 96(SM5):1629-1653.

[256] 赵明华,龙照,邹新军.路基沉降预测的Usher模型应用研究[J].岩土力学,2008,29(11):2973-2982.

[257] 宰金珉,梅国雄.全过程的沉降量预测方法研究[J].岩土力学,2000,21(4):322-325.

[258] 李涛,张仪萍,张土乔.软土路基沉降的优性组合预测[J].岩石力学与工程学报,2005,24(18):3282-3296.

[259] 缪林昌. 软土力学特性与工程实践[M]. 北京:科学出版社,2012.

[260] 李广信,张丙印,于玉贞. 土力学[M]. 北京:清华大学出版社,2013.

[261] LAMBE T W. The engineering behavior of compacted clay[J]. ASCE Soil Mechanics & Foundations Division Journal,1958,84(2):1-35.

[262] 陈宗基. Structure Mechanics of Clay[J]. 中国科学,1959,8(1):41-45.

[263] 施斌. 黏性土微观结构研究回顾与展望[J]. 工程地质学报,1996(1):39-44.

[264] SERGEEV E M. Engineering Geology[M]. Moscow State Univ. Publ. House,Moscow,1979.

[265] 施斌,姜洪涛. 黏性土的微观结构分析技术研究[J]. 岩石力学与工程学报,2001,20(6):864-870.

[266] 王宝军,施斌,刘志彬,等. 基于 GIS 的黏性土微观结构的分形研究[J]. 岩土工程学报,2004(2):244-247.

[267] 唐朝生,施斌,王宝军. 基于 SEM 土体微观结构研究中的影响因素分析[J]. 岩土工程学报,2008(4):560-565.

[268] 李顺群,郑刚,崔春义,等. 黏土微结构各向异性评估的谱系聚类方法[J]. 岩土工程学报,2010,32(1):109-114.

[269] 徐日庆,邓祎文,徐波,等. 基于 SEM 图像的软土三维孔隙率计算及影响因素分析[J]. 岩石力学与工程学报,2015,34(7):1497-1502.

[270] 雷华阳,卢海滨,王学超,等. 振动荷载作用下软土加速蠕变的微观机制研究[J]. 岩土力学,2017,38(2):309-316+324.

[271] KARSTUNEN M,YIN Z. Modelling time-dependent behaviour of Murro test embankment[J]. Geotechnique,2010,60(10):735-749.

[272] ROWE R K,HINCHBERGER S D. The significance of rate effects in modelling the Sackville test embankment[J]. Canadian Geotechnical Journal,1998,35(3):500-516.

[273] 詹美礼,钱家欢,陈绪禄. 软土流变特性试验及流变模型[J]. 岩土工程学报,1993(3):54-62.

[274] 孙钧. 岩土材料流变及其工程应用[M]. 北京:中国建筑工业出版社,1999.

[275] 朱鸿鹄,陈晓平,程小俊,等. 考虑排水条件的软土蠕变特性及模型研究[J]. 岩土力学,2006(5):694-698.

[276] 李兴照,黄茂松,王录民. 饱和软黏土的流变和循环流变试验研究[J]. 重庆建筑大学学报,2007(2):56-59.

[277] 徐珊,陈有亮,赵重兴. 单向压缩状态下上海地区软土的蠕变变形与次固结

特性研究[J]. 工程地质学报,2008(4):495-501.

[278] 冯志刚,朱俊高. 软土次固结变形特性试验研究[J]. 水利学报,2009,40(5):583-588.

[279] 雷华阳,贾亚芳,李肖. 滨海软土非线性蠕变特性的试验研究[J]. 岩石力学与工程学报,2013,32(S1):2806-2816.

[280] 陈晓平,白世伟. 软土蠕变-固结特性及计算模型研究[J]. 岩石力学与工程学报,2003(5):728-734.

[281] 齐亚静,姜清辉,王志俭,等. 改进西原模型的三维蠕变本构方程及其参数辨识[J]. 岩石力学与工程学报,2012,31(2):347-355.

[282] 李军世,林咏梅. 上海淤泥质粉质黏土的 Singh-Mitchell 蠕变模型[J]. 岩土力学,2000(4):363-366.

[283] 王琛,张永丽,刘浩吾. 三峡泄滩滑坡滑动带土的改进 Singh-Mitchell 蠕变方程[J]. 岩土力学,2005(3):415-418.

[284] SEKIGUCHI H. Theory of undrained creep rupture of normally consolidated clay based on elasto-viscoplasticity[J]. Soils & Foundations, 1985,24(1):129-147.

[285] HSIED H S, KAVAZANJIAN Jr E, BORHA R I. Double-yield-surface model theory[J]. Geotech Engrg,1990,116(9):1381-1401.

[286] 王勇,殷宗泽. 一个用于面板坝流变分析的堆石流变模型[J]. 岩土力学,2000(3):227-230.

[287] 袁静,龚晓南,刘兴旺,等. 软土各向异性三屈服面流变模型[J]. 岩土工程学报,2004(1):88-94.

[288] 张军辉,缪林昌. 连云港海相软土流变特性试验及双屈服面流变模型[J]. 岩土力学,2005(1):145-149.

[289] 孙海忠,黄茂松. 考虑粗粒土应变软化特性和剪胀性的本构模型[J]. 同济大学学报(自然科学版),2009,37(6):727-732.

[290] VALANIS K C. A new endochronic plasticity model for soils [A]// PANDE G N, ZIENKIEWICZ O C. Soil Mechanics-Transient and Cyclic Loads[C]. [s. l.]:[s. n.],1982.

[291] ADACHI T, MCMURA M, OKA F. Descriptive accuracy of several existing constitutive models for normally consolidated clays [C]. International Conference on Numerical Methods in Geomechanics, 1985:259-266.

[292] ADACHI T, OKA F, ZHANG F. An elasto-viscoplastic constitutive

models with strain softenting[J]. Soils and Foudations, 1998, 38 (2):27-35.

[293] 李建中,曾祥熹. 用内蕴时间理论进行黏土流变性研究[J]. 固体力学学报,2000(2):171-174.

[294] 陈运平,王思敬. 多级循环荷载下饱和岩石的弹塑性响应[J]. 岩土力学,2010,31(4):1030-1034.

[295] 孔德森,栾茂田. 岩土力学数值分析方法研究[J]. 岩土工程技术,2005(5):249-253.

[296] 石根华. 数值流形方法与非连续变形分析[M]. 北京:清华大学出版社,1997.

[297] 王元战,翟莹,董焱赫. 软黏土修正的 Mesri 蠕变模型及其工程应用[J]. 水力发电学报,2017,36(4):112-120.

[298] 杨文东,张强勇,李术才,等. 以屈服接近度分段函数表示的非线性流变模型的程序实现[J]. 岩土力学,2013,34(9):2629-2637.

[299] 戴振光,方星. 芜湖沿江地区软土工程特性初步研究[J]. 岩土工程界,2005(1):35-38.

[300] 李广信. 土力学[M]. 北京:清华大学出版社,2013.

[301] 维亚洛夫. 土力学的流变原理[M]. 北京:科学出版社,1987.

[302] 王金昌. ABAQUS 在土木工程中的应用[M]. 浙江:浙江大学出版社,2006.

[303] 陈祥福. 沉降计算理论及工程实例[M]. 北京:科学出版社,2005.

[304] 郑颖人. 岩土塑性力学[M]. 北京:中国建筑工业出版社,1989.

[305] 张楚汉. 论岩石、混凝土离散-接触-断裂分析[J]. 岩石力学与工程学报,2008(2):6-24.

[306] 蒋明镜,付昌,刘静德,等. 各向异性结构性砂土离散元分析[J]. 岩土力学,2015,36(S1):577-584.

[307] 石崇,张强,王盛年. 颗粒流(PFC5.0)数值模拟技术及应用[J]. 岩土力学,2018,39(S2).

[308] 朱焕春. PFC 及其在矿山崩落开采研究中的应用[J]. 岩石力学与工程学报,2006(9):1927-1931.

[309] 周健,王家全,曾远,等. 土坡稳定分析的颗粒流模拟[J]. 岩土力学,2009,30(1):86-90.

[310] 吴顺川,周喻,高斌. 卸载岩爆试验及 PFC^{3D} 数值模拟研究[J]. 岩石力学与工程学报,2010,29(S2):4082-4088.

[311] 宿辉,党承华,李彦军. 考虑不均质度的岩石声发射数值模拟研究[J]. 岩土

力学,2011,32(6):1886-1890.

[312] 蒋明镜,金树楼,张宁. 不同胶结尺寸的粒间胶结强度统一表达式[J]. 岩土力学,2015,36(9):2451-2457.

[313] 蒋明镜,刘蔚,孙亚,等. 考虑环境劣化非贯通节理岩体的直剪试验离散元模拟[J]. 岩土力学,2017,38(9):2728-2736.

[314] MATUTTIS H G, LUDING S, HERRMANN H J. Discrete element simulations of dense packings and heaps made of spherical and non-spherical particles[J]. Powder Technology, 2000,109(1):278-292.

[315] HAZZARD J F, YOUNG R P. Simulating acoustic emissions in bonded-particle models of rock[J]. International Journal of Rock Mechanics and Mining Sciences, 2000,37(5):867-872.

[316] POTYONDY D O, CUNDALL P A. A bonded-particle model for rock[J]. International Journal of Rock Mechanics and Mining Sciences, 2004,41(8):1329-1364.

[317] AL-BUSAIDI, A. Distinct element modeling of hydraulically fractured Lac du Bonnet granite[J]. Journal of Geophysical Research Solid Earth, 2005, 110(B6):B6302.

[138] COLLOP A C, MCDOWELL G R, LEE Y W. Modelling dilation in an idealised asphalt mixture using discrete element modelling[J]. Granular Matter, 2006,8(3):175-184.

[319] VACEK O, HAVRLAND B, BANOUT J. Brushwood biomass fuel-energy development characteristics in montado(region Alentejo, Portugal)[J]. Agricultura Tropica Et Subtropica, 2009(4):174-180.

[320] CHEN J, PAN T, HUANG X. Numerical investigation into the stiffness anisotropy of asphalt concrete from a microstructural perspective[J]. Construction and Building Materials, 2011,25(7):3059-3065.

[321] 王锡朝,夏永承. 地表硬壳层受荷时下卧淤泥层内水平应力的试验研究[J]. 石家庄铁道学院学报(自然科学版),1996(4):11-16.

[322] 曹海莹,窦远明. 上硬下软型双层路基应力扩散特征及工程应用[J]. 公路交通科技,2012,29(2):29-34.

[323] 徐艳. 滨海淤泥的快速固化研究[D]. 中国科学院研究生院(武汉岩土力学研究所),2007.

[324] 姚超. 人工硬壳层软土地基的特性研究与工程应用[D]. 华南理工大学,2018.

[325] 王锡朝,苏木标,岳祖润. 淤泥土中的类帕斯卡效应及其对工程结构的危害[J]. 河北省科学院学报,1996(4):16-21.

[326] 赵四汉,刘鑫,洪宝宁,等. 路堤荷载下含硬壳层软土地基破坏模式[J]. 河海大学学报(自然科学版),2018,46(4):337-345.

[327] 刘青松,于健. 上覆硬壳层的淤泥堆场极限承载力计算[J]. 中国港湾建设,2017,37(9):32-37.

[328] 武崇福,曹海莹. 上覆硬壳层软土夹层路基稳定性控制与评判[J]. 应用基础与工程科学学报,2014,22(2):112-120.

[329] 王锡朝,夏永承. 地表硬壳层受荷时下卧淤泥层内水平应力的试验研究[J]. 石家庄铁道学院学报,1996(4):11-16.

[330] 刘青松,张春雷,汪顺才,等. 淤泥堆场人工硬壳层地基极限承载力室内模拟研究[J]. 岩土力学,2008,29(S1):671-674.

[331] 王桦,卢正,姚海林,等. 交通荷载作用下低路堤软土地基硬壳层应力扩散作用研究[J]. 岩土力学,2015,36(S2):172-178+185.

[332] 蒋科. 强夯法在处治公路深层软土地基工程中的新思路及应用[J]. 公路交通技术,2018,34(1):10-13.

[333] 叶军. 超厚淤泥层地表持力层形成技术的试验研究[J]. 水运工程. 2012(9):164-169.